You Are The Best Stay-at-Home Mom

全职妈妈向前冲

清扬婉兮 |著|

新世界出版社
NEW WORLD PRESS

图书在版编目（CIP）数据

全职妈妈向前冲 / 清扬婉兮著. — 北京 ：新世界出版社，2019.3

ISBN 978-7-5104-6302-0

Ⅰ. ①全… Ⅱ. ①清… Ⅲ. ①女性－家庭生活－通俗读物 Ⅳ. ①C913.11-49

中国版本图书馆CIP数据核字(2018)第297999号

全职妈妈向前冲

作　　者：清扬婉兮
责任编辑：冀　晖
责任印制：王宝根
出版发行：新世界出版社
社　　址：北京西城区百万庄大街24号（100037）
发 行 部：（010）6899 5968　（010）6899 8733（传真）
总 编 室：（010）6899 5424　（010）6832 6679（传真）
http：//www.nwp.cn
http：//www.nwp.com.cn
版 权 部：+8610 6899 6306
版权部电子信箱：nwpcd@sina.com
印　　刷：三河市金元印装有限公司
经　　销：新华书店
开　　本：710mm×980mm　1/16
字　　数：320千字　印张：20
版　　次：2019年3月第1版　2019年3月第1次印刷
书　　号：ISBN 978-7-5104-6302-0
定　　价：48.00元

目录

第六卷　下班不回家

第七卷　生日当密码

第八卷　稀里糊涂养个娃

第一卷　回笼觉

第一章 医院偶遇

梦里总是大雾弥漫的冬晨赶去考场的情景：她惊慌失措地赶在开考铃声最后一秒冲进教室，在老师凌厉的眼神中走回座位，拿到卷子那一刻忽然发现，铅笔橡皮尺子统统不见了，展开卷子一看，考题密密麻麻，竟一道也不会。她如坐针毡，六神无主，就在这时，考试结束的铃声响起，脑子一片空白。

她从梦中醒来，惊出一身冷汗。

艾茉其实是被自己的手机铃声惊醒的，她揉揉眼睛，低头寻找手机。

同事李冰从对面的格子间探了探头，笑道："俗话说，人生有四大香：天鹅肉、开江鱼、回笼觉、二房妻。你现在啊，和回笼觉最亲，谁这么不长眼，打扰你的美梦？"

手机仍在包包里不遗余力地响着，艾茉一边翻找一边无奈地打个哈欠，说："我啊，是和回笼觉亲，可它现在跟我不亲。"

手机找到了，一看，是婆婆打来的。艾茉连忙接起，婆婆语无伦次，声带哭腔，电话这边的艾茉脸色慢慢变了，一瞬间睡意全无。她挂了电话抓起包包，噌地站起来，风风火火往外跑，边跑边冲李冰喊道："帮我请个假啊，家里有急事。"

作为一个升级为妈妈的女人，什么囫囵觉回笼觉，都不如她的花生米亲。婆婆刚刚在电话里说，早上抱花生米去买菜，回来的路上不小心滑了一跤，孩子没事，自己好像是摔得不轻。

艾茉开着她那辆小小的POLO，在拥挤的车流里杀出一条"血路"，以最快的速度飞奔到了事故现场。

小区附近菜市场前的马路牙子上，正坐在地上哇哇大哭的那个萌娃娃就她抱着孩子三步并作两步朝门诊大楼跑去，一只手伸到包包里拿零钱，越忙越乱，包包从肩上滑落下来，掉在地上，里面的东西七零八碎散落一地。正乱作一团，一位医生恰好经过，很雷锋地俯身帮艾茉捡东西，温和地说："别着急！"

艾茉连连道谢，四目相对的瞬间，那男子忽然惊喜地叫道："艾茉！"

艾茉定定神，仔细一看，迅速开启记忆搜索功能，眼前的这位年轻医生活脱脱一个韩剧男主角，是有点儿眼熟，可她实在想不起来是谁。人常说一孕傻三年，果然没错，记忆力衰退得厉害。

可这种时候没理由伤害一个热情的医生，她连忙圆滑地满脸堆笑："呃……是你啊！好久不见。"她努力不让对方看出自己根本啥都没想起来。

可还是让人家看出来了。他有些失望，又不甘心，嗔怪道："想不起来我了？上高中，我坐你后面。"

艾茉为自己的失忆感到羞愧，在他的提示下，隐约记起高中时坐她后面高高瘦瘦不爱说话的那个男生叫什么逸辰，但实在想不起来是姓周还是姓赵，于是干脆省去姓氏亲热地叫道："想起来了想起来了，逸辰嘛！"

这个去掉姓的称呼让对方很受用，他更加热情："是啊！我是周逸辰，你好吗？你结婚了？这是你的孩子？怎么，是你生病了还是宝宝生病了？"

周逸辰一连串问了好多问题，艾茉松了口气，看，诈出全名了，下面就赶紧切入主题吧！

她焦灼地问："你是这个医院的医生？哪个科室？帮帮忙，孩子好像发烧了，能不能插个队找个有经验的大夫给看看，急死我了。"

正说着，姜黎黎的电话打进来了，艾茉接起也不客气，直接吩咐："我的车在医院一进门左边的停车场，我婆婆还在车里，你赶快过去处理一下，我这边孩子发烧了，处理一下马上过来。"

挂了电话，周逸辰已摸过了米米的额头，他不急不躁，沉稳干练，说："跟我来吧！"

艾茉犹疑地跟着他进了二楼的儿科诊室，一进门小护士就喊："周医生你可回来了，这位患儿家长是来复诊的，等你好半天了。"

周逸辰只是淡淡地看了一眼，说："稍等！"他开始为花生米做检查，而那个患儿家长在一旁絮絮叨叨，大意是孩子刚出生就患有泪囊炎，别家医院的庸医建议做泪道冲洗和探通手术，听说痛苦不小，家长吓得够呛，转来周医生处诊断结果一样，但处理方法却简单易行，他建议滴某某眼药水再辅以泪道按摩，没想到不出三天就好了。

周逸辰倒是很谦虚，也没有同行相轻，转过头来轻描淡写地对那位家长说：“泪囊炎真的只是临床很常见的小病，每位医生处理的方法不一样，也是视病情轻重而定。”

艾茉暗忖，敢情周逸辰就是传说中那种“三毛钱良心医生”啊！现在这种医德高尚又技术过硬的医生可不多了。这时周逸辰已经为米米做完了简单的检查，没有开高价CT单，没有化验大便抽血验血，更没折腾艾茉楼上楼下跑来跑去，直接给出了明确的诊断：“没什么大碍，只是轻微感冒引起的发烧。”说着，就开始给孩子脱外衣。

艾茉连忙上前制止：“感冒了还脱衣服？”

周逸辰刚刚还温和的脸有些愠怒，口气很生硬：“不脱衣服怎么散热？文玉，再去打一盆温水来，把孩子上衣解开给她擦洗。”

“我听老人说，不是用冷水或者酒精降温更快吗？”艾茉问。

周逸辰头也没抬，淡淡地说：“冷水或酒精会对孩子造成突然的刺激，可能会导致抽搐或昏睡，温水能够使皮肤的血管张开将体热排出。”

护士打来了温水，周逸辰亲自为孩子擦身，果然，花生米在周逸辰的抚摸下变得安静下来。此刻艾茉已经完全想起来了，虽然她还不能将眼前这个处事沉稳冷静的医生和那个在课堂上埋着头写写画画的少年联系起来，但一个女人对帅哥的记忆，是绝不会因孕傻而抹杀的。他此刻俊美如刻的侧脸，与十年前高中时坐在她后面的周逸辰无异，却更添了几分成熟的韵味。

“你回去后，也像我这样，在脖子两边、腹股沟、大腿内侧等有大动脉的地方擦，很快就会降温的。不用吃药，更不用挂水，先观察两天，家里要通风，不要给孩子穿太厚。”

此刻艾茉对眼前这个处事沉稳冷静果断的医生已是无条件信任了，信服地点着头。这时，她的电话又催命似的响起来。姜黎黎在电话那边说，老太太的伤情已经确诊，腿骨骨折，双侧额叶挫裂伤，要做手术。

姜黎黎是见过世面的，口气很冷静，只说需要家属过去签字，但就凭那几个专业的术语，艾茉就知道伤情比她想的要严重。她的心情一下子灰到极点，但却分身乏术。

周逸辰从电话和艾茉的表情中已猜出端倪，自告奋勇地说："孩子你先放这边，就交给我，你先过去吧！是骨科吗？有什么需要帮忙的尽管说，我认识那边的刘医生。"

就等这句话了。艾茉仿佛吃了一颗定心丸，放心地将孩子放在这个十多年没见的老同学的诊室里，然后跑去了骨科。

姜黎黎办事果然稳妥，来时还带了那个帅气司机小佟。小佟将老太太抱到骨科时，姜黎黎已经挂好了号，只是现在需要手术，她也做不了主。艾茉看了看已躺在骨科病区过道加床上正痛苦呻吟的婆婆，觉得这也不算小事了，还是应该和她儿子说一说。于是，她打通了老公向华晟的电话。

第二章　老向其人

大家都管向华晟叫老向。

老向其实并不老，三十五岁，正是风华正茂凸显魅力的年纪。老向还有一个挣钱的工作——建筑工程师。说是工程师，其实和包工头没什么两样，每天泡在工地里，在钢筋水泥的簇拥下，正经八百地拿着图纸和一群工人比比画画。这工作虽挣钱，却不像办公室白领那么体面，整日灰头土脸，项目部安扎在哪里，人就在哪里，两地分居的时候多，艾茉常常揶揄“好女不嫁建筑郎”，慨叹自己命苦。老向大艾茉五岁，三十五岁才得了这么个宝贝女儿花生米，自然是爱女如命，可他一向比较现实，认为给女儿挣奶粉钱尿片钱比较要紧，还没等艾茉出月子就回工地去了。

项目部离家也不是很远，三个小时车程，老向接到电话后马上开车往回赶，到医院时已是晚上，母亲在周医生的帮忙下，从过道转到了相对宽敞明亮的二人间病房。

老妈被摔得那么惨，做儿子的自然心疼，一腔无名火统统发泄到已一个月未见面的老婆头上：“你都在家干了些什么啊？能不能让我在外头放心啊？”

旁边有小护士，老向口气很不好，艾茉脸上挂不住，辩解道：“我去上班了，妈抱孩子买菜，谁知道会发生这样的事。”

谁知老向听到这样的解释更加生气：“你那破班有什么好上的？明天就去辞职。”

一听这话艾茉不乐意了，辞职回家也不是什么大不了的事，她生气的是老向对她工作那份不屑的态度。其实她的工作比老向高大上许多，图书装帧设计师，工作环境舒适，每天往写字楼里一坐，冬有暖气夏有中央空调，但这份工作在现实的老向眼里没“钱途”，所以才会遭他鄙视。

艾茉焦头烂额地忙了一天，照顾孩子，照顾老娘，反而没落他一句好，一生气，扭脸转身，抱起孩子就走。孩子在周逸辰的妙手回春下已经退烧了，此刻呼吸均匀，在她怀中安静地睡着了。

出了门诊大楼，路过停车场的时候，她又看到了周逸辰。

她走上去，再次向他表示感谢。此刻的周逸辰脱去了白大褂，仿佛也褪去了身上那层沉稳干练，又变回一个青涩腼腆的高中生，他不好意思地说：“都是老同学，不要这么客气了。”

白天的喧嚣褪去，两个人忽然这么单独站在一起，莫名地有些尴尬，艾茉没话找话：“这么晚了，你刚下班？当医生还真是辛苦。”

没想到对方脱口而出：“我在等你啊！”

“等我？”

周逸辰也被自己的直白吓了一跳，忙解释道：“做了一台手术，刚忙完。你要回家了吗？我送你。”

艾茉抱着孩子不能开车，但她其实更愿意打车，不太想面对这种微妙尴尬的老同学重逢的气氛，她也不知道在尴尬什么。况且老向是很小气的，她不想让老向误会，推脱道：“算了，今天已经够麻烦你了，你也累一天了，早点儿回家休息吧！我出门打个车，很方便的。”

“没关系，不麻烦，我送你吧！”周逸辰真诚地说。

艾茉不好意思再拒绝了，白天刚刚利用完人家，现在又拒人于千里之外，再拒绝，好像人家有什么企图似的，于是，她上了周逸辰那辆凯美瑞。

所幸家离医院并不远，晚上车又少，畅通无阻，其间聊到过去的时光都远去谁盘起谁的长发你也将有你的妻，聊起栀子花开呀开那些花儿散落在天涯，周逸辰说他还单身，艾茉就好为人媒马上角色转换：“是吗？怎么会呢？医生是多么受人尊重的职业啊，喜欢你的女孩子一定很多，你一定是眼光太高吧！哦对了，你今天诊室那个护士就不错嘛！有合适的女孩我也帮你留意吧！我们单位今年刚招来一个女孩很漂亮，对了，我妹妹艾莉马上大学毕业了，有机会介绍你们认识啊！”

艾茉絮絮叨叨地说完，周逸辰悻悻地回答了句“好啊”，车子已经到了小区门口，她松了一口气说：“我到了。”

周逸辰停稳车子先下了车，替艾茉打开了车门，她再次说了声：“谢谢！”

“你今天已经说了很多次谢谢了。”

“好，那就不说谢谢了。再见！晚安，小心开车，回去路上注意安全。”

艾茉道了别抱着孩子往家走，刚走出两步，只听到周逸辰在身后喊道：“艾茉，等一下。”

她转过身。

他头低了低，脸在昏暗的路灯下像紫胀的桑葚，说：“能不能给我留一个你的电话号码？”

那一刻艾茉有瞬间的恍惚，时光如白驹过隙，可为什么周逸辰还能有青葱少年般如此羞涩的笑容？

见艾茉没有马上回答，他又连忙补充道：“你，你不是说给我介绍对象吗？留个电话好联系。”

艾茉“扑哧”一声讳莫如深地笑了，周逸辰不明就里，不知道自己哪儿说错了。

“你啊！我不是已经留过了吗？”说完她扭身走了。

留了吗？什么时候留的？留哪里了？怎么一点儿也想不起来？周逸辰沮丧地回到车内，思来想去也没明白，忽然觉得挫败极了。

第三章　提议辞职

老向半夜回来时，花生米的夜闹也刚刚开始——醒来哼哼唧唧，抱起来给乳头吃就马上闭眼呼呼大睡，一放到床上就秒醒，于是再抱起来。如此循环往复，有时闹到清晨五六点才正式睡踏实，艾茉苦不堪言，去医院查了几次，也不缺钙，上网也查了好多资料，妈妈帮宝宝树各路帖子的哄睡秘籍看过不少，但所有方法用到花生米身上都不奏效。

此刻，艾茉正怀抱花生米，自己仰着头闭着眼，哈欠连天，这种时候，老向很有眼色，绝不敢去招惹艾茉，更不敢像白天那样恶声恶气地说话了。他赔着笑脸，小声调侃道："咱家的睡觉困难户又闹了啊？老婆，辛苦了。"

艾茉睁开眼睛，白了他一眼，老向马上看懂了，跪在床上，作谄媚状，连声道："我错了，我错了，以后再也不那样了，我不是着急嘛！原谅我一次好不好？我错了，我错了。"

"你错了？你哪儿错了？"

"我哪儿哪儿都错了。"

"你这是在道歉吗？不用来敷衍我，你根本没觉得自己有什么错，如果你知道你就不会这么做，错的都是我，全都是我做错了，你怎么会犯错呢？"

"我真的错了。"

"你错哪儿了？"

……

就这样，他们陷入一个吵架怪圈里。老向叫苦不迭，作一个仰天长啸状，一下子瘫倒在床上。

孩子终于又睡着了，艾茉心情平复了许多，也不想在这种时候和老向吵架吵醒孩子，于是岔开话题："这么晚了，你怎么回来了，留妈一个人在医院？”

“她睡着了。我请了个护工在那儿看着。”见艾茉主动和他说话，老向连忙凑过来，看了一眼孩子，“睡着了？今天一天累坏了吧？”

艾茉一腔委屈，娇嗔道：“你还知道我累啊？”

老向连忙殷勤地将手搭上艾茉的肩：“知道知道，白天要上班，晚上还要带孩子，当然累了，我给你捏捏。”一边捏，一边给艾茉灌迷魂汤，把她往沟里带，“你看，白天我虽然态度不好，但出发点是好的，我说的不是没有道理啊！你想想，如果你回家了，这样，不仅能全身心照顾好我们的花生米，你也不会受这双份罪，比如啊，就算米米晚上闹觉了，她白天睡觉的时候你也可以睡回笼觉啊！休息好了奶水才足是不是？你也不用上班了还背奶、吸奶、储藏、冷冻，又麻烦，多少还会有点儿不卫生，对孩子有什么好？不上班了你也不用看那个灭绝师太的脸色啊，咱炒了她。”

老向说得头头是道，条条都在理上，艾茉几乎挑不出什么理由来反驳，可她就是对那种辞职后做家庭主妇的生活感到莫名的恐慌和抗拒，若有所思地说：“我想想吧！”

“还想什么呢？有什么好想的！就你每月挣那仨瓜俩枣，还累死累活看人脸色，何必呢？你听我说啊，月薪2K，对出勤率负责；5K，对按时完成率负责；8K，对质量负责；10K，对小团队情绪负责；16K，对……”

“停！”艾茉打断了老向的话，转头意味深长地笑笑，“我觉得你这番话很有道理，那么照你这么说，我如果辞职回家了，你给我开多少薪水让我来完成相应的工作？两千，对出勤率负责？五千，对按时完成率负责……”

不等艾茉说完，老向爽快地伸出一根手指：“一万，保证出勤，按时保质保量完成任务并对小团队情绪负责，让老老小小都开开心心的，怎么样？”

艾茉白了他一眼，嘟囔一句：“要求还挺高。”

“到底怎么样？行不行？”

“我考虑考虑。”睡意袭来，她翻了个身。

老向见状，也不好再打扰，只好叹口气心事重重地躺下来。

以前艾茉也是个睡眠障碍者，每天晚上上床后翻来覆去一个小时才能睡着，现在倒头就睡，还会发出扯山响的鼾声。这话她本来不信，有一次老向用手机把鼾声录下来给她听，真吓人。

迷糊中，忽然听老向问："今天我给主刀大夫包了个红包，他死活不收，说周大夫和他是好朋友，大家都是自己人，不用客气。周大夫是谁？姜黎黎介绍的熟人？"

这个简单的问题让艾茉忽然又醒转过来，她假装睡得迷糊，说："嗯，是啊！熟人。"

第四章　犹豫不决

第二天，老向陪母亲在医院手术，艾茉续请了两天假在家看孩子，顺便考虑老向让她辞职回家的提议。

中午，姜黎黎和周小荻同时出现在艾茉家门口，姜黎黎是做完SPA顺道来看看艾茉，周小荻却是最近几天娘家妈妈来了可以帮她带带孩子，这才能得闲出来放放风。

一听艾茉辞职回家做全职妈妈的想法，这两人马上炸开锅，但却各执一词。

“亲爱的，我支持你回家做全职妈妈，不用朝九晚五，不用看上司脸色，不用上班多爽啊！到时得空了咱们又可以像以前一样出去逛逛街喝喝茶，还可以带宝宝去游乐园，做个时尚辣妈，多好啊！男人负责挣钱养家，女人负责带好萌娃。”

姜黎黎欣赏着她新做的指甲，说得眉飞色舞，却遭了周小荻一通白眼：“男人负责指手画脚，女人负责摸黑起早！关键是，你起早贪黑，累死累活，还不落好，人家觉得是他养着你。你知道什么叫妈妈腕吗？你知道什么叫弯腰劳吗？你知道我最讨厌别人说我什么？不用上班真享福啊！整天待在家里闷不闷啊？还有我们家谢晖常说的那句，是我养着你，别不知足。茉茉，别听她的，到时有你受的。”

“哪有你说的那么凄惨，你把孩子弄好了，哪轮到他指手画脚，还是你的问题。”

“我有什么问题，谁能和你比啊？”

“我怎么了？”

“全职妈妈不等于阔太。”周小荻不客气地说。

“全职妈妈也不等于怨妇。”姜黎黎反唇相讥。

……

这两个激烈的辩手，从前都是有过工作的。

姜黎黎的人生格言是“人生如梦抓紧糊弄”，所以大学虽然上了财院，却先后干过记者、广告文案、策划等诸多具备透视眼潜质的职业，后来跳槽到省电台做了一名夜话主持人。在做了一段时间的情绪垃圾桶之后，她被调到了电台广告部，后来，她又充电进修，在培训学校认识了林清远，两人相恋，结婚，婚后生了一对可爱的双胞胎女儿，为照顾孩子，辞职做了全职妈妈。说是全职妈妈，姜黎黎却比上班还潇洒，老公生意做得大，身家丰厚，家里一个金牌育儿嫂，一个做饭阿姨，还有老妈帮衬，出入有司机接送，她只需要在孩子乖乖时享受玩乐的亲子时光，时不时拍一些漂亮温馨的亲子照作时尚辣妈状，传到空间微博朋友圈里让众人羡慕嫉妒恨。

周小荻就不同了。她和谢晖从大一时就相恋，谢晖家在本市，父亲是一家企业的厂长，两人毕业后，谢父动用自己的一切社会关系，将儿子安排到市物价局，又为未来的儿媳周小荻在某中学找了份工作。周小荻和艾茉谢晖当初是一个系的同学，学的是设计专业，她心想在中学没有对口的工作，勉为其难去教教美术也可以，谁知上班后才知被安排到学校后勤处，工作内容就是开学向各班级各办公室发发笤帚扫把之类的东西。周小荻每天望着学生们花一样的笑脸，干着这份一眼能看到头的工作，心里沮丧极了。谢晖以前给周小荻起的昵称叫“小女巫”，这下好了，他时不时调侃她一句“发扫把的女巫”，可是按照谢晖父亲的话说，这工作稳定清闲，可是一份人人羡慕的美差。和谢晖结婚后，公婆一直催他们要孩子，不知为什么就是没有，后来公婆不催了，因为二儿媳生了孩子他们的关注点也就转移了，公婆不急了，周小荻倒有些急了。那年春节她和谢晖出去旅游散散心，到普陀山转了一圈拜了拜菩萨，没想到这一次就怀上了。十月怀胎，孩子生在秋天，娘家妈妈来伺候月子，过百天后回家了，没人帮忙带孩子了——公婆和小儿子住一起，公公被厂里返聘还上着班，婆婆是广场舞的热衷者，一家人商量之后，周小荻到单位办了停薪留职，回家做起了全职妈妈。

人比人气死人。周小荻在月子期间，家里基本就是“妈妈生，姥姥养，爷爷奶奶来欣赏，爸爸回家就上网”的状态。妈妈走后，带孩子、收拾家务、一日三餐这些事全落到她一个人身上，谢晖在单位和家里养了一身懒病，回家不是上网就是侍弄他养的金鱼。孩子吧他也爱，是那种乖时逗你玩，哭时哄不了，饭时稳坐吃，闹时交给妈，手机上网两不误，张口闭口特爱娃。周小荻常常锅里正炒着菜，听到孩子哭又马上关火一身油烟去抱孩子，有时正上厕所孩子忽然醒了，也只能忍着憋着去哄孩子。从生完孩子到现在，她和谢晖不知吵了多少次架，民政局离婚处都去了两三趟，个中滋味，不亲身体会的人无法明白。所以，她坚决阻止艾茉走自己的老路。

“停，你俩不要吵了，就不能给点儿建设性的提议吗？我已经够乱的了，让我静一静吧！”艾茉头大。

这时婴儿床里的花生米又哇哇大哭起来，三人连忙起身去看，是花生米拉了。如今大家都是有育儿经验的女人，三人搭把手很快给花生米擦好屁屁换好了纸尿裤，周小荻建议说：“××牌的护臀霜防红屁屁效果比较好，你要不要换换试试？这算不算建设性的提议？”

艾茉拿着脏掉的纸尿裤对着那一坨黄色的东西研究了一番说：“嗯，今天的便便颜色和形状都比较正常。”

姜黎黎看着她认真的样子，“扑哧”笑了。

艾茉白她一眼：“有什么好笑的？”

“做了妈的人，就是不一样啊！以前上学的时候，谁在你床铺上坐一下，你都立马用扫帚扫三遍，没想到你也有今天，对着一坨屎研究它的颜色形状味道，哈哈哈！”周小荻也笑。

艾茉也不生气，还颇有几分扬扬得意，说：“呵呵呵，我自己都佩服我自己哦！前些日子啊，艾莉和我打电话聊天，说准备复习考研，说想起自己的高三，觉得那简直就是人生中最知识渊博的时候，那时上知天体运行原理，下知有机无机化学反应，前有椭圆双曲线，后有杂交生物圈，外可说英语，内可修古文，求得了数列，说得了马哲，溯源中华上下五千年，延推赤州陆海百千万，既知音乐美术计算机，兼修武术民俗老虎钳。现在看看自己，似乎是废人一枚。我一想，不对啊！人生知识最渊博的时候，是当了妈妈以后，你看我现在，上诊头痛脑热，下观屎香屁臭，听得懂婴语，唱得了儿歌，早上是便秘宝宝的开塞露，晚上是夜哭儿郎的催眠师……”

“呵呵呵，我弟媳说，人生最辉煌的时候，是孩子入园上学后，那时候，你要具备十八般武艺，进得了菜场，上得了课堂，做得了DIY蛋糕，讲得了睡前故事，解得了奥数，改得了作文，做得了手抄报，认得了五线谱，哎呀后面还有一串串我都不记得了，叫什么全能妈妈十八得。总之啊，当全职妈妈可不是那么容易的事。”周小荻说。

“你这算是在恐吓我吗？我可不是那么容易被困难击退的，我要明知山有虎，偏向虎山行。”艾茉笑。

这两人走后，艾茉又思考良久，左右为难。下午得空炖了汤，将花生米兜在自己胸前的婴儿背带里，带着汤去医院看婆婆。

手术很成功。婆婆醒着，精神不错，但一条腿打上石膏，套上了矫正带。老向正靠在床边打盹，护工大姐临时有事请了半天假，姐姐向华昕的电话一直打不通，老向已经几乎一天一夜没合眼了。

老向醒了，他一双眼通红，布满血丝，艾茉看了也有点儿不落忍，说：“要不你回家睡会儿，我在这儿看着，不是有护士吗？你放心。”

“放什么心？别添乱了，花生米怎么办？医院里到处是病菌，赶紧回去吧，我叫我姐来就行了。”老向心烦意乱，接过了鸡汤催她快回去。

两人出了病房，老向再次认真地恳求：“说真的，媳妇儿，你别上班了，回来吧！家里需要你。”

如果说上午姜黎黎和周小荻辩论时艾茉还有些犹豫，现在，现实摆在眼前，她不得不做一个选择。她点了点头。

婆婆在医院住了一个星期，大女儿一直电话关机没有出现，老向和护工轮流值班总算扛了过来。花生米在奶奶住院这些天特别乖，吃奶睡觉都很规律，让艾茉倍感轻松，她觉得或许她回家来带孩子应该是个不错的选择。

婆婆出院前一天，艾茉将米米托付给姜黎黎半天，自己回单位去办了辞职手续。回办公室收拾东西和大家告别的时候，同事李冰意味深长地说：“从今以后，你可是连回笼觉也没有了。”

第五章 姑姐驾到

向华昕是拖着一个巨大的箱子进的门。也对，伤筋动骨一百天，她来照顾母亲，可不得常住嘛！

艾茉抱着孩子，热情地招呼："姐姐，箱子就放这边，妈那屋是大床，你就住她屋，晚上起夜照顾她也方便。"

没想到向华昕一边把箱子往书房拖，一边头也不回地说："不行，华晟你一会儿去接乐乐放学，他也来，晚上就和我住这屋，妈晚上有事叫我，能听见。"

老向面露难色，他知道自己的外甥整天调皮闯祸，艾茉不是很待见，而且现在上有伤病老人，下有哭闹小娃，叫姐姐来是帮忙，她再带个小尾巴，不是添乱嘛！

见弟弟没说话，向华昕索性直起身，掸掸灰尘，正色道："我告诉你们吧，我，离婚了，乐乐跟我。我结婚的时候妈说了，娘家永远是我家，我，现在回家了。"

这个爆炸性的消息让全家人瞬时都懵了。母亲李敏英的血压升上来了，花生米也不哭了，老向的血也直往头上涌，艾茉这才想起那天婆婆出事后大姐挂掉的那个粗鲁电话，原来是事出有因啊！

接下来是大姐的哭诉大会。

向华昕从小学习不好，父母没办法让她上了个技校，在技校也不学好，早早和浑小子程刚谈起了恋爱。两人整天上网吧打台球，毕业后又都好吃懒做，东游西荡，没个正形，不巧向华昕怀孕，两人奉子成婚。程刚给人开出租，好歹稳定下来，向华昕偶尔打打工，日子过得捉襟见肘。孩子一天天长大，做弟弟的老向明里暗里没少帮衬，艾茉都是睁一只眼闭一只眼。可这程刚混账花心，跑夜班竟然和一个经常坐他车的“小姐”搞到一起，被向华昕尾随捉奸堵在一出租屋里。

母亲李敏英摔倒那天艾茉打电话向向华昕求助时，他们正打得不可开交呢！

老向那暴脾气，没听完就火冒三丈，破口大骂：“这王八孙子，看我不弄死他，看有没有人给他收尸。”说着就撸袖子往外走，谁也没拦住。

结果当然没弄死程刚，毕竟是乐乐的亲爸，老向只是狠狠地揍了前姐夫一顿，程刚也老老实实领受了没有还手，一段婚姻就这样结束了，用程刚自己的话说：“离都离了，你还能把我咋地！”

离了婚的人还得继续过日子，母亲李敏英躺在床上怨天尤人地流了一会儿眼泪后，很快接受了这个现实。下午向华昕烧了饭，老向去学校接外甥，艾茉订了一个全家桶外卖以表欢迎。

乐乐上三年级了，是个活泼好动的主儿，饭桌上，吃着鸡腿，讲着学校里的趣事，逗得大家直笑，好像都忘记了所有的不快。

吃完饭，向华昕带领儿子打扫书房作为他们的避难所。一会儿听她喊：“把这个纸箱子挪阳台上。”一会儿又说：“把那盆花摆那个角吧！真占地方。”艾茉看着自己的书、画稿、花草一样样被驱逐出境，然后看到向华昕把自己的一张蓝色床单铺在了书房的那张床上，就像占领阵地的人将胜利的旗子插在了最高点。艾茉无奈地看着，幽怨地将目光转向老向，老向正在看新闻，视若无睹。

晚上回到自己屋里，老向散架一般瘫倒在床，两人说起大姐离婚的事，老向鄙夷地说了一句：“这程刚也真是的，怎么和小姐搞在一起，真龌龊。”

“嘿你话什么意思？和谁搞在一起不龌龊？初恋情人？同桌的你？出轨就是出轨，无论对象是谁……”艾茉的话没说完，身边那人已经扯起了鼾。

工地离不开老向，老向离开这一个星期，那边已经催了好几次，好多事没有他都拎不清摆不平。看着艾茉辞职回家，大姐也住家帮忙，家里老老小小都有人照顾，老向心里的石头总算落了地。

第二天吃晚饭的时候，电视里播着一则温馨的“他好我也好”的广告，看得老向心潮荡漾，于是骚包地瞥了艾茉一眼，神秘地说：“亲，今晚洗衣服不？”

这是夫妻两人之间关于爱爱的暗号，源于一则笑话。如果是妻子方便又情愿配合的话，叫作“机洗”，如果不方便不愿意请对方自行解决，叫作“手洗”。算起来，从艾茉怀孕到生完孩子，老向已经不记得“机洗”的滋味了。刚怀孕说不满三个月胎儿着床不稳，怀孕中期稳定了老向又随工地去了外地，孕后期艾茉身体沉重又不方便了，好容易等生好卸货了，艾茉顺产有侧切伤口，她是那种疤痕体质，伤口又在敏感位置，反反复复刺痒红肿总不好，去医院看了大夫总是轻描淡写地说：“长好了啊！”为此，关于爱爱的问题，艾茉已经拒绝老向很多次了。

“不洗，洗衣机坏了。”艾茉依然拒绝。想起做爱这件事，她都怀疑自己是不是患了产后性冷淡而拿伤口没好当借口。

大姐在看电视，根本没注意他俩在说什么，没想到在房里的婆婆倒是耳尖得很，扯着嗓子喊道：“洗衣机什么时候坏了，我前些天洗衣服还好好的啊？”

艾茉绷不住，偷偷笑了。老向遮掩道：“没事没事，我是说项目部宿舍的洗衣机坏了。”

夜深人静，大家都睡下了，回到屋里，老向依然缠人：“行不行啊？别拿伤口当借口啊！都多久了，孩子都这么大了，你当我是苦行僧啊！吃素伤身，手洗伤心。来吧宝贝，你就从了我吧！”说着，老向已经脱得精光急吼吼地爬上了床。

艾茉推了推，没推开。身体是熟悉而又陌生的，熟悉的前戏亲吻，熟悉的抚摸温存，可曾经的欢愉记忆并没有因此而唤醒，她很紧张，绷得像一张绣绷圈子，伤口处传来针刺一般细密的痛，她又推了推老向，老向正兴起以为是她欲拒还迎的把戏，反而更用力起来，艾茉闭上眼睛，从前，她的身体是温山软水，在最浓情的时候，她身体的每个细胞都在唱歌，现在，她的每个细胞都在喊着：“快点儿，快点儿，快点儿结束吧！”

她第一次希望老向也像广告里那些男人一样早泄就好了。

老向像兽一样长吼一声，终于歪倒在一旁。艾茉长舒了口气，老向还臭屁地邀功：“怎么样？我还宝刀未老吧！”

艾茉转过身去，骂了句：“禽兽！”

第六章　回归家庭

老向回工地了。艾茉的全职妈妈生涯也正式开始了。

一个星期后，艾茉崩溃了。辞职时李冰说的那句“从此你连回笼觉也没有了”的预言果然应验了。

每天，她和花生米是被各种声音吵醒的。

“妈，我的书包呢？”

“快点儿，快点儿，快迟到了。”

“华昕，过来扶我一把。”

乐乐的吵闹声、大姐的训斥声、婆婆的呻吟声、花生米的哭闹声，淹没了艾茉的叹气声。花生米的生物钟又乱了，艾茉又开始了晨昏颠倒的生活，而她的侧切伤口，在那晚和老向缠绵之后，又不争气地发炎了。

艾茉在电话里骂人：“向华晟，你浑蛋，家里的烂摊子扔给我，你躲清闲去了，你知道我过的什么日子吗？”

“怎么了又？”

“我神经衰弱缺乏睡眠伤口发炎心情烦躁脱发掉发吃不饱饭！”

老向正好不忙，安慰她：“这么水深火热，牛马不如啊？怎么还吃不饱饭呢？”

说起吃不饱饭艾茉就气不打一处来。大姐住下后她才发现，原来她并不是来帮衬搭把手的，她只是离婚落难回娘家休养的，除了扶扶自己老妈，管管自己儿子，就是在客厅看电视吃零食，到了饭点，也不想着做饭，艾茉不好说什么，好容易将花生米哄睡了，心想自己抽空做点儿饭吧，进厨房一看，水池里上一顿的碗还没洗呢！艾茉坐在沙发上一阵闷气不知找谁发泄，她不能像姜黎黎那样的阔太将全职妈妈做得那么轻松潇洒，又不想过成周小荻那样的怨妇，但让自己清闲一些还是可以的，一气之下，她打了外卖电话，红烧排骨、糖醋里脊、青椒腊肉、鲫鱼汤，再来个爽口青菜，全点了自己爱吃的。餐刚送到，向华昕接乐乐回来了，一见餐桌上冒着热气的鱼汤，连忙给乐乐盛了一碗："乐乐，快来，舅妈煮了你最爱喝的鲫鱼汤，还热着呢！"

餐馆送的饭菜量都不大，等艾茉转身上个厕所回来，鲫鱼汤已经见底了，另外几样菜也被扒拉得不像样子，艾茉当时脸色就不好看了，但还是尽量语气委婉："啊呀，现在餐馆外卖的量越来越少了。"向华昕能听不出这弦外之音？她有点儿不好意思："我当是你炖的汤，以为锅里还多着呢，就让乐乐喝了。"艾茉牵强地笑笑："没事，喝吧，小孩子长身体呢！"可这边还有小孩子等吃奶呢！艾茉压着怒火，给自己盛了碗饭，和乐乐比赛一样风卷残云，狼吞虎咽。

向华昕扶着母亲出来吃饭，婆婆一见这四菜一汤，唠叨道："艾茉啊不是我说你，你忒不会过日子了，虽说华晟挣得多，你也不能不体谅他就这么大手大脚吧！整天叫外卖，这一个菜，十几二十块吧？四五个菜一个汤快百八十了，买菜买肉自己做了一家人吃好几天呢！"艾茉胸口的火噌噌地往上冒，她深吸口气，牵动嘴角笑了笑："是啊，我知道啊，可是我没时间做啊！"说完放下碗筷头也不回进了自己屋。只听见婆婆在身后重重地叹一口气，语含不满："我不就随口一说嘛！看我老太婆没用了，就给我脸色看了。"

这些话，在电话里和老向根本说不清楚，老向自然知道姐姐是什么样的人，问道："我姐那好吃懒做的毛病又犯了？她不帮忙做饭，那每天都干什么？"

"什么叫又犯了？好像改过一样。"

"我叫妈说她，她不好好做饭你就叫外卖，楼下那家川菜馆你不是喜欢吃吗？想吃啥点啥！忍忍，忍忍啊！这星期我回去了给你做开江鱼。你那伤口又怎么回事？都这么久了还不好，去医院再看看吧！"

得到了老向的支持，艾茉将孩子放到婆婆屋里收拾得光鲜亮丽出了门，衣服紧了点儿，身材还有待恢复。

出了门，她并没有打算去医院，这宝贵的闲暇时光，她不愿意排半天队去见大夫五分钟看一个在他们眼里根本不算病的病，她只是想出来透透气，像从前一样找个女伴喝一杯。就像当年知青下乡，城里的小姐到了乡下，物质生活一落千丈，可她们每天下午两点，用麦麸撒在水上，还保持着喝下午茶的习惯，这是教养的产物，这是大家闺秀骨血里的流痕，举手投足，一颦一笑，别人学不得，自己也装不得。用老向的话说，艾茉这就是矫情，可艾茉就是这样一个不甘心不认命的文艺范儿作女。

但显然她出来的时间不对，这个点，姜黎黎正和周公甜蜜约会呢，而周小荻正侍弄她的麦兜兜呢！找从前的同事吧，人家正是上班时间。艾茉在车里坐了好半天，把电话簿翻了个遍，不知道该找谁该去哪儿。她有点儿沮丧，才不到一个月，怎么就有一种被社会抛弃了的感觉？

不知道家里的病号老太和马大哈大姑姐能不能照顾好花生米啊！做了妈妈，出了门就有了牵挂，就像风筝，总有一根线牵着。想到这里，艾茉觉得不如回家算了。

就在这时，她的手机响起来，一看，是个陌生号码。

第七章　匆匆那年

电话是周逸辰打来的。他在两周后才恍然想起，艾茉那天填写孩子的病历信息时留下了电话号码。他从电脑中查出，犹豫了半天，才打了过来。

“艾茉，我今天休息，想请你吃饭。”

艾茉听出他的声音，连忙在这边客气道：“哎呀，我应该请你的，我婆婆手术，刘医生看你的面子很照顾的，我一直说请你吃饭的，这有了孩子就整天忙得脱不开身……”

周逸辰小心翼翼地问：“那，你今天有空吗？”

“嗯！嗯！有的。”艾茉犹豫了一下。

“那，我过来接你，你在哪里？”周逸辰急切地问，好像生怕艾茉变卦。

她说了地址，周逸辰恰好离得不远，五分钟后就到了。两人见了面，就近找了一家西餐厅。

餐厅环境很好，流淌着轻柔的钢琴声，沙发很软，艾茉一坐下就有一种扑上去睡一觉的冲动。一落座周逸辰有点儿吃惊：“你脸色很差，上次见你不是这样，气色挺好的啊！”

“有吗？”艾茉吃惊地摸了摸自己的脸，忍不住从包里拿出镜子看了看，可不是嘛，镜子里那个女人，头发干枯，脸色蜡黄，眼窝深陷，眼角纹也若隐若现，这还是从前那个自视甚高的清秀佳人吗？

“你婆婆的腿恢复得怎样？孩子怎么办？谁帮你带？”

“手术很成功，她现在能自己抬腿了，每天在练习。孩子我自己带，我辞职了。”不知为何，说最后一句话时，艾茉的声音很小，好像自己做错了什么事。

周逸辰愣了一下，说：“带孩子很辛苦吧？休息不好？”

“还好吧！”艾茉模棱两可地回答。

“我看网上说，当你问一个人过得好不好，她回答还好，还行，其实就是不好，不行。”周逸辰一针见血，让艾茉无言以对，这种被一眼看穿的感觉很不舒服，她只好自我解嘲：“网上还说了，人生已如此艰难，有些事就不要拆穿。人艰不拆啊！”

这个调侃果然有效，两人都“呵呵呵”干笑了两下，这个话题就岔开了。这时，周逸辰的电话响起来，是医院同事打来的，他起身去接。

等他接完电话回来，发现艾茉倚在沙发靠墙的一角安静地睡着了。中午十二点的阳光透过落地玻璃窗折射进来，淌在她的身上，她的头歪得厉害，甚至还扯起了微微的鼾声。这姿态一点儿也不美好，可让人看着心疼，周逸辰有一种上前拥抱她的冲动。可他仍像十年前忍住那股年少冲动一样忍住了，在对面坐下来，端起酒杯，轻轻地咂一口，望着她，心里五味杂陈。

艾茉醒来时已是下午一点，她在偌大的餐厅里睡了整整一个小时，这是她辞职后第一个回笼觉。

她不好意思地拢拢头发，看看手机上的时间，有点儿手忙脚乱：“对不起啊！我竟然睡着了。你吃好了吗？服务员，买单。”

服务员过来，端着一份刚刚又拿去重新加热的意式小馄饨，说先生已经买过单了。

周逸辰将碗朝艾茉推了推，说：“我已经吃过了，可你还没吃。”

艾茉确实也觉得饿了，现在给孩子喂奶饿得很快，没有推脱便低头吃起来。

周逸辰蹙眉凝视着她，说：“你睡眠很差。经常做噩梦吗？”

“啊！我刚才怎么了？打呼噜了？说梦话了？不会吧！”艾茉窘迫极了，大庭广众之下睡着已经够丢脸了，不知道睡着以后还干了什么出格的事，她才不会告诉他，她刚才又梦到考试了，可是一道题也答不出来，急得满头大汗，这时有人帮她作弊递来纸条，她正在犹豫接还是不接，忽然就醒了，而梦里那个给她抄答案递纸条的人，竟然是周逸辰。

“没有，只是睡得很不踏实，呼吸急促，好像在梦里被追赶一样。艾茉，你可能有点儿神经衰弱，你现在属于亚健康状态，可不要忽视，去医院看看吧！”他关切地说。

艾茉故作轻松地笑笑："是有点儿没休息好，没那么严重，睡一觉就好了。"

吃完饭，艾茉告辞，她已经出来太久了。两人在餐厅门口告别，刚走几步周逸辰又叫住她，从钱包里掏出一张名片递给她，说："我朋友开了家心理诊所，有空去看看吧！"

心理诊所？你这不是骂人吗？说我有精神病了？艾茉当时心里就那么狭隘地想，但碍于同学情面没说什么，她言不由衷地道了谢，上了自己的车随手就将名片扔进储物格里，现在忙得脚不沾地，可没有和心理医生聊天的闲工夫。

回到家时花生米安静地睡着了，向华昕在厨房做饭，看来是早上那一通告状电话奏了效。

向华昕见艾茉回来，冷冷地瞥了一眼，说："饭我做好了，等会儿我还要去接乐乐，你们先吃吧！"

桌上是四菜一汤，无论是荤素搭配，还是色香味，显然水准都在艾茉之上。向华昕爱吃，所以厨艺不差，就是懒，但性子直，没什么歪心眼。艾茉一看，桌上碗筷都摆好了，自己不禁为早上那通电话有点儿汗颜，大姐毕竟是外人，能帮忙那是情分，于是她望着桌上的饭菜有点儿讨好地赞道："真香啊！大姐的手艺比外面厨师还好。"

向华昕解下围裙，没吭声往外走，看来是生气了。

不一会儿接了乐乐回来，一进屋就听向华昕打骂孩子："在学校不学好，就知道打架。你为什么打人家王子涵？"

"他嘴贱，他活该。"

"还嘴硬。"向华昕劈头就给了乐乐一巴掌，乐乐立马哇哇大哭起来，这边一哭，花生米被吵醒，也哇哇大哭起来。母亲李敏英在屋里喊起来："教育孩子好好说啊，打孩子怎么行？"

向华昕根本不听劝，又照着乐乐屁股就是两脚，艾茉看不过，抱了米米，过来拉开乐乐。乐乐被打急了，一把鼻涕一把泪地哭诉："谁叫王子涵给老师打小报告，我上课看漫画，他偷偷告老师了，漫画被老师收走了啦！我最讨厌背后打小报告的人了。呜呜呜啊！呜呜！"

也不知是孩子的哭声让她心疼，还是母亲李敏英的训斥起了作用，向华昕的火气忽然一下子被浇灭了，她蹲下来，温柔地拉过儿子的小手，说：“妈妈也最讨厌背后打小报告的人了。”说这句话的时候，向华昕意味深长地看了艾茉一眼。

“可是，你也不应该打人啊！打人是不是好孩子啊？”

“不是。”

“下次还这样不了？”

“不了。”

……

说者有心，听者有意。艾茉知道，她这个背后打小报告的人，算是把大姑姐给得罪了。她想起老向走之前说的“对小团队情绪负责”的话，虽然责任并不在自己，可才不到两个星期，大家就这样龃龉不合，她沮丧极了。

第八章　两位闺蜜

一夜噩梦缠身，早晨醒来，艾茉看到镜子里那个自己，目光呆滞，脸色憔悴。她梳了梳凌乱的头发，低头忽然一惊，白色的洗脸池里竟然掉了一大团头发。

乐乐从里面的卫生间出来，本来惺忪的睡眼忽然闪了一下，冲艾茉乖巧地叫了声："舅妈，我没有早餐钱了。"

艾茉想对向华昕示好正愁没机会呢！于是连声应道："来，舅妈给你。"

她从钱包里掏出了百元大钞。乐乐拿了钱，心满意足地走开了。

洗漱完向华昕送乐乐去上学，艾茉看窗外天气不错，冰箱里又没什么菜了，于是和婆婆打了招呼，说带花生米出去买菜遛弯儿。

菜市场离小区不远，刚走到菜场门口，电话响了，是姜黎黎打来的，难得听到她那么严肃："我知道这会儿可能打扰你的回笼觉了，可还得打给你。没事过来一趟吧！小荻在我这儿。"

听口气周小荻出状况了，艾茉也不买菜了，拦了个车直奔姜黎黎家。

姜黎黎算是嫁得好，林清远长袖善舞，做对外贸易经营有方，积下丰厚身家，他们的家安在本市富人云集的某别墅区，旁边是一个湿地公园，推开窗就能看见湖。

艾茉到达后，是司机小佟开的门，他正在院子里擦车，一副随时待命的样子。小佟姓佟，长得也颇像佟大为，原本是林清远公司的司机，后来姜黎黎怀孕了，林清远不许她再开车，就将小佟指派到家里。小佟对姜黎黎这两个朋友也都熟识，见到艾茉，彬彬有礼地叫了声："艾姐，黎姐她们在二楼。"

姜黎黎的卧室在二楼，有一个一百八十度的落地玻璃窗，可看到那面湖的全景。此刻周小荻缩在窗边的贵妃榻上，手里捧着姜黎黎递给她的一杯热茶，眼神空茫地望着窗外，不知在想些什么。她的右脸颊有些红肿，从眼角到耳边，有一道干涸的泪痕，刚刚哭过。

姜黎黎粗暴地骂娘："姓谢的真不是东西，下手真狠。"

艾茉走过去，看样子也能猜出个十之八九，不用问，肯定是为带孩子的琐碎事和谢晖吵架了。她心疼地握住周小荻的手，问："阿姨不是在你那儿吗？"

"我妈前天回去了。"周小荻有气无力地回答。

艾茉也不知道怎么安慰，就随口说了句："你一个人实在不行，就让阿姨再过来帮你一段时间，兜兜现在学走路，正是最操心的时候。"

"谁说不是呢！"周小荻叹了口气，转过脸，凄然地苦笑了下，又叹了口气，"唉！算了。"

虽说是闺蜜，但人常说家丑不可外扬，有些事即使对姜黎黎和艾茉，她也难以启齿。周小荻的父母都五十多岁，身体硬朗，哥哥年长周小荻许多，早已成家立业人在上海，孩子也上初中了，父母没什么负担，就是双双都来帮女儿带孩子也未尝不可，周小荻坐月子时，周妈妈也是这么打算的。月子期间虽然劳累辛苦，但看到孩子粉白粉白的笑脸，什么不快都忘到九霄云外了。有一天周小荻买菜回来，谢晖脸色很臭，对周小荻发牢骚："你妈妈真是为老不尊，怎么能说我妈那种话？我妈是没照顾你月子，没帮忙带兜兜，怎么能说屁用不顶呢？还是知识分子呢！"周小荻小心翼翼地追问他从哪里听到的，谢晖刻薄地说："可不是我偷听，她和你那个嘴碎的姨妈打电话说得很大声我听到的。"周小荻没有反驳，因为这样的怨言妈妈也在她面前讲过，但她相信妈妈不会说"屁"这样的脏字，可周小荻没有底气反驳，怎么反驳？难道说我妈没说你妈"屁用不顶"，而是说"什么用都不顶"？当时恰好兜兜哭了，这个话题就不了了之，可这件事在周小荻心里留下了阴影，她渐渐明白一个浅显的道理，远香近臭，无论是婆媳，还是岳母和女婿，在一起待久了都会产生矛盾。孩子百日后，她找了个借口让妈妈回去了。

周小荻从自己的幽怨中回过神来，故作轻松地说："黎黎你真是的，我没事，艾茉这么忙还让她跑一趟。"

"这叫没事？我怎么能不来。"艾茉轻轻地拂拂周小荻的额发，盯着她脸上的伤说。

“一个人身无分文冒着大雨半夜走了一个多小时还说没事？亏得你家离我这儿近，我要是住得再远一点儿，你是不是要走到天亮？你傻啊！以后摔门出来，记得带上“伸手要钱”这四个字，身份证，手机，钥匙，钱，一个不能少。你打个电话，姐们儿不就接你去了？你要是当时告诉我，我直接带小佟过去，胖揍他一顿，看他还敢不敢上手！”

“到底怎么了？”艾茉问。

“就因为我没给他做饭。呵，可笑吧！可悲吧！”周小荻苦笑着自嘲。

“他以前脾气多好啊！现在怎么变成这样了？”

“人善被人欺，你就是平时脾气太好了，谢晖现在浑蛋得都敢动手了，这次一定要给他点儿颜色看看。大不了不……”姜黎黎本来想说“大不了不过了”，眼见艾茉使了个颜色，自己也觉得这样说不妥，连忙吐吐舌头住口。

若用饮料来比喻这三个女人，姜黎黎像红酒，又烈又艳，魅惑芬芳；艾茉则像红茶，香甜味醇，闻香观色品饮尝味都有意趣；就数周小荻性子柔，像白开水，充其量是花茶，淡而无味。可性子柔、善良、心软，这些词有时也会变成一把剑，反过来伤了自己。

“黎黎说得对，你就是太善良太软弱，他才会得寸进尺在家里吆五喝六，知道你好说话，知道你是软柿子。男人得寸就进尺，为了避免这点，你就不能给他寸。叫我说，你就是烂好人，你对他一味忍让，不是宽容大度，是纵容，你要是还想和他过下去，就不能由着他的性子来。”

“对，得治治他的臭毛病。”

周小荻头要炸了。这两人一个对她讲道理语重心长，一个要为她报仇打打杀杀，而此时，她经过一夜怒火攻心的愤怒和锥心刺骨的伤心，只剩下如坐针毡的煎熬了。看到艾茉怀里的花生米，她想起她的兜兜了，她牵挂孩子，她操心兜兜啊！她伤心摔门而去，兜兜醒了找妈妈怎么办？饿了怎么办？谢晖没有给孩子冲过一次奶，冲烫了怎么办？冲凉了怎么办？孩子纸尿裤湿透了怎么办？谢晖会换吗？想到这些，她简直一分钟也不能再待下去了。可是，从昨晚到现在，他没有来过一个电话。虽然她走时气昏了头什么都没带，可手机上姜黎黎艾茉的电话都有，而谢晖知道，在这个城市，她能深夜投靠的也就这么两个朋友，他如果有心，至少会打个电话问问。书上果然说得没错，离家出走很简单，可回家的路，很难。

“你们俩出去吧！我想静静。”周小荻抓抓头发，烦躁不安。

艾茉和姜黎黎对视一眼，没说什么，悄悄出去了。

原来事情的起因竟然是为一碗面。谢晖平日工作清闲，这天因为下去查处几家被举报乱收费的幼儿园，工作结束后又应付了好几家媒体记者，一整天几乎颗米未进，又累又饿地回到家，厨房里冰锅冷灶，洗碗池里还堆着一大堆脏碗筷，冰箱里空空如也，没什么现成可吃的东西。谢晖将已经睡下的周小荻叫起来，让下一碗面给他，本来整天就睡眠不足的周小荻没好气，嘟囔了几句，最后还是不情不愿地做了，谁知谢晖刚吃了两口就摔了筷子，说：“你喂猪呢，煮的面猪食不如，整天在家干了些什么？你给谁甩脸子？在外面受气，回来还看你脸色？你就是一怨妇，看见你那张臭脸就够了。”再好性子的人在这样无端的谩骂中也会爆发了，架就这样吵起来，周小荻摔了那碗面，谢晖甩了她一巴掌，然后，她就离家出走了。

离家出走，走时，走的是大路，回时，踩的是台阶，还要看男人给不给你台阶。然而现在，谢晖没有给周小荻这个台阶。

艾茉听完了来龙去脉，也忍不住气急败坏地骂了一句：“这个谢晖，真不是东西，现在怎么越来越过分。想当初，他和我一个小老乡是上下铺的哥们儿，为了追小荻，没少找我帮忙，说起来我还算是媒人呢！现在想想真后悔。”

“后悔有什么用，想想怎么办吧，小荻哪受过这种气啊！”

说话间，姜黎黎家的小保姆端了炖好的鸡蛋羹来，恭敬地说：“太太，您要的鸡蛋羹做好了。”姜黎黎家的保姆、月嫂，都是从金牌家政公司请来的，受过正规的培训，有一套规范的礼仪。以前，艾茉一听小保姆叫“先生、太太”就觉得好笑，说人家是土豪地主旧社会，现在，清高如她，也隐隐有些羡慕，人家过的什么日子，而自己呢！按下葫芦浮起瓢，顾头露腚，家里鸡飞狗跳的，再看看周小荻，同是天涯沦落人啊！

“给我吧！”姜黎黎接过鸡蛋羹，正准备端进去给周小荻，没想到她已经推开门出来了。她眼泡依然浮肿，不好意思地说：“我，我得回家去看看。兜兜不知道吃了没有？谢晖他，他不会管孩子。”

“那是他亲儿子，饿了他知道冲奶，不会管他不会叫他妈来？那个家离了你就不行了？他要是真能意识到家里离了你不行，那更好，让他知道你的重要性，这一次，好好给他点儿颜色看看。”姜黎黎义愤填膺地说了一大堆。

可周小荻好像一句也没听进去，依然一脸担忧：“兜兜认生，跟奶奶不亲，要是哭了，别人哄不好的。我，我还是回去吧！”

“你犯贱啊！”姜黎黎一向满嘴跑火车，说话不客气，一个“贱”字，把周小荻骂得一阵脸红。

“我知道你们关心我，可我实在是操心兜兜，我得回去看看。”

“回什么回，要回也不是现在回。我去把兜兜给你接来，顺便把谢晖那浑蛋臭骂一顿。”姜黎黎是直肠子，有时看着猴精，其实考虑问题很简单，她拿了车钥匙就准备下楼，被艾茉按住了。

三个人中，说起来艾茉和周小荻关系更近一些，她俩是同校同班同寝室，不是艾茉不义气，而是她更理性，清官难断家务事，夫妻的事，旁人说不清楚，婚姻的问题，更是冷暖自知。她抚抚周小荻的肩膀：“回去吧！和谢晖好好谈谈，为了孩子。”

仿佛是得到了艾茉的赦免恩准一般，周小荻马上急慌慌地下楼，姜黎黎一边追一边恨铁不成钢地骂道：“不争气的东西。慢点啊，我开车送你。”又回头顾头不顾尾地招呼艾茉，“你别走啊，中午在这儿吃饭。”

“不了，花生米的奶奶一个人在家，我要回去了。”艾茉也下楼。

“那让小佟送你。”

艾茉不太喜欢那个小佟，可抱着花生米走出他们这皇家花园一般的别墅区再打车，还要走不少路，于是坐上了小佟的车。

果然，一上车小佟就套近乎：“艾茉姐你别客气，黎姐的朋友就是我的朋友。”

艾茉勉为其难地牵动嘴角对他笑了笑。

一路上艾茉逗花生米玩，好几次小佟张嘴想说话都插不上嘴，不一会儿米米睡着了，小佟见缝插针，看似随意地问道：“艾姐，你知道黎姐喜欢什么颜色吗？”

艾茉警觉而狐疑地反问：“你问这个干什么？”

“呃，”小佟有些尴尬，没有再追问，解释道。“随便问问嘛！”

车子前面转弯就到了艾茉家小区门口，她没再搭理他。一大早做了一次调解员，却没想到，家里正有一场风波等着她。

第九章　离家出走

一进门老向就大发雷霆："你跑哪儿去了？看看家里成什么样了！你整天在家都干什么呢？"

艾茉一头雾水："你怎么突然回来了？"再环顾四周，婆婆躺在沙发上，本来只是右腿打着石膏戴着固定矫正带，现在，左胳膊也打着石膏缠着绷带吊在了脖子上。

她一愣："妈，你这是怎么了又？"

人一老容易伤感，婆婆李敏英凄惨惨地带着点儿哭腔说："我醒来想喝口水，叫了半天，一个人影都没有，就想自己挪到轮椅上，就摔了。"

"大姐呢？她送完乐乐上学不是应该早就回来了吗？"

"你搞清楚，你才是这家的主人，不要一有什么事就推卸责任。"老向说话不客气。

艾茉也是一点就着："我是干什么吃的？我每天伺候了老的再伺候小的，累得像驴一样，你看不到也就算了，还反过来指责我。"

"我只是就事论事，你明知道家里有老弱病残，你还出去那么久？要不是我正好回来了，妈现在还地上趴着呢！你到底去哪儿了？"

两个人分贝一高，花生米立刻吓得哇哇大哭起来，老向爱孩子，马上不吭声了。

老人一上年纪就怕惹儿女烦，怕自己没用多余，眼见儿子儿媳因为自己吵起来，又愧疚又委屈，悲悲戚戚地哭喊起来："我就是那没用的老弱病残，我活着多余，你们别吵了，怪我，怪我，怪我行了吧！"

艾茉强忍着怒火和怨气，抱着孩子进了屋。

花生米吃了奶，很快睡着了。艾茉才觉得饿了。她知道，老向和婆婆肯定也没吃饭，虽然很气老向的臭脾气，可她知道，他一路开车回到家里肯定一口热水也没喝就带婆婆去处理伤情了，老向整天在工地上忙起来也是饥一顿饱一顿的，常犯胃病。

她出了卧室，没有说话。此刻，老向正拿着遥控器胡乱地换台，婆婆垂头丧气。

进了厨房，打开冰箱一看，还有几颗鸡蛋，一把小油菜和月子里剩的挂面，再翻了翻，还有一盒浓汤宝。她准备给大家煮面吃。

水开了，老向进来了，试探似的用手指勾了勾艾茉耳边的头发。这是老向一贯的道歉伎俩，先刺探一下对方的火力，对方火力弱了，他再集中火力攻破。

艾茉认真地盯着锅盖，一言不发。老向再犯贱地勾一勾她的头发，她没躲，再勾，艾茉正要张嘴呵斥，老向马上识趣地连声求饶："我改，我改，我错了，我态度不好，我改。"

艾茉刚才还在批评周小荻心软，自己又何尝不是呢！老向就是那种记吃不记打、清晨刚道歉傍晚又犯错的主儿，可是只要他一道歉，她的气马上就烟消云散。

她把要怒骂的话咽了回去，没吭声，动作熟练地下面，点水，盖锅。

"拿碗。"艾茉说。

老向麻溜地拿来了碗，他知道艾茉不和他计较了，于是还斗胆点了一根烟抽起来："你早上到底去哪里了？说真的，以后可别出去那么久，真让人担心。"

"小荻和谢晖吵架，她离家出走了，姜黎黎打电话叫我过去劝劝她。"

"哦，现在怎样了？"

"回去了。"艾茉轻描淡写地说。

"就是嘛！夫妻床头打架床尾和，你俩跟着瞎掺和个什么劲儿啊？"老向也轻描淡写地说。

艾茉挺讨厌老向这种风景都看透的世故样，于是白了他一眼，不满地说："什么床头打架床尾和，你敢再气我，我也离家出走。"

"不敢，不敢。"

谁知道，一句玩笑，竟然很快一语成谶。

下午，向华昕带着乐乐回来了，一看见母亲胳膊成那样，马上惊叫：“妈你这是怎么了？”

母亲李敏英三言两语一说当时情形，向华昕马上将矛头指向艾茉：“你不是在家吗？”

“我去姜黎黎家了。”

“你倒有闲情逸致串门找朋友玩，家里有老人你不知道啊！”向华昕倒先发制人。

“我以为你送完乐乐就回来了呢，所以多待了一会儿。你呢？一天也不见人影。”

向华昕被问得心虚，她才不会告诉大家她路过一家棋牌室手痒痒去摸了几把，手气大好玩得兴起就把老妈忘到九霄云外了，于是掩饰道：“我一天事多着呢！找工作，找房子啊！省得寄人篱下看人脸色，再说乐乐上学上补习班什么的，都需要钱的，我得赶紧找份工作。”

艾茉气结，没多说，转身回屋了。

老向发话了：“姐，找什么房子啊？我的家就是你的家，谁给你脸色了？乐乐是我亲外甥，他姓程的不管，我做舅舅的能不管吗？你急着找工作干什么？家里这上有老下有小的，你还得照应着，我付你工资，怎么样？”

向华昕一听喜出望外，在弟弟身边坐下来：“真的？你付我工资？那我可就不客气了。”说着，她伸出了右手。老向果然很爽快地掏出了一沓钱，大概有两三千，悉数交到姐姐的手上。向华昕拿着钱，心里一阵暗爽，白天手气好赢了八百多，晚上翻翻嘴皮又是三千，今天真是收获颇丰。拿了钱的她心情大好，喜滋滋地走到母亲身边，清脆地喊道：“妈，您喝水吗？妈，您回屋吗？我推您。”

母亲李敏英无可奈何地用另一只好手点点她：“你啊！你个财迷。”

艾茉进了屋虽然在整理花生米的衣服，可外面的对话一字不落地灌进她的耳朵，有那么一瞬间她有冲出去理论的冲动，最后又忍住了。这算什么？人家是论功行赏，老向这是倒行逆施，论过行赏啊！他在单位是怎么管理手底下那几十号人的？这样子谁还愿意干活啊？想到这里，艾茉就气不打一处来。

这时，乐乐悄悄地摸了进来，甜甜地叫了声：“舅妈！”

这孩子猴精，不求人不叫人，这么甜地叫舅妈，必定有事。

“怎么了，乐乐？”

“舅妈，借下你的iPad让我玩一下游戏呗！求求你了。”

艾茉笑了，这小人净装出那副可怜可爱的样子，让人不忍拒绝。她拿出机子递给他，顺口问道：“你作业写完了吗就玩游戏？你们不布置家庭作业？”

乐乐目的达到就急着要走，得意扬扬地说：“早写完了，在学校就写完了，我可是李子航作业代写公司的VIP会员。”

“什么什么？代写作业？乐乐，你过来你过来，你给我说清楚。”

乐乐见说漏嘴，吐了吐舌头，一溜烟跑到姥姥屋里去了。

艾茉有心想管管乐乐，可一想到他妈妈那副阳奉阴违的样子，也懒得理了。

晚上老向进屋来，艾茉没搭理他。老向也累了，一上床就呼呼大睡。

花生米又闹夜，晚上反反复复折腾了七八次才算睡着，艾茉困得眼皮打架，腰酸背痛，可老向睡得雷打不动。半夜四点钟总算正式睡着了，早上八点，艾茉睡得正香，花生米却醒了，喝了奶又呼呼睡过去。艾茉被孩子吸了一夜奶水，此刻饥肠辘辘，迷迷糊糊地去厨房觅食。

一打开冰箱，才想起昨天剩的挂面鸡蛋小油菜都已经吃掉了，晚饭下的速冻饺子，还好有几盒牛奶，她准备热一杯先垫着，一看灶台油腻脏乱，锅里有半锅涮锅水，还飘着蛋花，水池里泡着三个脏碗。乐乐长身体晚上睡觉前总要加餐，向华昕也有吃夜宵的习惯，这肯定是那娘俩留下的。

艾茉顿时胃口全无，一屁股在餐桌旁坐下来。今天恰好是周末，这个时间所有的人都在睡懒觉，没人理会她这个劳累一晚上饥肠辘辘还要自己觅食的哺乳妈妈。这时，她的目光落在了那个白色的iPad上。机子的屏幕上滴了很大一坨油渍，更刺目的是，油渍下面竟然有一道长裂痕。她皱了皱眉，下意识地开机，糟了，果然打不开了。

外面传来一阵马桶抽水声，老向迷迷糊糊地走进来，四下环顾了一圈，又打了个呵欠，漫不经心地说：“早上吃什么啊？我就不吃了，一会儿睡个回笼觉完了去公司还有点儿事。妈也醒了，你给你俩弄点儿吃的。”

艾茉的火噌地冒上头顶，一甩手推倒了餐桌上的一个玻璃杯，她突然变得歇斯底里起来，大声喊道：“睡你的回笼觉去吧！吃吃吃，老娘不伺候了。”

“老娘”说起来很爽，艾茉平时不说粗话，这种女土匪一样的粗话是跟姜黎黎学的，在她这里使用率很低，一年也说不了两次，说的时候，就证明已经出离愤怒了。

“你有病啊，发什么疯？”老向拉住抬脚欲走的艾茉，“干什么去？”

“我不干了，松开！”她怒目圆睁。

“走走走！大清早发什么神经，谁招你惹你了，离开你地球还不转了。”老向不耐烦。

艾茉拉开门冲了出去。摔门而出的感觉也很爽，当然，有了周小荻的前车之鉴，她没忘记带钱包手机车钥匙这些重要物件。

一个人开着车晃到了大街上，却不知道该去哪里。找周小荻诉苦！那可真是抱着黄连登门，苦到家了。找姜黎黎？艾茉是个爱面子的人，在姜黎黎这个整天大晒幸福的人面前倒苦水，她会更伤心。

这时她无意中看到了手边杂物筐里的一张名片，上面写着“吴学敏心理医师”几个烫金小字。据说美国人百分之三十会定期去看心理医生，百分之七十会不定期看心理医生，心理咨询像感冒一样平常，像吃汉堡一样随便。艾茉想，反正闲着也是闲着，不如去看看医生吧！

第十章　心理诊所

她在诊室门口犹豫了一下。

诊室开在一家小巷里，闹中取静，小屋有地中海式的拱门，门口的铁艺护栏里种满各色花朵，几株向日葵开得很招摇，被刷蓝的墙壁仿佛没有云朵的天空。这里清新干净得如同欧洲童话小镇的一角，和周围几家灰扑扑的店形成鲜明对比。如果不是门牌旁那几个鲜明的字，谁也不会想到这里是一家心理诊所。

推开门，室内依旧是蓝白相间的地中海风格，清新沉静。穿过一个小小的门廊，一个年轻的小护士正在打盹。

艾茉自顾自走进内室，在松软的白色沙发上坐下来。一股似有若无的薰衣草香，让人昏昏欲睡。

正在她阖眼欲睡时，一个穿蓝色条纹衬衫的中年男子从屏风后走出来。男人很年轻，不过三十岁，眉眼干净，笑意在嘴角若隐若现，看上去是个医生，但没穿白大褂。

艾茉疑惑着，坐直了身体："你是吴大夫？"

男人笑而不语，在她对面坐下来，说："什么问题，说说吧！"男子的声音平和，沉稳，让人莫名地感到安全，踏实。

"我睡眠不好，闭上眼就做噩梦。"艾茉说。

"那么，我给你做一个放松催眠后，再来说你的问题吧！"

艾茉心里暗暗笑了，心想她还用做催眠？整天累得像狗，不给枕头站着都能睡着。

耳边是平稳、柔和、缓慢、低沉的声音："把注意力集中在你的头皮上，感觉你的头皮很放松，头皮上的每一根头发也很放松。你感觉到冬天的阳光照在你的头上、身上，春天的风迎面吹过来，你觉得很温暖，非常轻松。你的额头绽开了一朵莲花，慢慢地舒展，一片清凉的荷叶遮盖在莲花之上。”

艾茉觉得眼皮越来越重，紧紧地贴在眼睛上，动不了，睁不开，两分钟后，她沉沉地睡过去了。

她又做梦了。梦里依然是赶去考场的大雾浓浓的冬晨，她着急忙慌地在开考铃声最后一秒冲进教室，考卷密密麻麻，铅笔遍寻不着，老师目光凌厉，她环顾四周，考场上竟然只有她一人，霎时脑子一片空白。

她从梦中醒来，又惊出一身冷汗。

大夫失望地皱了皱眉，这位患者不是被催眠的，被催眠的人会卸下防御，挣脱束缚，非常轻松，不像艾茉在梦中也疲于奔命，她只是太累了靠上沙发自己就睡着了。

“你的睡眠很不好，经常做噩梦是吧？来，做个深呼吸，吸气，再吸气，停，慢慢呼气，再呼气。好！”大夫指导艾茉做了个放松的深呼吸后，循循善诱：“说说你的梦吧！”

“我常常梦到考试，有时是赶去考场却总迟到，有时是在考场上做不出题来急出一身汗。”

“有时是步入考场打开试卷那一刹那，才发现这门课程自己从未上过一节课，脑子一片空白，但此时已是亡羊补牢，为时已晚。”大夫补充道。

艾茉信服地点点头：“是啊是啊，这是什么意思啊？说实话，我从幼儿园到大学，成绩都挺好的，现实中从来没遇到过这种状况。我自己看了看弗洛伊德，也没找到解释。”

大夫意味深长地笑了，问：“您是处女座吧？”

艾茉一听这话心里就泛起嘀咕：“处女座怎么了？处女座招谁惹谁了？我是处女座怎么了？”不过看在他猜得这么准的份儿上，她的好奇心一下子被激起：“是啊，怎么了？”

“这就对了，这种考试噩梦常常发生在那些生活中不打无准备之仗的人们身上，所以，我把这种梦称为‘常胜将军的噩梦’，25岁到50岁的男性女性经常会遇到这样的梦境，尤其是那些事业比较成功做事追求完美的人，他们在事业有成之后，经常会梦到类似的场景，当某人取得一定成绩或是承担更多责任的时候，也很容易遇到类似的梦境。”

艾茉暗忖，生了个孩子，算不算取得了一定成绩，承担更多责任？也算吧！

大夫继续分析："这些人做事很少遇到挫折，其实这种梦并非失败的前兆，恰恰相反，它至少反映出做梦人对所做事情的成败有一种强烈的责任感，他们相信成功离不开实际的行动，在人生的每一场测试中，充分的准备是必不可少的。"

"也就是说，我是一个有高度责任感的人？"艾茉插话。

"对。别插话。可这样的梦也同样传递了这样的信息，因为你对自己的期望值太高，而处于一种过度的焦虑中，就是参加考试这种梦，即使对没学过的课程，也要求自己交出一份满意答卷，这可能吗？这种梦境就像一个'压力表'，来显示人们所承受的心理压力。"

"也就是说，我的压力表爆表了？"艾茉又插话。

大夫点点头："长此下去，人的身体会长期处于亚健康状态，继续发展，女性会引发神经衰弱，掉发脱发，甚至会增加囊肿或乳腺疾病的概率。"

艾茉被大夫的结论吓得一愣一愣的，小心翼翼地问："那，需要开点儿什么药吗？"

大夫摇摇头。

不治之症？艾茉大惊。

大夫表情轻松地笑了笑说："我也没什么药，只有这三字真经给你。"

"三字真经？"

一张处方笺轻轻地推过来，上面写着醒目的三个字："放轻松。"

艾茉若有所思地看了看，起身向大夫道谢，并询问咨询费准备结账。

"是自己来的，还是朋友介绍？"

艾茉说了周逸辰的名字。

"熟人介绍可打八折。收银台出门右手。"

周逸辰的面子打完八折后，艾茉还是支出了一笔令人咋舌的心理咨询费用，但她一点儿也没觉得心疼，这一番心理疏导让她受益匪浅，有一种醍醐灌顶豁然开朗的感觉。

离开心理诊所，她走进百货商场，给自己买了两套新款刚上市的裙子，然后在美容院做了一个芳香开背，又到顶层的旋转餐厅独自享用了一份牛排和咖啡，最后来到负一层的超市，为米米选了两盒一段的婴儿米粉，然后精神焕发地回了家。

没有人给她台阶，孩子就是台阶。她的小花生米离不开妈妈。

她推开门时，老向正抱着刚刚睡着的米米满客厅转悠，向华昕的四菜一汤也上桌了，婆婆在客厅看电视，乐乐老老实实地趴在书桌上写作业。

风平浪静，世界和平，但有些事悄悄地改变了，因为艾茉看到，每个人都对她堆起了笑脸。

“回来了，买衣服了啊！嗯，换季了是该买新衣服了。我说给你打电话呢，抱孩子一直没顾上，别气了啊！乖！我错了。”老向道歉。

“是啊！一家人，别跟他们计较了。”婆婆压低声音说，“你走了我把那娘俩儿狠狠地骂了一顿。”

“艾茉啊！快来，有你爱吃的糖醋里脊。”向华昕招呼。

乐乐也一副可怜相凑过来，低眉顺眼地承认错误：“舅妈，别生气了，我以后会爱惜东西，弄坏东西也应该主动承认，勇于承担责任，就像我们课文里学的摔了花瓶的列宁，还有砍了樱桃树的华盛顿，我要向他们学习。舅妈，我用压岁钱买一个新的赔你吧！”

看着乐乐一副小大人的样子，艾茉笑了：“不用了。快，洗手吃饭去。”

仿佛什么也没发生过，一切不快就在大家的轻描淡写中烟消云散了。

晚上，老向主动做深刻检讨：“今天你不在，才知道你的重要性。”

“你不是说，离了我地球照样转吗？”

“转是转，转得没那么快了。我今天抱了一天孩子才知道，这看孩子，既是体力活，又是技术活，要逗花生米笑，我是彩衣娱亲，比二十四孝还孝啊！老婆，你辛苦了。”

“少说漂亮话，一点儿都不知道体贴人。”艾茉扭手扭脚地推了老向一把。

老向死皮赖脸地又贴上来，嬉皮笑脸地说：“怎么不知道？我这不正体贴着呢！”

“少来！我可没那闲情逸致。”艾茉伸了伸懒腰，逛了一天，堪比带孩子，同样是痛并快乐着。

老向并没有下一步的动作，也打了一个长长的呵欠，翻身倒向一边，调侃道："瞧你！又思想不纯洁，想歪了吧！我还真没那个精力，这坑爹的孩儿，今天算是领教了，哎哟我的老腰。"

两人就"洗衣服"这件事达到空前一致。关灯，睡觉。

黑暗中，艾茉忽然想起白天在商场看到的一幕，于是从被窝里戳了戳老向："你猜我今天在商场看见谁？"

"谁啊？"老向迷迷糊糊地问。

"姜黎黎和小佟。"

"就那个小白脸司机啊！那又怎样？这不是很正常吗？"

"这样子正常吗？"艾茉从被窝里将一只手搭上了老向的腰，将姜黎黎和小佟的亲密状演示了一遍。

"呼！嘘！呼！"老向一动不动，响起了鼾声。

第二卷　开江鱼

第十一章　贵妇心事

姜黎黎是在婚后第三个月发现有了身孕，林清远欣喜若狂，当时就让司机把岳母接到家里亲自坐镇，随即又没收了姜黎黎的车钥匙，将小佟指派过来供这母女俩差遣，孕三个月时查出双胞胎，林清远整晚未睡，开心过后是忧虑重重，怀胎十月本就辛苦，怀双胎更是不易，为防万无一失，从姜黎黎怀孕第五个月起，他就将保姆和月嫂请到家中照顾妻子饮食起居，别人怀孕，是十个月的皇后，姜黎黎那是皇太后。

十月怀胎一朝分娩，一对水灵灵粉嫩嫩的双胞胎女儿，长得像妈，和姜黎黎一样的美人坯子，林清远给孩子起名林惟妙，林惟肖。姜黎黎生产的时候吃了苦，剖宫产，胎儿过大，子宫收缩乏力，产中大出血，所以林清远一直心怀感恩和愧疚，对姜黎黎更加疼爱体贴，孩子满月酒的时候，送了她一颗硕大的钻戒，羡煞座中的女宾。周小荻酸溜溜地说："人家坐一个月子，收获了一个鸽子蛋，我们呢，就收获了很多七大姑八大姨送的土鸡蛋。"艾茉解嘲地说："有土鸡蛋吃已经很幸福了好吗？知足常乐。"

现在，偌大的家里，就像一个幼儿园，每天荡漾着孩子们的欢笑和咿呀学语，保姆月嫂各司其职，每周末小佟会载姜妈或姜黎黎去超市采购，家里什么都不缺，一切安排得井井有条，可姜黎黎总觉得家里缺少了什么。

晚饭之前，林清远从公司打来电话："黎黎，客户送了两箱开江鱼，从东北空运来的，我让人送家里去了，让小月给你们烧来吃。你带孩子辛苦，要多吃哦！"

"你又不回来吃饭了？"姜黎黎抗议了。

"晚上有应酬。"林清远无奈。

"那明天呢？我知道有一家东北小馆子，做开江鱼很地道，咱俩去吃。”

“明天？明天我要飞香港。”

“清远，你是不是不爱我了？你是不是出轨了？明天是什么日子你还记得吗？”姜黎黎在电话这边娇嗔地埋怨。

在姜黎黎的提醒下，林清远想起来了，第二天是姜黎黎的生日，他连忙道歉：“对不起！我这一忙就给忘了。明天我不去香港了，陪你过生日。”

“就这么愉快地决定了。”她调皮地说。

挂了电话，姜黎黎有点儿莫名地忧伤，别看她口气那么愉快，心里却堵得厉害，她终于知道这个家里缺少什么了，缺少了一点儿男主人的气息。

第二天林清远没有食言，让秘书退了机票，取消了香港的行程，特意留下来为老婆过生日。过生日嘛！无非就是那些节目，吃大餐，看电影，再来一束鲜花和一份礼物，就齐活儿了。

一整晚姜黎黎都很开心，吃完大餐后，她甜蜜又神秘地拿出一张房卡。在这家酒店的客房部，她开了一个蜜月套房，自从生了孩子，家里整天吵吵闹闹，两个人很久也没有好好地爱爱了，偶尔做了，也都是草草了事。

这是今晚的最后一个节目。

林清远一个大男人，却没来由地有些害羞起来：“回家去吧，家里的床睡着多舒服啊！”

姜黎黎娇嗔地嘟起嘴：“不嘛！就要在这里，只有我和你，两个人。”她坐到他身边，附耳低语，媚眼翻飞地挑逗他。

酒店的蜜月套房被精心布置过，灯光暧昧，音乐舒缓，姜黎黎也是有备而来，冲完澡，换上了一件玫红色的蕾丝睡裙。她产后严格按照网上疯传的某明星的月子餐来调理，又一直坚持做瑜伽，小腹剖宫产的美容刀口可以忽略不计，身材恢复得很好。一头长卷发柔软地垂在肩头，酥胸半掩，美人玉体横陈，活色生香让人垂涎，是个男人都要血脉偾张把持不住了。

林清远不用把持，可是当他准备攻城略地的时候，他却发现自己不行了。很少抽烟的他沮丧地点起了一根失败的事后烟，姜黎黎不知是该学那种贤惠的妻子安慰安慰老公，还是调侃一下活跃气氛？最后只好选择什么也不说，一个人裹着被子按着遥控生闷气。这画面如果拍下来，就是男科医院的活广告啊！

第二天一早，林清远开车送姜黎黎回家，一路无话，回家后在家吃了早餐，和女儿逗乐，然后又驱车去公司，仿佛什么事都没发生。

可姜黎黎快被憋出内伤了。

她的朋友圈好些天没更新了。小佟在院子里擦车，完事了发微信给她：“黎姐，最近怎么不发你和妙妙肖肖的美照了？”

“烦！”她就回一个字。

“我载你去兜兜风吧！”他站在院子里冲她招手。

二楼窗帘拉开了一道缝，姜黎黎露出久违的笑，冲楼下做出一个OK的手势。

十分钟后，她光鲜亮丽地出了门。

小佟不知整天从哪里搜来些段子，没事就讲一个给姜黎黎逗乐子。

“有一块五分熟的牛排和七分熟的牛排在大街上见面了，他们为什么没打招呼？”

姜黎黎对这个一点儿也不好笑的段子无感，嘲讽般看了他一眼，没吭声。

小佟只好独自演下去：“因为他们都不熟啊！啊哈哈哈，哈哈哈。”

讲笑话的人笑了，听笑话的人没笑。小佟忽然正色道：“黎姐，咱们都这么熟了，有什么不开心的，就说给我听听吧！我就算不能出谋划策，当个树洞也好啊！”

小佟的眼睛里有一种小溪流一般清澈的东西，是这个城市写字楼里大多数男人所没有的。姜黎黎忽然觉得胸口不那么堵了，她舒了口气，拍了拍小佟的肩：“走！姐请你喝酒。”酒壮色胆。酒是色媒人。老祖宗留下的这些话，总是没错的。

第十二章　狭路相逢

“姜黎黎，你在玩火你知道吗？玩火自焚你知道什么意思吗？”艾茉一点儿也不客气。

向华昕推着母亲去楼下晒太阳了，小人儿睡得沉，两人正好关起门来说悄悄话。

姜黎黎把林清远的难言之隐与小佟的擦枪走火向艾茉交代得底朝天，而自己经过最初几日的意乱情迷后，情绪急转直下，跌入一个万劫不复的深渊，焦虑得嘴角起了燎泡，口唇长了溃疡。

她沮丧地描述林清远在她生日那晚的不举时，艾茉竟有些羡慕地插了句：“那有什么啊？我看挺好！乐得清闲。你是不知道，我那侧切伤口总觉得不舒服，可老向总要，烦死了。”

姜黎黎有些气急败坏，恨恨地骂道：“我看你也有病了。”姜黎黎是欲女，心想：“你艾茉真是饱汉不知饿汉饥，家里饭菜可口能吃饱，谁愿意去外面偷吃啊？你竟然还挑食。”

“不管怎么说，我劝你赶紧悬崖勒马，回头是岸，林清远对你那么好，你这么做对得起他吗？趁着还没有被他发现，赶紧和小佟断了，再说了，你找谁不行啊，你找那个小白脸司机，我早就觉得那小佟不是什么好玩意儿。”

“不许你这么说他。”还没怎么着，姜黎黎就会护短了。

这时老向和乐乐从超市回来了，一进门，老向就很开心地对乐乐喊道：“不愧是我向华晟的亲外甥，刚才那一招真损。舅舅要奖励你，等着，舅舅给你做麻辣开江鱼，大鱼头都给你。”

艾茉和姜黎黎听见说话声，从卧室里出来了。艾茉好奇：“乐乐你做什么好事了舅舅要奖励你？”

“嘘嘘！老师说做好事不留名才是真正的做好事，我就不到处宣扬了。舅舅，请叫我雷锋。”说完做个鬼脸跑开了。

“这孩子真可爱调皮。”姜黎黎说。

老向一边往冰箱里塞东西，一边热情地挽留姜黎黎吃晚饭：“别走了，等会儿我给你们露一手，尝尝我的手艺。上次我妈做手术，你忙前忙后，还找了医院的熟人提前安排手术，我还没感谢你呢！今天这顿饭就当谢谢你了。”

“医院的熟人？我没有……”姜黎黎一头雾水正要否认，一抬眼看到艾茉正给她使眼色，连忙改口道，“啊噢！别客气了，小事一桩，我和艾茉什么关系啊，这点小忙，别放在心上。我就是来看看艾茉和米米，不给你们添乱了，我回了。”

姜黎黎起身告辞。

“真不吃了？可别后悔。知道‘人生四大美’是什么吗？天鹅肉，开江鱼，回笼觉，二房妻。这天鹅肉啊，咱是吃不上了……”

还不待老向说完，艾茉马上倏地变了脸，连忙制止他：“瞎说什么呢！做饭去。”

老向意识到说错了话，连忙噤声，尴尬地笑笑，进厨房收拾鱼去了。

姜黎黎有点儿窘，却故作一副无所谓的样子自嘲：“瞧你！别那么敏感，那有什么嘛！甭管二房三房，只要咱是正房。”

艾茉不客气地低声揶揄：“你再作，我看你的正房也保不住了。”

“别光说我，刚才我可替你兜着呢！”姜黎黎神秘地挑挑眉，艾茉也被她拿了短，噤声不语了。

姜黎黎到底没吃开江鱼就告辞了，因为她的小情人打电话给她，现在他俩一分开就是牛郎织女，分分钟都是金风玉露。

老向的手艺见长，开江鱼吃得一家人食指大动其乐融融。吃完饭老向又主动洗碗，表现可打五颗星好评。

晚上一进卧室，老向吓一跳。孩子已睡着了，艾茉穿一件半透明的情趣睡裙，风情万种地躺在床上，装模作样地看一本时尚杂志。

老向淫邪一笑，识趣儿地爬上床，开始动手动脚，不料艾茉并不从他，反而狠狠推他一把，眼皮翻翻，一副吊胃口的傲娇神态：“老实交代吧！今天在外头遇见谁了？”

“没谁啊，哦，见老王了，他埋怨说为什么花生米满月酒没叫他。”

“还有呢？”艾茉慢条斯理。

“还见赵阿姨了，她问我妈的腿好点儿没。再没有了。”老向的手又上来，嬉笑着，“坦白从宽，快宽衣吧娘子。”

艾茉脸色一变，忽然用力合起书，身子躲到一边，怒目圆睁：“姓向的，你不老实。别碰我。”

老向猴急，也生气了：“艾茉你别过分了，你这叫性要挟，老子还不吃这一套了。”说完倒头就睡。

“嘿你还有理了。乐乐可全给我交代了，你就赶快招了吧！”

老向心里暗暗一惊，警觉地转过身：“乐乐说什么了？”

“你那外甥，小财迷，利诱一下，还不什么都招了？”艾茉得意地笑，但那笑里又暗藏杀机。老向心里暗暗叫苦，被逼上梁山，不得不将白天在超市遇到前女友龚贝贝的事交代清楚。

老向现年三十五岁，从青涩初恋到成年后的大小恋爱，情史三五段也属正常，龚贝贝是艾茉前面那位，也是老向唯一一位已谈婚论嫁差点儿步入婚姻殿堂的女友。谁知钻戒买了，婚宴也定了，有一天龚贝贝留下一句“我们分手吧”的短信后就消失了。老向爱面子，也不问缘由，当时消沉了很久，可老太太不乐意了，你人消失了没事，可我的钱不能消失啊，龚贝贝不仅戴走了价值数万元的首饰，还卷走了老太太交给她用来买新房家具的五万块钱，加上老向情深意浓海誓山盟时交给她保管的小笔存款，大约小十万。老太太登时就要报警了，说这是携款潜逃，老向念旧又好面子，愣是笑笑说“吃亏是福”咽下了这口闷气。后来老向才辗转从她一个闺蜜处得知，龚贝贝移情别恋，对方是个富二代。老向只剩苦笑，“富二代”，怎得龚贝贝还眼皮子浅得看上他那区区小十万？这不科学。后来和艾茉在一次朋友的婚宴上相识，应了他说的那句话，“吃亏是福”，老向认识了艾茉，老向的福气来了，此是后话。

白天在超市遇到龚贝贝，他有不小的震惊。分手快三年了，两个人变化都很大，老向整日风吹日晒胡吃海塞，变黑也变胖了，可前女友呢？浓妆遮着黑眼圈，眼角纹若隐若现，看来豪门生活果然不是那么好过，她手上挎着的男人，就是那“富二代”了吧！老向不爱她了，所以可以客观地评价那个男人，看上去果然玉树临风气宇不凡。当下他心里暗忖，怎么办？上去打个招呼说什么呢？还是上去像个债主一样，直接说“吃了我的给我吐出来，拿了我的给我还回来”，要不转身走掉装作不认识？

这时乐乐出马了，他上前拉住龚贝贝的手，作可怜状，口称：“妈妈，你都好久没来看我了。虽然你和爸爸离婚了，可我还是你的孩子啊！你不能这么狠心不管我啊！同学们都嘲笑我是没妈的孩子。妈，你什么时候再去学校看我，给我带好吃的和新衣服啊，我会好好学习，会很乖，你看，这是上次你给我买的新鞋，我一直穿着，不舍得脱下来，奶奶说旧了扔掉，我说不，这是我妈妈给我买的鞋。”

这孩子三年前七岁，记人，认得龚贝贝，现在狗血电视剧看多了又懂人事了，惯会察言观色，见舅舅皱眉不知所措，他马上想到这样一个损招为舅舅出口恶气。

龚贝贝的脸上挂不住了，又急又窘，众目睽睽下挣脱了乐乐的手，向有些愠怒的“富二代”解释道：“我不认识他。”回头又幽怨地瞪老向一眼，向乐乐喝道，“你这小孩儿，瞎说什么啊？我可不认识你。”

乐乐哇地大哭起来，抱住了龚贝贝的大腿，把鼻涕和眼泪使劲往她的白裙子上抹：“妈，你不能为了自己的幸福就不认我啊，我是你的亲生儿子啊，妈妈，我想你啊！”乐乐演得真像，立刻引来超市里众大妈围观，围观的同时不忘谴责龚贝贝——

“真狠心，这种人不配当妈。”

“多好的孩子啊！真可怜！”

最后“富二代”愤而离开，龚贝贝气急败坏，可她却迟迟脱不了身——大腿还被乐乐抱着呢，最后还是老向很配合剧情地拉起儿子，悲壮地说了声：“儿子，我们走。”他感觉到身后的龚贝贝欲言又止，可他没有给她说话的机会。

老向坦白完，艾茉已乐不可支地笑倒在床，笑够了，她正色道：“书上说了，男人一生要经历两个女人，一个是让自己肉疼的，一个是让自己心疼的。龚贝贝一定是那个让你肉疼的，找个有钱人，还卷走了前男友的钱，真不厚道。不过乐乐也真给力，算是给你报了一箭之仇。”

老向自揭伤疤，又被艾茉嘲笑，心里很不爽，一把按住艾茉：“什么肉疼心疼，女人一生也会经历两个男人，一个是让自己肉疼的，一个是让自己心疼的，有时候，有可能两者是同一个人。我今天好好让你肉疼肉疼。”

他一个饿虎扑食，艾茉大呼不妙，却已无力反抗，只得做了饿虎口中食。

末了，老向神清气爽正要点一根事后烟回味，艾茉指指熟睡的花生米，他又无奈放下了。

夫妻俩闲聊天，艾茉说起乐乐，不无担忧：“乐乐这孩子聪明是聪明，可就怕这种小聪明，可别怪我没提醒你们啊，据我所知，乐乐在学校里花钱雇同学帮他写作业。他父母现在离婚了，你这个做舅舅的，得管管吧？”

“有这种事？你跟他妈妈说了没？”

“你姐护短着呢！我不爱搭理她。”

“臭小子，看我明天不抽他。”老向恶狠狠地说。

艾茉白他一眼：“别这么简单粗暴行吗？你都是当父亲的人了，以后咱们花生米教育的责任你也有份，讲究点儿方式方法好吧？”

“好好好！”老向口中答应着，手下却又没个正行，凑过来嬉皮笑脸地问，“那我今天的作业完成得怎么样？要不要再罚写一遍？”

“滚！”艾茉义正词严地拒绝了他，她果真觉得身体那个隐秘的部位隐隐约约肉痛起来。

第十三章　怨妇小荻

老向口中答应得好，第二天却还是没控制住，将乐乐胖揍了一顿，原因是老向循循善诱的时候，这熊孩子不仅不知悔改，竟然还顶嘴。

“有什么了不起啊！我现在花钱雇他们给我打工，等我长大了开一家公司，还雇他们给我打工。”熊孩子一边抱头鼠窜，一边嘴硬辩解。

老向气不打一处来，一把把乐乐掳过来，照着屁股啪啪两下。这么点儿小孩，哪吃得消老向这人高马大的成人没轻没重的几巴掌，再加上乐乐的表演天分，他马上虚张声势地大哭起来，一边哭一边大声抱怨：“舅妈是个大叛徒，和王子涵一样讨厌，就爱打小报告，讨厌！”

艾茉心里坦坦荡荡，可听得一脸讪色，转头向婆婆解释：“小学的基础很重要，抄同学作业怎么行，我知道了，肯定要告诉老向说说他，怎么就成叛徒了？”

婆婆没说什么，只是双臂护住乐乐，向华昕在这种问题上倒是通情达理，附和道：“打得好，艾茉你早该告诉我，看我不把这熊孩子屁股打开花。”向华昕把乐乐从老太太手里拽过来，噼里啪啦又一顿打。

老向见状，又连忙去护。一番恩威并施的教育之后，乐乐向大家承认了错误，保证以后再也不抄作业好好学习，老向打了孩子又觉得过意不去，承诺给他买一套珍藏版爆丸小子的卡片，这是老向一贯作风，打一个巴掌给个甜枣吃。乐乐抽抽嗒嗒地回房间写作业去了。

艾茉对老向的教育方式很反感，第二天，借着夫妻俩和花生米的亲子时光给他上课。

“童年正是一个孩子性格形成的关键时刻，你这种打一巴掌给个甜枣的简单粗暴的方式，对孩子成长可不利。”艾茉自从有了孩子，看了不少育儿书，说起理论一套一套的。

老向却不以为然，嘿嘿一笑："你外行了吧，这种方法，对付熊孩子最管用，不信你观察乐乐，他看我的表情，永远是迷茫的，因为不知道我什么时候给他糖吃，什么时候给他巴掌。据说，这一招，是蒋介石当年对付下属的，恩威并施，让人永远想吃甜枣又怕巴掌，怕巴掌又想吃甜枣，时间长了，畏惧和依赖都有了。"

"我警告你啊，你这一套谬论可别想用在我花生米身上，你以后敢动她一根指头，我跟你拼命。"

"那当然，咱们是小公主嘛！"

孩子哄睡了，趁着家人都在，艾茉决定给自己放放风。周小荻说托人从广西老家给艾茉带一种神药，治侧切伤口有神效，她自己当时就是用那个痊愈的。为了和老向"性福"，艾茉是"死马全当活马医"了，出门顺便帮他把随口答应的什么"爆丸小子"买了，已经听乐乐提好几遍了，甜枣不赶快兑现，巴掌的威慑力怕就不起作用了。

出门前特意梳妆打扮了一番，薄施粉黛，描眉画眼，她可不想周小荻一脸怨妇样子仿佛找到盟友一般说："瞧，我说得没错吧！全职妈妈不是那么好当的，才一个月，就这副黄脸婆的样子了。"她想给她点儿榜样的力量。

去之前给周小荻打了个电话，周小荻有气无力："到我们楼底下帮我买一笼周记的小笼包。"

"还没吃饭？好的，没问题，你等我。"

到了她家才发现，周小荻并不是没吃午饭，而是没吃饱。

周小荻刚刚哄睡了兜兜，一脸疲倦。

艾茉把还热乎的包子递给她，周小荻"嘘"了一声，姐妹俩又轻手轻脚地关门来到客厅。

周小荻一边吃包子，一边倒苦水。

他们也吃开江鱼。谢晖兴冲冲地从单位带回来，说是同事从吉林老家带回的松花江花鲢，不可多得的美味，并且主动抱孩子，请老婆下厨。

周小荻厨艺好，麻利地杀鱼刮鳞，炝锅爆香，这时听到谢晖在外面给父母打电话请他们过来吃鱼，周小荻想好容易放假了爷爷奶奶过来看看孙女也是情理之中，一家人吃饭，只有这一道菜也太寒酸，于是等鱼肉挂浆下锅后，又打开冰箱想再做两道菜。

不一会儿，公婆来了，给兜兜买了一个喜羊羊样子的气球，兜兜很开心，抓着绳子跌跌撞撞地在客厅里走，奶奶在身后追。兜兜刚过周岁，正是学走路的时期，一眼不眨地盯着，还时不时摔一跤。过了一会儿，婆婆在客厅里喊起来："啊哟我的老腰啊！老谢快过来。"

老谢换岗，婆婆得闲到厨房来视察。周小荻的麻辣花鲢鱼已经出锅，婆婆瞅了瞅，说："这么大盆，怎么吃得完，成成喜欢吃鱼，分出来一半我一会儿带回去，下午就不用做饭了，买点儿馒头凑合凑合得了。"成成是二儿子的孩子，婆婆这么说，周小荻怎能不依，于是拿出一个饭盆和干净的袋子，请婆婆自己动手。

外面谢晖喊着："小荻，出来一下，儿子拉臭了。"她连忙洗了手出去收拾。

从兜兜出生那天起，擦屎擦尿这种活都是周小荻一人包揽——谢晖胃口浅，一闻到异味马上犯恶心，岳母眼睛不好他又嫌擦不干净，周小荻只好忍着刺痛的伤口给兜兜擦屁股换纸尿裤，周小荻常对艾茉说的"弯腰劳"，就是那时候落下的病根。

擦好了屁屁，兜兜又找爷爷去玩了，这时有敲门声，谢晖去开门，一个清清爽爽怯生生的女孩被迎了进来，还不待谢晖介绍，女孩就乖巧地向屋内的人一一问好，称呼周小荻"嫂子"，周小荻围着围裙，手里还拿着兜了一坨屎的纸尿裤，她下意识地把纸尿裤往身后藏了藏，用另一只手捋了捋头发。谢晖介绍说："我们科室的小王，我请她来家里做客。"周小荻热情好客地点头微笑请客人屋里坐，回到厨房，她登时头就大了——刚烧好的鱼，被婆婆分走后只剩下半盆不到，还尽是些汤水，虽然她刚才已拼凑了两个凉菜，可五个人怎么够吃啊！急中生智，周小荻把鱼重新入锅添水，放了豆腐、土豆、宽粉、白菜进去，再放入现成的麻辣料，看上去才像回事了。谢晖进来催问饭好了没，周小荻就没好气了："请人到家里吃饭，也不说一声，家里什么都没有。"

他倒说得轻松："也不是外人，差不多得了，吃饭嘛，不就是图个热闹。"

"你倒热闹了，你替我考虑了没有，你们都有法定节日放假，怎么不给我放放假啊！什么没有外人，那小王怎么回事？"

这一问谢晖倒一脸无辜："小王今年刚分来，家在外地，放假没回去一个人在宿舍怪可怜的，我就随口一问，说你嫂子的饭做得特别好，放假来家吃饭吧！没想到她真来了。"

周小荻瞪他一眼，悻悻地把抹布扔进水池里，水花溅了谢晖一脸。

这顿饭吃得倒是热闹。父子俩一边推杯换盏，一边谈些时政要闻，婆婆倒和小王谈得来，说小王刚毕业初入社会，周小荻一点儿也不信，完全就是一个办公室老油条嘛！婆婆说经常跳广场舞，她就说喜欢听《最炫民族风》，两人说到开心处，还手舞足蹈起来，而周小荻全程都坐在小桌旁给兜兜喂饭。其间小王和公公各说了一次"快来吃饭吧一会儿饭菜都凉了"，周小荻客气地笑笑："你们吃吧不用管我。"

吃完饭谢晖开车送父母和小王去了，周小荻哄睡了孩子想吃一口的时候，面对着一盆残羹，她再也没有胃口了。

艾茉望着杯盘狼藉的餐桌，一个大汤盆里的残羹已经冷却凝固了一层油，用过的餐巾纸和鱼骨还堆在桌上，令人作呕。

周小荻苦笑了一下，自嘲道："忽然想起小时候的童谣，'纺织娘，没衣裳，炒菜的，光闻香'，唉，我怎么这么命苦啊！"

"这都哪儿跟哪儿啊！别乱想了。谢晖本质不坏，可能是还不成熟，没做好当父亲的准备，心平气和的时候，你和他好好谈谈，他会理解你的。"

"谈谈，我们俩现在多说两句就吵架，为了孩子，我宁愿和他不说话。"

"上次你半夜跑出去了，他也不吸取点儿教训？"

"你们说得对，怪我沉不住气，人善被人欺，离家出走，没有个台阶，回来也受气。现在越发变得刻薄了。"

周小荻想起就窝心。上次半夜离家，后来早晨又自己回家，一打开门，那爷俩还在呼呼大睡，见她回来，谢晖迷迷糊糊地睁开眼，慵懒而随意地拉她的手，也不问她半夜去了哪里，懒洋洋地说："老婆，别生气了，我错了。"周小荻一甩手转身默默流泪，不一会儿兜兜醒了又强颜欢笑侍弄孩子，而那个人呢？起床上班去了。事情就这样不了了之。

艾茉叹口气："他现在怎么变成这样了？"

即使许多年过去了，艾茉还记得大学时代，谢晖那一脸青涩腼腆的模样。他对新生舞会上的壁花小姐周小荻一见倾心，托了好几层关系找到艾茉，手捧着一颗榴莲，结结巴巴：“这，这颗，颗榴莲，给你和周小荻吃，请你，帮我问问，她爱不爱吃？”那颗榴莲的气味飘荡在寝室楼里真是气壮山河，那晚艾茉死磨硬泡终于骗周小荻吃了一口，周小荻大呼美味，吃人嘴短，被艾茉怂恿着和谢晖约会，据说谢晖表白也是用一颗榴莲，他的表白朴素而直白：“以后你想吃什么，我都会买给你。”后来两人恋爱了，艾茉问起谢晖当时为什么送榴莲，他说，水果店里一年四季都在卖的水果有什么稀罕，周小荻这样的女孩，就像是那种骄傲的水果，一年只在柜台上摆几天，数量稀少，过期不候。骄傲的水果没吃到还可以等第二年，可周小荻这样的女孩错过了，就只能等下辈子了。冲着这句话，艾茉对谢晖是力捧到底，极力撮合。所以现在看到周小荻过得不开心，她这个做闺蜜的，总觉得有不可推卸的责任。

听艾茉忆起学生时代的事，周小荻不仅没有释怀，反而更添一层伤感，她幽幽地说：“是啊，我这样的女孩，不，现在应该是女人了，我这样的傻女人，当然是数量稀少，过期不候，世间少有，错过了，可不得等下辈子吗？”

一句话毁小清新，周小荻就这么轻易做到了。艾茉有些无奈，心想，这大概就是少女和大婶的区别了吧！她笑笑，还是想找些理由安慰周小荻，也安慰自己，说：“女人的母性与生俱来，可男人就不一样了，哪个男人天生就会当父亲呢？当父亲是一项技能，要慢慢地学习，你要用女王的姿态看他们，他们这种父亲初学者，是学渣，是土鳖，对这种后进生，耳提面命少不了，循循善诱也很必要啊！”

周小荻终于舒展眉头笑了：“你去当电台的夜话主持人得了。”

从周小荻处回来，艾茉没忘记在某文具店买了传说中的“爆丸小子”画片，回家送给乐乐，乐乐的表情很奇怪，说了句“谢谢舅妈”，就跑进屋里摆弄那些画片去了。老向有应酬出去了，可能会回来很晚，艾茉大松口气，不用晚上再应付他的“洗衣服”“写作业”了，乐得清闲。

晚上，洗漱完毕，她打开了那瓶药膏，黄色的半透明膏体，抹在伤口上，然后穿好衣服盖好被子，等待奇迹发生。

老向不知夜里什么时候回来的，第二天一早就回了工地。艾茉醒来，趁着花生米还在熟睡，赶紧去卫生间洗漱，拧开水龙头抬头对着镜子一看，她吓了一大跳——那张白皙的脸上，密密麻麻地长满了红疹子，用手抓一下，痒！

第十四章　夜半惊梦

艾茉是敏感肌肤，春天皮肤很容易过敏，她懊恼了一会儿之后也就没当回事，用清水洗脸，暂停使用护肤品，过了几天，红疹和瘙痒自然消退了。

红疹一消退，她马上放松了警惕，又恢复使用那些昂贵的护肤品，谁让这是个看脸的时代呢！孩子们长大点儿又拼爹拼妈，她可不想花生米落于人后。谁知第二天，脸上的红疹又卷土重来了。

这一次她彻底停用了护肤，每天只用清水洗面，红疹最严重的那几天，向华昕还不以为然地讽她："这皮肤，就像男人一样，毛病都是惯出来的，粗茶淡饭吃着，一点儿事没有，越娇惯越不像样子，你看我这皮肤，就用几块钱的大宝，不挺好。"说着用手捏了捏自己的脸。向华昕快四十岁了，脸上倒没斑没痘，可明显有了鱼尾纹和下垂的趋势。难怪网上说女人照镜子看到的自己比本来的自己要好看百分之三十，这个理论是有存在依据的。

过了几天，红疹又下去了。红疹下去了，心里的疑虑却冒出来。这个宣称纯天然的法国大牌，那么多人趋之若鹜地购买，怎么就用在她的脸上不合适？有一个念头在心里一闪而过，很快被她否定了。她不允许自己有小人之心。

那么大牌又昂贵的东西就这么闲置着，艾茉觉得有点儿浪费，那可是老向花了两千块大洋托朋友从国外带回来的。她决定做个顺水人情送给向华昕。

宣称自己不爱大牌只爱大宝的向华昕竟欣然接受，可又故作姿态装作满不在乎："不是我说你，我弟弟挣钱也不容易，你也太浪费了，我不用，放那不白瞎了嘛！"

艾茉忙堆笑解释："姐你别嫌弃，我只用了两次。下次给姐买新的。"

晚上乐乐在电脑前玩游戏，忽然看到妈妈洗了脸把那些瓶瓶罐罐的东西往脸上抹，一个箭步就冲上来夺下，嘴里大呼：“妈这不能用了。”

“怎么了？这你舅妈给我的，很贵呢！”向华昕不明就里，依然笑呵呵地拿过来要往脸上抹。

乐乐又一把夺下，眼神躲闪，想了想说：“这个，这个过期了。”

“没有啊！”

“反正就是不能用。”乐乐生气地把一大堆瓶罐全扔进了垃圾桶。

向华昕忽然恍然大悟，惊叫：“你个浑小子，你，竟然是你，你使什么坏了？”

一抬眼，艾茉正一脸愤怒地在门口，向华昕起身想解释点儿什么，艾茉一扭脸回屋去了。隔了几秒钟，艾茉听到那对母子住的房间传来杀猪般的嚎叫声和向华昕的怒骂声。婆婆也在屋里喊起来：“能不能让我安生一会儿啊！”

花生米吓得哭起来。艾茉抱着孩子，一脸无奈。

爆丸小子画片这颗糖没有收买到人心，可她和乐乐的梁子，就这样结下了。

忙中偷闲，她上网搜索：“如何对付熊孩子？”没想到问这个问题的人很多，答案也是千奇百怪，有人说养一条狗让熊孩子进不了门，有人说讲鬼故事，有人说冷暴力别理他，养狗不可能，讲鬼故事艾茉自己会先吓个半死，看来只有冷暴力不理他最简单易行了。

艾茉对乐乐冷淡了几天，不过乐乐好像并不在意，该吃吃该喝喝。熊孩子毕竟不是老向，冷暴力对他不起作用。

可艾茉还没想到最新的招数，熊孩子的新一轮攻击就来了。

晚上，她哄好孩子洗漱完毕好不容易爬上了床，一挨到枕头就跌入甜美梦乡。

睡得迷迷糊糊之际做了一个梦，这一次没有梦到考试，她梦到自己光着脚在一片汪洋中行走，忽然，一条“白娘子”扭啊扭地游过来，照着她的脚咬了一口。

艾茉惊醒。

周公解梦里说，蛇是典型的性意味的意向，可能是做梦者最近欲求不满，也可能是性行为让做梦者充满恐惧，感到污秽。弗洛伊德对此解释也是如出一辙。

艾茉苦笑一下，重新躺回被中，忽然触到脚下一个冰凉的物体。

可能是白天给花生米玩过的玩具忘了收起来。她掀开被子，伸手去脚下摸，一个冰凉的条状软体物在她手中扭动着呈现在眼前，借着月光，她看清楚了，蛇！竟真的是一条蛇！

“啊！”一个凄厉的尖叫声划破了夜的宁静，一阵癫狂的尖叫，她失控地跳下床，花生米被她的尖叫声吓得不轻，撕心裂肺地哭起来，她抱起孩子打开卧室门冲了出去。

大家都醒了。婆婆惊慌不已，不停地问：“怎么了，怎么了？”向华昕披衣出来，打开艾茉卧室的灯，看到被扔在门背后的“蛇”，也吓得叫了一声：“啊呀妈呀！哪来的蛇？”

艾茉头皮发麻浑身虚软，抱着孩子瑟瑟发抖，花生米哭得几乎背过气去。

乐乐揉着眼睛光着脚走过来，进了艾茉卧室，拎起那条蛇，向华昕和艾茉倒吸一口凉气。

“你们女人真胆小，假的玩具蛇也怕。”乐乐像个小大人一样说。

艾茉定睛一看，灯光下那条黄黄绿绿的“蛇”呈半透明，确实是假的。

乐乐把那条“蛇”团了团，进屋去了。向华昕愧疚地对艾茉笑笑，跟到乐乐屁股后面追打：“再没什么好玩的，玩这种恶心的东西，玩完还不收好，到处乱放，把米米吓坏了，看你舅舅回来不揍你。赶紧给我扔了。”

艾茉心有余悸，再不敢回房间睡了，抱着哭啼不止的花生米满客厅转。一抬头，婆婆被向华昕推出来，艾茉只是默默流泪，也不说话。

“他还是个孩子，别跟他一般见识，明天我抽他。”婆婆在替外孙道歉，却又因花生米哭声被搅了睡眠，忍不住嘟囔，“女娃就是胆小。别哭了！”

艾茉气得发抖，抬高声音：“妈，她还是个没满周岁的孩子。”

说起来，这不过是乐乐的一个恶作剧，不过，这恶作剧太恶了，超出了艾茉的承受范畴。

向华昕知道乐乐闯了祸，赔着笑脸不停地道歉，推着母亲进屋去了。

花生米终于睡着了，艾茉望着在睡梦中还皱眉的孩子，心里一阵自责。想起不久前和老向聊天说起世界末日，老向还调侃说：“世界末日你怕啥，你这身材，上有安全气囊（胸部），中间有游泳圈（小腹），下有坚固的底盘（大腿），灾难来了，你肯定比猪坚强还坚强，花生米抱你怀里，我放心。”可现在，她在一条假蛇面前就露了怯，俗话说，女子本弱，为母则强。她觉得自己离一个合格的母亲还差很远，在刚才那“危难”之际，不仅没能保护花生米，反而让她受到更大的惊吓。现在，艾茉的心里，除了对乐乐的厌恶，更多的是对自己的自责。

第十五章　爱的眼神

花生米那晚受到惊吓，又开始闹觉了，常常是刚刚睡着，不到两分钟又忽然委屈地大哭着醒来，也不好好吃奶了。艾茉急得上火。

恰好到了例行的儿保检查时间，她带花生米去医院。因为心里着急，又仗着有了周逸辰这个熟人，她被一个护士领着，厚颜无耻地在一堆等待的妈妈里插队了。

一进诊室，周逸辰微笑相迎，还没坐定，一个已经在诊室外多时等候的女人忽然冲进来："医生，你这样就不对了，她怎么插队啊？"

艾茉听到那熟悉的声音，一抬头发现原来是姜黎黎。大水冲了龙王庙。姜黎黎"扑哧"一笑。

姜黎黎的一对双胞胎女儿也来了，被保姆和育儿嫂抱着，继承了妈妈的漂亮，完全是呆萌可爱的姐妹花。自怀孕时姜黎黎就一直在那种人少花钱多服务好的私立妇产医院做产检，后来娘家妈妈说省医院公立三甲，技术过硬，更值得信赖，林清远一听，马上让姜黎黎弃暗投明，后来产检、生产、产后、儿保就一直在省医院。

见艾茉和眼前这位长得颇像周渝民版花泽类的医生认识，姜黎黎想起上次在艾茉家她使劲使眼色的事，恍然大悟："周大夫，下次我来，是不是也可以插队啊？"

周逸辰温和地笑笑："您提前打电话给我，我让护士留一个靠前的号给您。"

姜黎黎得意地冲艾茉挑挑眉。

给花生米做了体检，一切正常。说起孩子最近夜闹和厌食，周逸辰追问起缘由，艾茉说了乐乐那个蛇的恶作剧。

“这熊孩子，就是欠揍。”姜黎黎说。

对于孩子受惊吓的问题，周逸辰也并没有什么过人的应对方法，不过是“多多怀抱拍抚，播放一些舒缓轻柔的音乐”，然后开了一盒小儿惊风散了事。艾茉忧心忡忡，这一次对周逸辰的医术表示怀疑。

姜黎黎一语道破：“这治标不治本，治理好熊孩子才是关键啊！要不叫你家老向回来。”

艾茉嗤笑：“他，简单粗暴，回来只会暴打外甥一顿，乐乐心生怨恨，下次只会变本加厉。”

周逸辰听到艾茉这样评价自己的丈夫，显然有些吃惊。简单粗暴？暴打？会不会家庭暴力打老婆？他隐隐替艾茉有些担忧。那次老向的母亲做手术，他拜托刘医生时特别去楼上瞥了一眼，老向看上去倒是很稳重成熟的一个人。也许他想多了。

做完检查，艾茉和姜黎黎要走了，周逸辰送她们到楼梯口，艾茉抱着孩子走在后面，他忽然开口问：“如果不是来给孩子做儿保，你是不是已经把我忘了？”

这一问令艾茉非常尴尬，仿佛她是一个只会利用别人的小人似的。可事实确实如此。为了下次还能顺利利用，她不得不说谎：“怎么会呢？我只是太忙了。”

“有了孩子，也不要把自己整日绑在家里，女人要善待自己，留出一些时间给自己，和朋友喝喝茶、聊聊天、逛逛街，你首先是一个女人，其次才是一个母亲，很多女人把这个顺序搞错了。”他真诚地说。

艾茉信服地点点头：“没错。有空我们一起喝喝茶，下次我不带花生米。”

姜黎黎顺道送艾茉回家。小情人闹脾气罢工了，姜黎黎自己开车。因为有保姆坐在后面，艾茉也不好多问，但是她注意到姜黎黎的手旁多了一个橙色的手包。艾茉认得，那是爱马仕当季新款限量版，配姜黎黎的蓝裙正是相得益彰。只是艾茉一直想不通，为何那样一个款式笨拙模样丑陋的包包要卖那么贵，十万块，是农民伯伯几年的收入，城市底层人民再凑凑就够一套小户型的首付了，可姜黎黎却用这个十万块的包包装纸尿裤和奶粉，她喜欢是因为它空间够大。

艾茉再次感慨起同人不同命来。记得妙妙肖肖满月酒的时候，林清远送了一颗硕大的钻戒给姜黎黎，周小荻羡慕嫉妒恨，幽幽地说给旁边的人听：“人家坐月子，收获了一个鸽子蛋，我们呢，就收获了很多土鸡蛋。”谢晖假装没听到和旁边人聊天，艾茉调侃自嘲：“知足吧你，有人怀胎十月，孕初期一家人欣喜若狂，孕中期唐筛糖筛各种担心，孕后期丈夫出轨各种诉苦伤心绝望痛哭流涕，最后呢，只收获了一个‘滚蛋’。”在座的人有人欢笑，有人心酸。闺蜜的友情很微妙，危难的时候可为对方两肋插刀去生去死，真心地希望对方过得幸福，可又不能太幸福了，那样的幸福太遥远不真实，最好像张爱玲写的那样，华丽的袍子上爬了几只虱子，有了这几只虱子，幸福才接了地气，闺蜜们的起点差不离，友谊才能地久天长。

艾茉这一刻不得不承认，原来这点小小的阴暗心理，自己也有。这时，她看到了姜黎黎的“虱子”，她发现姜黎黎脸色很差，并且有了黑眼圈。

“你脸色很差啊！是不是生病了？”她问。

姜黎黎一听，如临大敌。恰逢一个红灯路口，她连忙拿出小镜子，一边看一边紧张地问：“真的很差吗？还好吧！就是最近睡眠不好，没休息好。睡几个美容觉就好了。”

绿灯亮了，车子开动，姜黎黎被说脸色差后一副心事重重的样子，转移话题道：“别说我了，说说你吧！那个医生怎么回事？”

“什么怎么回事，刚不是说了吗，我的高中同学。”

姜黎黎不以为然：“就只是高中同学这么简单？我看他看你的眼神，可不一般哦！”

艾茉的心头忽然漾起一阵莫名的痉挛，脸红了一下，瞥瞥后座的保姆，低声说：“别瞎说。”

姜黎黎可没瞎说，刚才在诊室，明眼人一眼就看出来了，周大夫看艾茉的眼神，是那种毛头少年才会有的眼神，那时荷尔蒙泛滥，青春盛大寂寞，就像夜空里纵了火，自己燃烧还不够，要把对方点燃、吞噬、毁灭才罢休。那是爱的眼神。

见艾茉有所顾忌，她也不便多说。这时艾茉怀里的花生米又从一个浅睡中委委屈屈地哭着醒来，艾茉轻轻拍了拍，心疼地说了声：“妈妈在这儿，妈妈抱着。”

孩子又渐渐睡去。

姜黎黎气艾茉懦弱，说："治理熊孩子，我在行啊！你等着，这两天得闲我去看你，顺便帮你出出气，打击一下熊孩子的嚣张气焰。"

"来看我自然欢迎，你可别乱来。"艾茉担忧地说。

第十六章　绝望的人

过了两天，姜黎黎果然上门做客，给花生米带了大包小包的新衣服和玩具。

艾茉亲昵地搂住姜黎黎的脖子："土豪，我要和你做一辈子的朋友。"

两人兴致勃勃地把衣袋打开，一件件在花生米身上比画，把玩具娃娃拿出来在花生米眼前挥舞，花生米开心得手舞足蹈。这时，艾茉在这一大堆玩具里发现了一个硕大的盒子，里面装着一个坚硬冰冷的庞然大物——终极版变形金刚。在艾茉的童年时代，这是男生们人手一个的玩具，到了乐乐这一代，依然对小男生们有着强大的诱惑力。

果然，一直在房间玩电脑的乐乐被诱惑了。他跑过来，作乖巧可爱状，围着盒子不停地问："阿姨你好，你来看我妹妹啊！花生米是不是很可爱？我可喜欢小妹妹了，长大我会像变形金刚一样厉害，我会保护小妹妹。这个也是给妹妹的吗？小女孩不玩变形金刚的。"

姜黎黎笑吟吟，一副和蔼可亲状："不，这个是阿姨准备送给你的。"

乐乐喜笑颜还未开，却听姜黎黎转折道："可是，阿姨送你礼物，有个小小的要求。"

"什么要求，你说你说。"

"我教你唱首歌，你学会了，这玩具就是你的了。"姜黎黎诡笑。

乐乐有点儿犹豫："唱歌，会不会太难啊？"

"不会啊，只有几句，很简单的。"

"好吧！"乐乐欣然接受挑战，一步步跌进姜黎黎的陷阱里。

姜黎黎作载歌载舞状，说："听好了，我开始唱了哦！"

她一开腔，乐乐还偷乐，这曲调太熟悉了，广场舞最爱的舞曲《最炫民族风》嘛！他正得意扬扬准备跟唱，仔细一听不对劲，歌词不对啊！

姜黎黎唱得正起劲："漂亮的萝莉是我的爱，乖巧的正太笑容像花开，熊孩子被欺负，是最呀最活该，熊孩子的父母都该去劳改。只有这样我们才会最痛快……"

乐乐不傻，提起气张了张嘴，知道这不是什么好话，他没唱。

"快唱啊！"姜黎黎起着哄，又起个头，让艾茉也跟着唱，小花生米心情大好，笑得咯咯咯，为娘的受到鼓舞，唱得更欢了。

乐乐的心里正在做着激烈的思想斗争，他当然知道歌词里的熊孩子是讽刺他，唱或不唱，都不合适，他从这两个张牙舞爪的妇女眼中，看到满满的恶意。可那套霸气的变形金刚在向他招手，诱惑力太大了，没有哪个小男生可以抵抗，他咬着嘴唇，试着小声哼唱了一句："漂亮的萝莉是我的爱，乖巧的正太笑容像花开……"唱到这里，他忽然停住了，在一个孩子的眼里，自尊是天大的事，他眉毛蹙了蹙，有点儿气急败坏："我不会唱，我不唱了。"说完转身回到电脑前。

姜黎黎在身后调笑："啊呀那你不要变形金刚了？"

"不要了。"那边坚定地说。

嘴上说不要，眼睛却不由自主地朝客厅瞟。姜黎黎装作没看到，和艾茉窃窃私语女人间的小话。

她和林清远和好了，那个包包就是证据。夫妻是百年修得同船渡，那水里的暗礁就要躲开，路上的石子儿就要踢开，小情人就失宠了。没有了人约黄昏待月西厢，没有了颠鸾倒凤水乳交融，连一个交会的眼神也没有了，这让小佟很受伤，他像小孩子一样闹脾气，罢工了，请了病假，好几天不来上班。说是和林清远和好，其实他们本身也从来没有吵翻过，一切是姜黎黎自己内心的一种回归，也是林清远意识到自己的"不足"，用一个包包哄转的结果。

让姜黎黎郁闷的是，他们的性生活并没有恢复，林清远似乎更忙了，常常应酬到很晚才回家，第二天姜黎黎还没醒他已出门。即使偶尔在家，也总是在电脑前忙碌到很晚，有一天难得两人吃完饭坐在电视机前看了会儿电视，广告里忽然出现一段男科医院的广告，林清远烦躁地换了台然后上楼去了，姜黎黎把想劝他去医院看看的想法咽回了肚子。

艾茉想想自己的现状，姐们儿之间说话口无遮拦："我看你和我家老向你们两个欲求不满的人过一块儿算了，林清远这绝世好男人就给我。”

姜黎黎就戳一戳艾茉，两个女人掩嘴“吃吃”地笑，笑到最后，又觉得有些悲凉，想起以前姐们儿说过的悄悄话。两个人八卦好丈夫新标准，据说是三个180：房子180，身高180，那活儿180，当然，那活儿是180毫米，最后比照下来，老向少一个180平，林清远少一个180毫米，两个人都不达标。两个女人一阵感叹，到底是女人要求太高，还是现今社会好男人真的太少？

姜黎黎又说起自己最近常做的一个噩梦，梦里有一条巨蛇，长着獠牙，血盆大口，双目在夜色里亮如灯盏，对她穷追不舍，步步紧逼，她在荆棘密布的荒郊野岭上逃跑，眼前忽然出现一道深不可测的悬崖绝壁，她惊恐地望着眼前的一切，束手无策，巨蛇在身后发出悚然的嘶声向她扑来，血盆大口如一道愈燃愈炽的火光，她绝望地闭上眼睛，任由火焰将她撕咬，灼烧，吞噬……

艾茉听完平静地说：“世上没有绝境，只有绝望的人。”

“是啊！我好绝望，不知道该怎么办？有时真想一头栽进龙湖算了。

龙湖是本市一处著名的自然景观，淡水湖，是市民们纳凉垂钓、遛弯儿散步的好去处，当然，也是厌世者们的好归宿。

自救者人救之，姜黎黎能来找她倾诉，正是一种自救和排解的方式，证明她还没有完全绝望。艾茉给她支着道儿：“你就作吧！不作死就不会死。苦海无边回头是岸！这位女施主，我看你印堂发黑病得不轻啊！”

“是啊怎么办啊？我还有救吗？”姜黎黎绝望地问。

“比起穷癌啊，拖延症什么的还是有救的。去看看心理医生吧！”

她给了她一个电话和地址，姜黎黎千恩万谢如抓住救命稻草一样，开始在手机上搜索该地址的方位。

两人说话的时候，乐乐还是时不时垂涎三尺地看一眼那个大盒子。他在犹豫，要不要没皮没脸地唱一唱那首歌，故事里韩信都能忍胯下之辱，何况客厅里那个坏女人只是要他唱一首歌。

就在他下定决心准备献唱一曲的时候，姜黎黎准备要走了，她热情地邀请艾茉：“下个月我们妙妙和肖肖周岁宴，记得要来哦！”她还很正式地奉上了一张请柬，请柬上有一张照片，是妙妙和肖肖新照的，憨态可掬，萌态十足。艾茉满口答应着，然后起身，送姜黎黎出门。

乐乐眼睁睁地看着舅妈口中的这个“土豪”微笑着堂而皇之地提起那个

大盒子出了门。怎么可以这样？送上门的礼物怎么可以再拿回去？太小气了。她不光小气，还刻薄，出门的时候亲切地和乐乐挥挥手说了“再见”，然后和舅妈两个人愉快地哼着那首变态的歌走进了电梯间。

“熊孩子被欺负，是最呀最活该，熊孩子的父母就该去劳改……”

被姜黎黎修理后，乐乐老实了许多，没有再闹出什么事故。艾茉隐隐有些后悔，乐乐本质不坏，只是缺乏良好的管理和疏导，她和姜黎黎这样做，会不会真的伤了孩子的自尊心？但是想到家里消停了许多，她又安下心来。

乐乐没闹事故，可没过几天，姜黎黎却出事故了，还是大事故。

一语成谶。有一天，她开着家里那辆红色的宝马，掉进了龙湖。

第三卷　二房妻

第十七章　有病的人

林清远是二婚，在姜黎黎前面那个妻子据说也是个美人，贤良淑德，温柔大方，和林清远是大学同学，初恋，陪着他白手起家，吃了不少苦。可惜命不好，生孩子的时候大出血，没抢救过来。姜黎黎现在享受的一切，至少有那个女人一半的功勋，所以即使林清远在心里某个角落为前妻留有一个位置，即使林清远说起前妻哪哪都好，她也不能嫉妒，当然林清远主动说起前妻的时候很少。

姜黎黎有一个特点是善于解嘲和自我安慰，结婚前遭父母反对和闺蜜质疑时自信地说："结过婚怎么了？二锅头怎么了？这叫前人栽树后人乘凉。"

这些年，林清远这棵大树确实好乘凉，姜黎黎也庆幸自己在众多追求者中选对了人，虽然她一度跑偏，但到底幡然醒悟摆正了自己的位置，她还是很珍惜手中的幸福，很珍惜林太太这个头衔的。

可她的小情人在翻脸后这样骂她："也就你把自己当回事，嫁个二锅头，是个性无能，你还当个宝。你知道你这身份在古代叫什么？叫续弦，叫填房，叫继室，就是《红楼梦》里的尤氏，被人瞧不起的主儿。"

姜黎黎一愣，以前小瞧了小佟，没想到他还颇读了几本书啊，可她那火爆脾气，还真不是尤氏，能受了这样的气？她当即破口大骂："放你娘的屁。"然后抬手给了小佟一巴掌。

小佟也没敢还手，一气之下撂下狠话，车钥匙扔在桌上，说他辞职不干了，然后转身走掉了。

姜黎黎的话也狠："走就走，走了就不要回来。"

话虽狠，可她的心疼啊！"奸情"是她促成的，分手是她提出的，小佟有怨言，她知道，可她何尝不是左右为难，心里不舍。一边是对自己宠爱有加的丈夫，一边是热情似火的小情人，是的，用热情似火来形容小佟才够贴切，他就像一团火，能够让人瞬间燃烧起来，这点不止体现在性上，无论是吃喝玩乐，他都能让它变成一件很快乐很带劲儿的事。他常常令姜黎黎想起高中时代的初恋男友，小佟和他一样，有来自小县城少年的清澈眼神。姜黎黎一度以为她和小佟意外勾搭成奸，是因为自己红杏寂寞身体饥渴，可当她忽然从小佟的身上看到了初恋男友的影子，她产生了一种自己是不是爱上小佟的错觉，忽然觉得情况复杂起来，她有一个奇怪而变态的道德底线，发生奸情情有可原，发生爱情就是死有余辜，她自认为在情感上对林清远还是一片忠贞的，如果和小佟属于爱情范畴就比较难办了。

和小佟吵完后她心烦意乱，拿起车钥匙开着车上了路，在街上瞎转悠了几圈后，天色已晚，她钻进了一家酒吧。午夜十二点，从酒吧出来时她已酩酊大醉，可还是摇摇晃晃地开走了车，路过龙湖时，她想停下来吹吹风，谁知，一打方向盘，脚下却油门一踩，连人带车掉进了龙湖。

姜黎黎命大，没死，甚至一点儿伤也没有，只是呛了几口水，可医生还是给她挂着吊瓶，让留院察看。

艾茉去看她。她躺在白色的病床上，小脸也是苍白的，眼窝深陷，头发披散着。

她的酒已经醒了，全须全尾，未伤分毫，羞愧地对着大家笑。如果化好妆，束上头发，和平日那个活蹦乱跳的她无二，和艾茉在来时路上想象的头缠绷带手打石膏的样子一点儿也不一样。

艾茉表达了惊吓和慰问后，姜黎黎嘻嘻哈哈："没事啊！就是喝了点儿酒，想和我的车一起去湖里游个泳。"

林清远正在病房外骂小佟："她的驾照是花钱买的你知不知道？还好没事，要是出事谁负责？你是干什么吃的？以后黎黎要出去你随时待命，不许把车给她开。再发生这样的事，你就卷铺盖走人。"

小佟也吓得不轻，不敢还嘴，知道不是酒驾事故这么简单。

林清远进病房来交代了几句，公司还有事就离开了。

小佟也走进来，恭恭敬敬地叫了声："黎姐，对不起！"

他骂的那些难听话还在耳边萦绕，姜黎黎怒气未消，端起了老板娘的架子，冷冷地说："你在家政公司没培训过吗？叫我太太。"她之所以这么说，一则是生气，二是潜意识里想快点儿和小佟撇清关系。

小佟愣了一下，悻悻地改口："太太，以后您要出门就叫我，不要一个人出去了。"

毕竟好过一场，姜黎黎也不想让他太难堪，让他去办车子的理赔将他支走了。病房里就剩下姜黎黎和艾茉两个人。姜黎黎忽然拉住了艾茉的手，泪水抑制不住，气息也起伏起来："茉茉你知道吗？我不是酒驾脑子不清醒开到湖里的，其实我很清醒。"

艾茉笑："喝醉的人都说自己清醒着呢！"

"我真的很清醒，经过湖上的桥时，我心里忽然很安静，好像有一个声音在心底对我说，来吧，来吧！走过来就好了！我忽然就很想死，然后仿佛有一股无名的力量推着我，我必须那么做，我必须去死。你知道死亡是什么感觉吗？在淹水的那一刻，我那么接近死亡，原来死亡一点儿也不可怕，就像有一道门在前方敞开了，你身体变得很轻，很薄，就像一片羽毛，可是你很快乐，很自由，随着风，飘啊飘，飘啊飘，仿佛能飘到永生里去。那种感觉，真奇妙。"姜黎黎的眼神变得涣散空茫，让艾茉不寒而栗。

"你别吓我啊！是不是摔傻了？还是掉湖里后脑子进水了啊？要不叫医生再给你检查一下。"艾茉担忧地说。

姜黎黎依然自顾自说道："你知道美国旧金山的金门大桥吗？它被人们称为死亡之桥，是自杀者的圣地，从它问世以来，有上千人从桥上一跃而下，结束了生命。真是一座神奇的桥啊！我真想去看看。"

姜黎黎真的病了，艾茉骂了几句："你有病，为个小男人把自己搞成这样划得来吗？"此外她却也无计可施了。花生米还在家里被婆婆和大姑姐看着，出来太久她不放心。好在林清远为姜黎黎请了一个二十四小时看护，艾茉叮嘱了几句，回家去了。

两天后，姜黎黎出院了，是艾茉接的。她开着车，没有把姜黎黎送回家，而是径直开到了吴学敏医生的心理诊所门口。

"带我来这干什么？"

"看病，你有病。"

"我不是刚从医院出来吗？医生说我没什么问题，可以出院了。"

"你这里有病，有病要赶快治。"艾茉指指她的脑袋，将她推进门。

第十八章　有病治病

“把注意力集中在你的头皮上，感觉你的头皮很放松，头皮上的每一根头发也很放松。你感觉到冬天的阳光照在你的头上，身上，春天的风迎面吹过来，你觉得很温暖，非常轻松。你的额头绽开了一朵莲花，慢慢地舒展，一片清凉的荷叶遮盖在莲花之上。”诊室里，传来吴医生平稳、柔和、缓慢、低沉的声音。

艾茉坐在门口的长椅上，悄悄地从门缝朝里面看。还以为吴医生有什么高招，原来还是给姜黎黎做催眠，并且用的词都是同一套。这心理医师的钱也太好挣了吧？合着是一招鲜吃遍天啊，对病人难道不是应该因病施药吗？她觉得有些失望。

吴医生忽然站起来，朝门口走来，将门打开一条缝，对门口的艾茉说：“对不起！本着保护病人隐私的原则，这里谢绝逗留。”艾茉歉然地瘪瘪嘴，吴医生轻轻地关上了门。

姜黎黎躺在松软舒适的沙发上，已经沉沉睡去。她的呼吸忽然变得急促不安，额头渗出细密的汗水。她在梦中奔跑，四周幽暗，肃杀升腾，身后阴风乍起，巨蛇逼近，她腿如灌铅，转眼就被追上，利齿咬住了她的手臂，她不敢回头看，迎着漆黑的四野大声喊道：“放开我，放开我！”

她从梦中醒来，茫然而惊惧地看看四周，没有悬崖峭壁，没有巨蛇猛兽，耳边是舒缓的音乐，四周是淡淡的薰衣草香氛，医生在皱眉。

“说说你的梦吧！”医生说。

姜黎黎舒了口气：“我最近睡眠不好，总是做噩梦。我总是梦到一条很恐怖的大蛇，它一直在追我，我一直逃，一直逃。”

“巨蛇？它追上你了吗？”医生饶有兴趣地问。

“追上了，它从后面将爪子搭上了我的肩。对，它长着一对锋利的爪子。”

“然后呢？”

“我很害怕，不敢回头看，吓得要死，然后，就惊醒了。”

“就这样？”

“就这样。”姜黎黎讲完担忧地问，“医生，我现在整天浑身乏力，精神恍惚，前几天一不留神把车都开到沟里去了。我是不是有了什么心理疾病？要吃什么药吗？”

大夫站起来，轻松地笑了笑：“问题不大，吃点儿安神的药就行。出门右拐，付款取药。”医生龙飞凤舞地开了处方单，递给她，微笑着说，“有问题欢迎随时复诊。”

姜黎黎出门付款拿了药，狐疑地在手里翻看着，在外面看到艾茉，不以为然地看看诊所门口挂的牌子，嗤之以鼻道：“什么啊？你是不是被忽悠了？就催个眠，谈两句，开个药，就敢要一千块。你不是说熟人介绍的吗？杀熟啊！”

艾茉底气不足地辩解：“收费高肯定有收费高的道理吧！我觉得受益匪浅！还有啊，医生上次告诉我，心理咨询有两个很重要的条件才能取得不错的效果，自助性和坚持性，你指望来一次谈两句就有效果，那不太可能。我是没时间，否则我天天来。”

第二天，姜黎黎这个富贵闲人果然又出现在心理诊所，并不是她遵从自主性和坚持性，而是她昨天把手机丢在这里了。

从护士那里拿了手机，吴医生恰好从旁边经过，关心地问了一句：“我开的药吃了吗？觉得怎么样？”

姜黎黎实话实说：“不怎么样。药我吃了，还是做梦。真想给你个零分差评截图申请退款啊！”

吴医生笑了：“本店售卖的是非实物的服务，概不退款，不过今天你既然来了，为了我口碑不倒，我再为你做一次咨询吧！”

虽然姜黎黎是个有钱人，可老百姓的普世价值观她还是有的——“有便宜不占王八蛋”，她乐不可支地跟医生进了咨询室。

同样的环境，同样的催眠手法，姜黎黎做了同样的梦。

从梦中醒来，医生一脸严肃平静地望着她说：“心理类的疾病，所有的药物都只是辅助治疗，关键看病人的意志，如果病人没有自救意识，从内心深处放弃了治疗，那么，用什么药都是徒劳的。”

“这话什么意思？”

“你是不是又梦到了那条巨蛇猛兽，被它追赶，无处遁逃？”

“是。”

“所有的梦，都有象征意义，西方有弗洛伊德的《梦的解析》，中国有古老的《周公解梦》。被猛兽追赶，代表内心深处的压力、恐惧、焦虑，代表你生活中的难题，可你一直在逃跑，你的恐惧已大过了它的凶残，所以你只能逃避。”医生说得头头是道，听上去仿佛很有道理。

姜黎黎一脸疑惑：“那我该怎么办？”

“听我把话说完。恕我直言，蛇，在《周公解梦》里，有典型的性意味的意向，可能是做梦者最近欲求不满，也可能是性行为让做梦者充满厌恶或恐惧、焦虑，感到污秽不洁。弗洛伊德对此的解释也是如出一辙。”医生顿了顿说，“我们从医者会保护病人的隐私，您只有敞开心扉详尽地阐述病情，我找到症结病灶，才可对症下药啊！”

刚才还觉得医生是江湖骗子的姜黎黎，听完这一席话，佩服得五体投地。她放下了戒备，带着女人该有的那一点儿知耻之心，讲了丈夫的隐疾，她的出轨。然后静静地等待医生的药方。

医生并没有感到惊奇，他每天听到太多的奇情虐恋，接触太多的负面情绪，已司空见惯了。他想了想，又长篇累牍地卖起了关子：“我这里也没有什么特效药给你，心理咨询不同于看病，不像头疼脑热的病人看病那样被动，遵医嘱按时服药就行。一切要靠你自己，我只能处于一个辅助的位置疏导、纠正、化解问题。”

姜黎黎急了：“到底怎么办啊？”

“你是天蝎座吧？”医生龙飞凤舞在处方单上写着什么，冷不丁冒出这样一句。

姜黎黎一愣：“嗯，你怎么知道？”

“高傲又胆怯，温情又冷漠，残忍中深情，是天蝎座的处事风格，再没有比天蝎座更极端的星座了。”

说的可不就是姜黎黎这种人吗？她在暗自佩服的同时有点儿不耐烦，心里怒骂着“说正事扯什么犊子呢”，于是有点儿焦虑地说：“星座的事以后再探讨，我的问题到底应该怎么办？”

医生将写好的处方单推了过来，平静地说：“我也没什么好办法，只有三字真经送给你。”

处方单上，写着清清楚楚的三个大字：“面对它。”

她一脸茫然地望着医生，医生无奈地笑笑，望着这个智商为零的漂亮女子，解释道：“无论是心里的猛兽，还是现实中的难题，你都不能逃避，逃避解决不了问题，你要做的一件事，就是面对它。就这么简单。”

第十九章　对症下药

巨蛇再次来袭的时候，梦中的姜黎黎耳边一直回荡着医生的话：“面对它，就这么简单。”

巨蛇越来越近，身体所到之处掀起阵阵漩涡，向她一个猛子扑过来，尖利的牙齿咬住了她的脖颈，冰凉锐利的疼痛丝丝入骨。在梦里，她强忍着疼痛，恶狠狠地回过头去，注视着它血红如火炬的双眼，大叫道：“我不怕你，不怕你。”蛇瞬间松开了双爪，身体软了下去。它发出呜咽的嘶鸣，忽然转身朝漆黑的夜色中游去，走掉了。她站在梦中无人的荒野，不可置信，就这样简单？她就这样战胜了它。

清晨的阳光像一杯果酒一样甜美醉人，姜黎黎从一夜酣睡中醒来，像一个重新注入了能量的斗士。之前她还觉得那个心理医生是个装神弄鬼的江湖术士，现在却觉得那人简直是上天派来拯救她的。她能勇敢面对梦里的恶兽，那她也能面对生活中的难题。

林清远已经起床，正好从盥洗室出来，清爽的平头，干净的面容，专注地歪着脖子系领带的样子，即使年近四十，他看上去依然是一个非常英俊的男人。姜黎黎赤脚下床，姿态妖娆地缠住他的脖子，轻轻地抽去了那条领带。林清远的心紧了一下，身体一僵。

从前姜黎黎很喜欢清晨起床做“运动”，她说省得晨跑了。姜黎黎练过瑜伽，身体很软，又很善于在林清远的引导下不露痕迹地翻新花样，像一朵玫瑰，无论是绽放的姿态还是含羞的样子，都让他欲罢不能。后来，林清远也爱上了“晨跑”，“晨跑”过后，神清气爽，一整天工作都精神百倍。可不知从什么时候开始，他宁愿比姜黎黎早起后躲到办公室再补眠，也不愿在她醒来后看到她期待的眼神。果然，她抽掉了他的领带，又轻轻地去解他衬衫的扣子，温柔地说："我们晨跑去，不穿这个。"

林清远身体一僵，说话也不利索了："别，别闹了，等会儿，有个很重要的会。"

姜黎黎娇嗔地嘛起了嘴："九点才上班，去这么早，给谁开会啊？"

"我不得去早点儿准备准备吗？我不努力工作努力赚钱，你们吃啥喝啥？"一说起工作，林清远理直气壮起来。

姜黎黎不依不饶："身体是革命的本钱，你看你整天坐办公室，喝酒应酬，都有小肚腩了。看今天天气多好，小区空气这么好，走，我们去跑一圈嘛！"一听是真正的晨跑，林清远大松口气。

穿上了和姜黎黎同款的情侣运动衣，两人跑进五月清晨的阳光里。

两人认真地跑步，呼吸均匀，一路无话。他偶尔转头偷偷看自己的妻子，她穿上运动衣的样子和任何一个青春少女无异，可他心里清楚，时光在一个女人身上留下的痕迹是不露声色的。他想起与她初识的那段日子。那时，他业余在某学院读MBA，她报考CPA恰好也去那所学校上课，他常常在课间休息的时候遇到她，那时她也是像现在这样，穿一身简单清爽的运动衣，扎一个马尾，像个高中女生，在花架下的空地做伸展运动，他一眼余光瞥见了，青春的身体真是美好。那时他刚刚亡妻，心情糟糕，总是不停地抽烟，她在一旁总会敏感地咳嗽起来，他就会掐灭烟，再对她歉意地笑笑。时间久了，两人便熟识了，彼此都是单身，水到渠成地恋爱起来。后来，他MBA毕业了，可她的CPA却没有考完，因为他向她求婚了。后来，他们结婚，生孩子，她哺乳，育儿，瘦身，再没有时间考什么CPA了。在外人眼里，姜黎黎过着锦衣玉食的阔太生活，但他清楚她为家庭为孩子牺牲了很多，他连一个蜜月旅行都没能给她，他一直觉得亏欠她太多。

跑完一圈，两人都大汗淋漓。姜黎黎拿出小手巾，站定，轻轻地为他擦去汗滴。

早晨的阳光将她照得毛茸茸的，像一幅曝光过度的照片，美得迷离而不真实，他忍不住低头，吻了她。

这个吻给了她勇气。她小心翼翼地问："亲爱的，你还爱我吗？"

"爱。"他毫不犹豫地回答。

"我要你说。"

“我爱你。”

姜黎黎笑了，诱敌深入：“你看，晨跑是一项多么有益身心的活动啊！我们也让家里的晨跑恢复起来吧！清远，我们去医院看看吧！”

她已经做好了林清远会变脸色的准备，没想到他非常坦然。他轻轻地将姜黎黎拥进怀里，一脸愧色：“黎黎，对不起！”

姜黎黎语态轻松，尽量说得体贴暖心：“还不是你整天忙工作，说要为我们提供多好的生活条件，说什么经济基础决定上层建筑，把身体累坏了吧！”她顿了顿，贴到他耳边悄声说，“我们要上层建筑，也要下流快乐。”

她陪他去了一家叫曙光男科的专科医院。看起来有难言之隐的人还真不少，林清远也就坦然了许多，姜黎黎跑前跑后地挂号，排队，缴费，他也很配合。做完各项检查，最后得出结论，林清远没什么大碍，他患了男性产后抑郁症。

虽然姜黎黎做好了承受各种的准备，可这个结果还是让她吃了一惊：“产后抑郁症？产后，不是我产的吗？”

林清远也一脸郁闷，哭笑不得。那个一脸严肃的医生向她解释：“这不足为奇，十分之一的男性在孩子出生后会受到抑郁症的困扰，和女性患产后抑郁的比例相同，严重的产后抑郁不仅会导致性欲减退，性功能障碍，更严重的甚至会导致自杀，要重视啊！”

医生给他嘱咐了一大堆患者“自助自救”的方法，然后又开了几盒百忧解。姜黎黎半信半疑地拿着单子缴费取药去了。

从医院出来，姜黎黎手里提着百忧解，回望着医院名“曙光”，觉得今天真是个喜气洋洋的日子，连看病的医院名和药名都叫得这么吉祥——今日过后，百忧可解，人生的曙光就要来了。

林清远把姜黎黎送到家门口后自己开车上班去了。她脚步轻松地走进家门，小佟正在擦车，他很僵硬地笑了笑，她下意识把手中的药袋朝身后藏了藏，然后慌张地进了屋。

隔天，一大早妈妈和育儿嫂带孩子去小区游乐场玩，做饭阿姨去买菜了，小佟百无聊赖，在院子的树荫下逗狗。姜黎黎走过去，他马上不自在地站起来，生硬地问：“要出门吗？”

“我想和你谈谈。”

他点燃一根烟，沉默地坐在树下的石凳上抽起来。

她也坐下来，问："你妹妹今年马上高考是吗？"

"是啊，怎么了？"

"让她好好复习好好考，农村孩子，尤其是女孩子，读书是改变命运的唯一机会。"

"她成绩很好，很用功。"

"你爸爸的结石手术做了吗？别在县城小医院，到省城的大医院来做，我认识一个很好的医生可以给你介绍。"她真诚地说。

小佟忽然很轻地从嘴角嗤笑了一下，仿佛是在说，我看你葫芦里卖的什么药！姜黎黎觉得她的心颤了一下，她好不容易鼓起的勇气就要被摧毁了，她告诉自己一定要挺住，是困难就要迎头而上，今天一定要做个了断。

有钱人解决问题的方法不外乎一个"钱"字，姜黎黎也不例外。她拿出一个信封，放在了石桌上，说："我知道你工作几年也没攒下钱，这个，就给妹妹上大学和你爸爸做手术用，不多，要是到时还需要你再告诉我。"

信封放在那里，小佟盯着看了几秒钟，仿佛是在掂量这种厚度大约是多少钱。钱真的不多，只有五万，并不是她心里有过衡量和杠杆，而是恰好她手头的现金只有五万。姜黎黎的话说完，小佟的烟也抽完了，他拿起信封，在手里掂了掂，笑着说："按照小说和电视剧里的情节，我这时应该一脸正气地把钱撒到你的脸上，然后骄傲地说'别侮辱我'，呵呵，可惜那只能是虚构的情节，现实中，我只想说，如果这是侮辱，请继续，狠狠地侮辱我吧！"

他接受了那笔钱，让姜黎黎心里释然了许多，可他玩世不恭的态度又让她心里隐隐有些难过。她尴尬起身："无论你怎么想，这只是我的一点儿心意。"

晚上小佟下班，怀揣着五万块，心情悲凉地坐在地铁里回公司的单身宿舍去。他来自农村，除了会开车，别无所长。最初开出租，后来朋友介绍进了林清远的公司，再后来被林清远安排做家庭司机。几年城里时光的打磨，也早已褪去了身上那股土气，他有一身好皮囊又年轻，有吸引女性的本钱，但和雇主发生"意外"，实属偶然。现在，姜黎黎拍拍屁股走人了，他却感到莫可名状的失落和愤慨。转念又自嘲，愤慨什么啊！人家并没有亏你，到夜店做"牛郎"，也不过这个价位吧！姜黎黎并没有少给。

第二十章　闺房秘事

老向回来了。

在老向回来前，乐乐安分了好些天，只制造了两起事端，一次是偷偷往艾茉的汤碗里多放了盐，一次是把花生米每双袜子的其中一只藏起来，害花生米穿了好几天左右脚颜色不一的袜子，最后那些丢失的袜子又莫名其妙地出现在阳台。这些无伤大雅的恶作剧，艾茉也不计较，一笑了之。

弟弟回来，向华昕做饭也准点了，饭菜也丰盛了，待老妈也态度耐心了，下午也不没事往外跑了。老向不在的这些天，向华昕每天下午两点准时出门，一直到接了乐乐放学才回来。如果艾茉也恰好带孩子出去了，老太太在屋里叫天不应叫地不灵。

艾茉不知道她每天出去干什么，也懒得管，可老向又准备给大姐发“工资”，艾茉忍不住开言了：“我也想有个这样的弟弟啊！”

“只许你吃肉，别人都不能喝汤啊！那可是我亲姐，如今正落难，我这做弟弟的不帮衬点儿谁帮？”

“帮人也不是这么帮，你当她是亲姐，人家当你是亲弟弟，当老妈是亲娘吗？中午吃完饭就跑没影了，我还得一手抱孩子一手给妈递便盆，那三千应该给我。”说完这些艾茉自己也觉得有些汗颜，难怪贾宝玉说女孩未出嫁前是无价的珍宝，一结婚就变成了死鱼眼珠一般可憎了，自己以前也是视金钱如粪土的清高女子，如今怎么变成了锱铢必较的市侩妇人？

老向也没多说什么，随手又拿了一沓钱给了她。艾茉暗暗得意，这多出来的钱，正好给妙妙肖肖买周岁生日礼物。买什么好呢？给富人送礼物，可真是个难题。

晚上，楼上的那对夫妻又开始吵架。他们声音太大，自从他们搬来，那女人永不重样的骂人话，和那男人在长久沉默后的平地一声吼，极大地丰富了这栋楼的住户们茶余饭后的闲谈生活。那对夫妻是卖煎饼果子的，艾茉在菜市场见过他们。

她从来不知道卖煎饼果子的也能买得起这高档小区的商品房。不过买得起归买得起，他们却也过得艰难，吵架的主题主要是钱。

艾茉最初把自己总结的吵架中心思想告诉老向，老向反问：“哪对夫妻吵架不是为钱？”她仔细想想，对啊，好像很有道理。

然而这天晚上，楼上的吵架升级了，变成了打架，人民内部的矛盾也升级了，从“钱”升级到“感情”，听口气，好像是男人出轨了，对方是菜市场的豆腐西施。

这种时候，只要不出大问题，是不会有人去劝架的，大家都关着门，立着脖子竖着耳朵，新闻联播和电视剧都不要看了，看现场多带劲啊！连瘸腿的婆婆也要求推她到窗边倾听。

艾茉总结了一下，说：“矛盾升级了，从钱上升到感情问题了。”

老向笑道：“这说明人家的生活水准提高了，经济基础决定上层建筑，从经济问题上升到上层建筑了。”

向华昕也笑：“谁喜欢看经济台？只有娱乐八卦台广大观众才喜闻乐见啊！”

乐乐也趴在窗台上问：“舅舅，什么叫经济基础决定上层建筑？什么叫上层建筑？”

老向想了想，瞪了乐乐一眼，正色道：“经济基础的意思是，首先你得有钱，比如你从我这儿要走了一百块钱，然后你雇用同学帮你写作业，你从繁重的作业中解脱出来，到楼下拍画片去了，拍画片这种高级的享受，这种高雅的游戏，就是上层建筑。明白了吗？”

乐乐吐吐舌头：“好像有点儿明白了。”然后悻悻地走进屋里，摊开作业本。

楼上的女人在巨大的打击面前有些词穷，她那些舌灿莲花的刻薄话已经毫无杀伤力，表达不了她的愤怒，她开始哭，嚎，嗓子飙到一个高音的极致，然后哑了。嗓子哑掉的女人像一个失去了武器的战士，她要再寻找一个趁手的武器，于是她直接开打，杯盘碎裂，桌子移位，椅子飞撞，楼板如战场的鼓点，一鼓作气再而衰三而竭，楼上忽然一阵死寂般的沉默，仿佛舞台剧的落幕，幕布后面是起承转合，谁也看不到。

看客们屏住呼吸，等待这剧情反转，高潮来临。

十秒钟后，平地一声惊雷，一直沉默的男人忽然视死如归地高声喊道："要怎样？我告诉你，老子睡你睡够了，老子睡你睡够了。"说这种话的男人，真的有一种大无畏的视死如归的精神。

又一阵死寂的沉默，五秒钟后，女人又开始哭，是那种被抽空所有力气的呜呜咽咽的哭。

艾茉被那句气壮山河的绝情话惊住了，它那么直白粗俗，却一语中的，原来一个男人对一个女人不爱了最直接的表现是，他睡你睡够了。艾茉在小区和菜市场经常见到那个女人，她穿着朴素，沉默寡言，做活儿却很麻利，摊煎饼左三圈右三圈像变魔术一样很快做好一个，而那个男人呢，就在旁边拿拿袋子收收钱，清闲得很，可她最终却收获了一句"我睡你睡够了"的呐喊。

夜恢复了宁静。艾茉感到一阵悲凉和哀伤，为楼上的女人，也为天下所有的女人。她想到了姜黎黎，感到一丝莫名的隐忧——林清远的暗疾，不会也是"睡你睡够了"的潜台词吧？她又想到自己，老向对她的身体还保持着极大的热情，她是不是该庆幸，感恩戴德，倍感珍惜，无以为报，以身相许？

楼上的女人给艾茉敲了一记警钟，于是，她真的打算以身相许了。哄睡了被吵醒的花生米，艾茉主动贴上老向的胸膛，幽幽地问："你睡我睡够了吗？"

这挑逗够直白，艾茉也做好了以身相许的准备，这些天，用了周小荻给的药，她的伤口已经完全愈合了，再拒绝老向，有点儿说不过去了。老向淫邪地笑笑，翻身上来，给她了一个缠绵的长吻，最后关头却颓然翻倒，他自嘲地叹了口气："今天太累了，待老夫回营休整，明日再与你大战三百回合。"艾茉的心一慌，没想到她产后第一次主动求欢就受到这样的冷遇，不满地说："今天不吃，过期作废。"老向大臂一揽，在她额头亲了一下又倒头睡去，嘴里嘟囔着："馍不吃都在筐里。"

艾茉也转个身背对着他，不忿道："你以前可不是这么说的，你以前说，都快饿死了，筐里有再多的馍有什么用啊？"

第二十一章 阶级矛盾

妙妙肖肖的周岁宴定在一家星级酒店。一进门，迎宾处摆着她们的周岁写真照，姐妹俩穿同款的公主小纱裙，被外婆和妈妈抱着，宛如小天使，姜黎黎也穿了一条白纱的小礼服裙，母女仨给林清远挣足了面子，来客们都赞他好福气，姜黎黎笑靥如花："怀的时候我就祈祷生女孩，想着到时就可以穿美美的亲子装了。"

席开十桌，亲朋来贺，食物丰美，气氛温馨。林清远说了一套煽情的感谢词，又赠了爱妻一枚精美的戒指，在座的女宾沸腾了，周小荻不淡定了，幽幽地抱怨："还能不能好好做朋友了，富到没朋友，活脱的炫富秀恩爱大会嘛！"她的手上，只有结婚时买的一个细细的铂金戒指。

老向笑道："而且想参观你还必须买票。"

周小荻没给孩子买礼物，买什么人家也不稀罕啊！只好随大流随份子，收礼台就摆在宴会厅门口，不出也不行啊！五百块，是和谢晖商量后的结果，可兜兜满月酒，姜黎黎随礼了一千，随后妙妙肖肖满月，周小荻又还礼一千。现在，人家又有周岁宴一说，谢晖说，我们兜兜周岁又没请客，五百都是多的了，周岁宴，就是小孩子过生日嘛！一二百意思意思得了！要不买个洋娃娃？周小荻没吭声，自己又从私房钱里拿了五百凑齐一千，正好他不愿来，免得唠叨。

席间有一道瑶柱蒸水蛋，最合宝宝口味，艾茉盛到花生米的专用小碗里喂她吃，她扭头对身旁这两个眼皮子浅的家伙悄声说："人家的酒席也很高端大气上档次，你俩多吃点儿吧！"

周小荻见艾茉给孩子喂蒸蛋，于是聊起育儿和辅食的话题来。

"你现在就给她吃蒸鸡蛋，不好消化吧？不是应该先吃蛋黄吗？"

老向好像马上找到了同战壕的战友，对艾茉不满："我就说不能吃吧！听到了没有，周老师也这么说。"

周小荻曾经在学校工作，没带过半节课，可即使是后勤处的工作人员，学生们来领笤帚扫把还是会尊敬地称呼她一声"周老师"。自从生孩子休产假直到离职至今，已经没有人再这样称呼她了，今天冷不丁有人这样称呼，一时间心里竟有些感动——她不是天生就是家庭妇女，她也曾是有工作的人啊！她感觉席间那几个不认识的林家亲友看她的眼神马上肃然起敬起来。

受人尊敬的周老师仿佛是要尽量在自己如今的岗位上发光发热，好为人师地补充道："是啊！还有，一周岁以前最好不要吃盐，你看这个蒸蛋上有豉油，咸鲜味，小宝宝不能多吃。"

艾茉只好虚心接受："好吧！少吃一点儿，尝试一下。"

"还尝试什么啊，不能吃就别吃了。"老向有点儿不悦，提高了分贝，令艾茉很难堪，她嗤之以鼻："不吃就不吃吧！别忘了你小时候一出生你妈没奶，你就是这玩意儿喂大的。"

老向没再辩解什么，因为周小荻的儿子兜兜忽然闹起来，引起了大家的注意，他从妈妈怀里溜下来，拉着她的手往外扯，嘴里念念有词："乌鸦屁，乌鸦屁！"

周小荻一脸难色。

艾茉问："什么乌鸦屁？"

兜兜正在咿呀学语，只能说一些简单的词语，口齿也不是很清楚，周小荻这个当妈的，就是婴语翻译官："是VIP。刚才进门时，大厅那边有一个儿童的小游乐场，兜兜想进去玩，人家不让进，说是酒店的VIP会员才可以。唉！"

兜兜口里仍在喊着："乌鸦屁，乌鸦屁！"在座的人都笑起来。

林清远和姜黎黎过来敬酒。林清远和老向虚与委蛇地客套着，虽然这两人的老婆关系好得像"蕾丝边"，可两个男人却互相看不上，要不是艾茉软磨硬泡，老向根本不愿意参加这样的宴席。林清远对老向的评价是"太粗犷了"，那潜台词就是粗犷得仅次于粗鲁了，中国语言是很微妙的，看上去差之毫厘，粗犷，粗鲁，粗暴，意义却谬之千里。老向对林清远的评价则是"虚伪，矫情"，也不知道他从哪里看出来的。两个女人便很有共识地放弃了让他们发展友谊的想法。

姜黎黎和两个闺蜜碰杯，手擎酒杯的那个角度，正好向众人大秀钻戒。这一次的钻石不大，款式也是简单的八爪八心，但那是一颗澳大利亚粉钻，比普通的钻石更昂贵，更稀有。在座的一个眼皮子浅的女宾酸溜溜地问道："这就是传说中鸽子蛋吧！多少钱呐？"

姜黎黎故作低调："也不值什么钱，清远买的，我也不太清楚。"

周小荻和艾茉一唱一和地调侃她。周小荻说："贾府的鸽子蛋要一两银子一个呢！你这个，我看比他贾府的鸽子蛋贵多了。"

艾茉就应景地凑过头看了看，一本正经地说："嗯！你府上的鸡儿俊，下的蛋也小巧，怪俊的。"

老向笑道："你俩《红楼梦》看多了。"

姜黎黎也不恼，配合剧情地作势要灌艾茉酒，笑骂："看我不撕烂这两个小蹄子的嘴！"

谈笑了一番，林清远和姜黎黎转身去招呼别的客人了。这时，兜兜忽然委屈地哭起来，周小荻一看，孩子尿裤子了。最近她给孩子穿了小内裤，训练孩子大小便，可孩子总是憋不住尿裤子上，很让她头疼。她看了看孩子尿湿的裤腿，一筹莫展。

花生米在老向怀里开始烦躁不安地哭闹起来，午睡时间到了。

老向公司还有事也要走了，三人向姜黎黎告辞，老向开车送艾茉和周小荻回家。

大热天，兜兜的湿裤子很快就干了，可周小荻还是一脸愁容，艾茉碰碰她胳膊："怎么了？"

"人家整天晒幸福，我呢，只能太阳好的时候晒晒被子，想想真心塞。"

原来是还没从炫富秀恩爱大会的打击中回过神来。艾茉安慰她："作为一个资深的图书装帧设计师，我告诉你，婚姻就像书，你别光看封面漂亮啊，漂亮只是表面，还得看内容。"艾茉无意点评指摘姜黎黎的婚姻，只是想打个比方告诉周小荻这个简单的道理。

周小荻却钻进了牛角尖："事实上有的书就是封面又漂亮，内容也好看。"

“不服气咱也炫，咱也晒啊！想让别人心塞，还不简单。”

“咱有什么好晒的？怎么炫？也办一场奢侈的酒席炫？晒境外游？成本太高。”

艾茉给她支着招：“不需要那么高的成本也可以做到。会拍照片吗？有智能手机吗？发个朋友圈就行了。没有人会关心你标注的境外游地标是不是真的，你满柜的名牌是不是来自淘宝，你是不是去高档餐厅吃了天上有地上无的珍馐美味，只要你会炫会秀，你也是人生赢家。”

周小荻冰雪聪明，一点就透，若有所思地点点头：“我有点儿明白了。今晚，我也搞几道鸡皮虾丸汤、胭脂鹅脯、奶油松瓤卷酥、烤鹿肉发到朋友圈，感慨着，晚餐太赞了，装出一副小富即安生活滋润的样子，我就赢了。”

“孺子可教也！绝对会让一众正在减肥的胖屌丝和一群带孩子忙得饭都吃不到嘴里的家庭妇女们心塞一个晚上。”艾茉调侃道。

老向听着两个女人的闲谈，鄙夷地偷笑了一下，说：“心塞？谁心塞还不一定呢！我要是那减肥的屌丝，饭都吃不到嘴里的家庭妇女，怎能自己偷偷心塞，一定会像林妹妹一样在下面清高地留言评论：‘油腻腻的，谁吃这些东西。’呵！不能我一个人心塞。”

周小荻笑了，艾茉笑骂：“道高一尺魔高一丈啊！老向你现在学坏了。”

送完女人和孩子们，老向去公司了。

回到家，仍是婆婆一人孤独地坐在客厅里看电视，乐乐被他爸爸接走了，向华昕不知去哪儿了，婆婆午饭也没吃，眼前的茶几上只有一盒饼干和两个蛋黄派。艾茉于心不忍，自己也在宴席上没吃饱，于是把孩子放回床上，给婆婆和自己做了一顿午餐。不对，是午餐还是晚餐？饭吃到嘴里，已是下午四点，这时老向却忽然回来了，他的身后还跟着向华昕。姐弟俩一同进门，老向一言不发，脸色很臭，向华昕畏畏缩缩，一副理亏的样子。

艾茉想问问他怎么了，可看到他一张驴脸坐在阳台抽烟的样子，又看那姐弟俩之间的别扭的情形，还是把疑问咽下了。向华昕则主动去洗碗，洗完碗又去给母亲按摩，少有地勤快。

晚上，老向回屋睡觉，艾茉难得主动承认错误，做自我检讨：“我刚才上网查了，六个月宝宝吃鸡蛋确实太早了，专家说吃点儿蛋黄就行了。我以后不乱来了。”

老向背对着她，语气冰冷，但并没有打算和她就这个问题纠缠，说：“知道就好。早点儿睡吧！”

艾茉不免有些失落。老向这次回来是怎么了？她做好了准备，他却失去了热情，难道他像楼上那个男人一样“睡你睡够了”？还是像林清远患了男性性功能障碍？她心烦意乱，在这尺璧寸阴的睡眠时间，竟然失眠了，百无聊赖，背过身去打开手机刷微博刷微信。

朋友圈里姜黎黎又晒出了周岁宴上温馨的辣妈哈宝照和四层高的水果蛋糕，而周小荻并没有像玩笑的那样发几张美食照晒厨艺，三个小时前，她发了一张奇怪的照片，照片里，是她家的客厅，茶几和沙发上一片狼藉，地上有一把菜刀，刀口有血迹。她的配图文字写着：“生存，还是毁灭，这是个问题。”

艾茉狐疑，下床，跑到阳台打电话给她，电话长久地响着，无人接听。

周小荻成功地用一张照片，让看照片的人心塞了。

第二十二章　绝境的人

这是电视剧或小说里再熟悉不过的桥段了——男（女）主人公出差或外出忽然提前归来，将正在家中苟合的妻子（丈夫）与情人捉奸在床，一段奸情浮出水面。

记得她们仨以前看电视看到这样的情节时讨论过这个问题，如果配偶婚内出轨，自己会怎么办？

姜黎黎明确表示，她会原谅自己的爱人，她承认人性有弱点，花心是男人积久弱症，谁也保不准自己哪一天会在婚姻的路上跑偏。

艾茉对这个问题没有答案，“也许，说不定，可能”这几个词在她口中反复了好几遍。

一向娇弱的周小荻给出的答案却是斩钉截铁，且血淋淋的。她说，我会拿菜刀砍了他，我绝不原谅。

周小荻进门的时候，那女孩正好从浴室出来，谢晖则赤裸着上身正在床上抽烟。

那是结婚前周小荻亲自挑选的婚床，两米宽实木雕花，上面铺着她前段时间刚刚网购的一套真丝印花的床上用品，粉色，她喜欢粉色，粉色是属于少女的颜色，很久以前谢晖向她求爱的时候说，愿你心中住着那位少女永远不要长大。

心中的少女没有长大，可周小荻却长大，变老了，可谢晖依然喜欢少女。是从什么时候开始，他渐渐厌恶她的身体的？他挑剔她睡衣上的奶腥味；他半开玩笑地嘲讽她腰间的“游泳圈”；他甚至在某次周小荻刚洗完碗不小心碰到他的手臂时忽然触电似的躲开，周小荻尴尬地解释，我洗过手了；偶尔过一次夫妻生活，他不是说她头发有味，就说是她那里宽松得都能开火车，还形象地比喻仿佛老家乡下烧火做饭的那种风箱，拉一下风箱，四处漏气，周小荻气得将他推下床。有一次夫妻俩吃饭时难得空闲瞅一眼电视剧，谢晖看着电视剧里那个涂着漂亮指甲油的女主角对周小荻说，你的手长得也挺漂亮的，怎么不涂涂指甲油啊！周小荻瞪他一眼，我哪有那闲工夫！那一次小王来家里吃饭，周小荻注意到，那女孩长了一双纤手，十根指头上画十朵小花，甚是悦目。

面对此情此景，周小荻没有太多时间悲伤，她听到了自己心里的那个少女失控地尖叫，可她自己却是平静的，她还来不及为自己悲伤，而是像平时在外面突然遇上放鞭炮时捂住了兜兜的耳朵，下一秒，她又意识到捂错了，又连忙捂住了兜兜的眼睛，她也来不及观察屋内那两人的表情，就惊慌失措地退出了家门。她顺手带上了门，残存的一点儿理智驱使她掏出钥匙，反锁了那道门。

她抱着兜兜，下楼打了一辆车，直奔婆婆家。婆婆正在看电视，用黄瓜片敷脸，她把兜兜往婆婆怀里一塞，说你帮我带一下兜兜。她口气生硬，没有叫妈，不过婆婆也没有计较，问她，那你什么时候来接，我六点多要去跳舞呢！周小荻忽然提高了声音，大声说:“不知道，你今天不要去跳舞了。”婆婆吓了一跳，噌地直起身，脸上的黄瓜片直接往下掉。周小荻没理她惊愕愤怒的表情，转身离开了。

回到家时奸夫淫妇果然还在。周小荻心里暗笑这两人智商低下还敢偷情，如果智商够用脸皮够厚，谢晖完全可以打开窗户喊一个邻居，然后把家里的钥匙扔出去请帮忙开门，他也可以当一次蜘蛛人从窗户逃走，可他没有这么做，但他们并没有坐以待毙，大概在被困的这半个小时里，一直在想对策，他们想出的对策是，周小荻刚打开门，小王就以迅雷不及掩耳之势仓皇而逃，只留下谢晖一人应付局面。她逃了不要紧，周小荻本来也没想对她发难，她一向对那种找小三出气的女人顶看不起，落人话柄，让小三说“有本事管好自己的男人”，所以周小荻只想管管自己的男人。

周小荻还没开言，谢晖倒先发难，他问：“兜兜呢？”

按照剧情，这时男人不是应该先说“你听我解释”吗？周小荻出离了愤怒，合着都这种时候了还把我当你家的保姆？她黑着脸，目光喷火，死死地盯着他。

“我问你兜兜呢？”他又把刚才的话重复了一遍，并且不知死活地提高了声音。以往周小荻要是为什么事情和他吵架，他嫌烦不想理她的时候，杀手锏就是“别闹了，快去看孩子”。这一招很灵，可现在不管用了，现在还理直气壮地质问她把孩子放哪了，无疑是火上浇油，是把自己往死路上送。

周小荻一言不发，冲进厨房操起菜刀，照着谢晖的头砍下来，口中怒骂：“你他妈还有脸提孩子，你上网玩游戏的时候怎么不想想孩子？你和同事钓鱼 K 歌半夜两点才回来的时候怎么不想想孩子？你和情人高潮的时候怎么不想想孩子？你这种人，就不配有孩子，你他妈自己还没断奶呢！回你妈怀里吃奶去吧！剁了你回炉重造去吧！”周小荻一向文文静静，唯唯诺诺，可生起气骂起人来也很生猛。谢晖吓坏了，躲闪了一下，刀砍在左臂上，周小荻厨艺好，厨房刀具功能细分，这把刀是切肉刀，锋利无比，利刀割肉，血很快哗啦淌出来，他的胳膊很快被血水模糊了，血滴答滴答滴落在地板上，周小荻的泪也滴答滴答落在地板上。可被攻击的谢晖还是没想起来说“你听我解释”，他气急败坏大喊道：“你疯了吗？”周小荻再次举起刀：“是啊，我是疯了！”

保命要紧，谢晖夺门而出。

周小荻望着满地狼藉，心里忽然很静，她找出手机，拍下了一张照片，发到了朋友圈，然后打开窗户，跳了下去。

有一则流传很广的漫画，一个绝望的人从十一楼跳下去，看到十楼恩爱的夫妻正在互殴，看到九楼平日坚强的彼得正在偷偷哭泣，八楼的阿妹发现未婚夫跟最好的朋友在床上，七楼的丹丹正在吃抗抑郁症药……这个人在跳下后才知道，原来每个人都有不为人知的困境。他看完他们之后深深地觉得自己过得还不错，于是开始后悔。

事实上跳楼只是一瞬间的事，一个绝望的人是没心情看别人家的窗户的。周小荻在跳下后也马上开始后悔——她死了，兜兜怎么办？

一个有眼色的防雨棚和一个助人为乐伸出窗外的晾衣竿，适时伸出援手，周小荻没有死。

她不仅没有死，更神奇的是，除了额头一点儿红肿，全身上下全须全尾，没有一点儿伤。人没受伤，可目光是死的了。艾茉和姜黎黎去看她，门虚掩着，护士正在给她扎吊瓶的针，小护士新来的，扎了三次也没扎好，急得满头汗，可周小荻眉头也没皱一下，好像扎的是别人的肉。

艾茉那晚打了许多电话无人接听，一直不放心，到了早上把孩子交给老向约上姜黎黎去了趟周小荻家，才知道他们小区昨晚出了大事，有人跳楼了。在小区树荫下唠嗑的老太太们像侦察兵一样，目睹了全过程，事件经过她们的复述，变得香艳而狗血，连女主人公暴打小三，孩子目睹父亲穿着裤头仍护着赤身的小三的情节都杜撰出来了。

谢晖坐在病房门口，接受闺蜜们的唾骂。

闺蜜是半个娘家人，艾茉又是媒人，觉得愧疚羞愤，骂道："无耻！"

谢晖沉默不语。

姜黎黎走过来，咄咄逼人，目光凶得像是要吃了他："姓谢的你是脑子养鱼了还是钱包上拴老虎了，开房的钱都出不起？"

姜黎黎骂人总是独辟蹊径，很解气，可大庭广众之下给谢晖难堪，到底也让周小荻没脸。艾茉暗暗拍拍她，她怒气冲冲地噤声。

骂成那样，谢晖依然不吭声，忽然低声下去恳求："你俩能不能劝劝她，不要离婚。"

姜黎黎气不打一处来："现在不想离婚了，早干吗去了？"

护士走过来提醒她不要喧哗，她才按住了火气。

到了病床前，周小荻依然面无表情目光呆滞。艾茉握了握她的手，她转过脸，眼泪马上唰地流下来。艾茉柔声安慰她："想哭就哭，想骂人尽管骂，别憋着。"

姜黎黎接话："要骂人姐们儿帮你骂，要砍人我现在就抄刀子，想离婚我现在就打电话叫律师过来。"

艾茉瞪了姜黎黎一眼，低声斥她："瞎说什么呢？"在中国人心里，"宁拆十座庙，不毁一门亲"的思想仍然根深蒂固，何况两人还有了孩子。

不料，周小荻真的接着姜黎黎的话说："我要离婚。"

一个女人在这种情况下说出这样的话，是本能反应，可旁观者清，艾茉没办法像姜黎黎那样鼓励她，也不知道该用怎样的话安慰她，只好说让她先冷静冷静，想想兜兜再做打算。

一提兜兜，周小荻的泪流得更凶了，但语气却是斩钉截铁："就是为了孩子，我才一定要离婚。哪怕是做单亲妈妈，我希望我的孩子每天看到他的妈妈是快乐的，而不是为了孩子保全名存实亡的婚姻，然后每天以泪洗面半生忍辱负重，一辈子都活在怨恨中。”她抓住了姜黎黎的手，恳求道，“帮我找律师，我一定要兜兜的抚养权，我不能让他跟那样的父亲在一起。”

姜黎黎面露难色，刚才的豪言壮语虽是发自肺腑，可没想到周小荻这么着急，她只好答应她：“你放心，你做什么决定我都支持你。”

谢晖走进来，眼睛通红，低声问：“你想吃点儿什么，我去买。”

就这么一句看似温情的话，却勾出周小荻心里丝丝牵痛来。有多久他没有主动关心过她了？即使在她早起给孩子换尿布洗奶瓶冲奶忙得脚不沾地的时候，他也没想过问一句“你想吃点儿什么”，而现在，一定要婚姻走到了绝境，才想起给身边人一丝温暖，这温暖，这一刻显得那么单薄无力，虚伪可笑。周小荻凄然笑了。

他又问：“你想吃点儿什么？”

周小荻冷冷地从齿缝里咬出一个字：“滚！”

谢晖很尴尬，叹口气又从病房里退了出去。

艾茉起身也跟着出了病房，看着谢晖那副蔫蔫的怂样，问：“你打算怎么办？”

“反正我不离婚，是我浑蛋，是我一时糊涂，可我从来没想过离婚，我不离婚。”他像个小孩子一样，急赤白脸地表明立场。

艾茉恨铁不成钢地白了他一眼：“不离婚，你要给她一个不离婚的理由。”

谢晖迷茫地抬起头，迟疑了一下：“理由？我们还是有感情的，我，我还，我爱她。”

这便是理由了，这个理由够强大，也够虚无。艾茉反问：“你爱她，你都是怎么爱她的？你还有脸说。”

“我，只是一时糊涂，和那女孩真的，就，就一次，就，唉，真倒霉！”一着急，谢晖说出了所有嫌疑犯心底最真实的想法，所有被抓了现行的罪犯，心里最后悔的不是做了坏事，而是做坏事时被抓住。但听他说不愿离婚，艾茉还是大松了口气，毕竟兜兜已经那么大，离婚不是闹着玩，如果他能真心悔悟，这场婚姻或许还有回旋的余地。

谢晖去买了瘦肉粥，艾茉端了进去，周小荻才肯吃了。

姜黎黎还不忘八卦：“那女人到底是谁？你认识吗？”

周小获面无表情地回答："他单位办公室的一个女孩，叫王雨欣，他还带回家吃过饭。"

说话间，病房的门忽然被推开，周小获的父母闯了进来。周妈一见女儿躺在病床上憔悴不堪的样子，马上呜咽地哭起来，母女俩抱头痛哭。周小获的哥哥也来了，正在门外对谢晖好一顿拳打脚踢，艾茉想去劝，被姜黎黎拉住了："让他长点儿记性。"谢晖也没还手，默默地承受了。

他被周小获用刀砍了后，从家里逃出来，躲在没人的地方抽了根烟，然后准备去找个诊所包扎一下，冷不丁看到自己楼下的草丛里围了一群人，扒开人群一看是周小获小脸苍白双目紧闭地躺在那里。送到医院后周小获一直昏迷，谢晖吓得半死，以为闹出了人命，怕日后岳父岳母怨他没让他们见女儿最后一面，于是打电话通知了岳母。

拉拉架，劝几句，局面控制住了。真正的娘家人来了，闺蜜们该退场了。

艾茉和姜黎黎告辞，谢晖鼻青脸肿地来送。临出病房的时候，周小获忽然带着哭音说："兜兜的裤子在衣柜的大抽屉里，你拿一条让你妈给他换上。我昨天还没来得及给他换尿湿的裤子。"

这句话明显是对谢晖说的。谢晖连忙答应："好好好！我去拿，我去拿。"

从医院出来，姜黎黎果真古道热肠地打电话准备给周小获找律师，被艾茉按住了："你傻啊！这两人离不了婚。"

第二十三章　无法原谅

回到家时，入户门半开着，老向和向华昕正在玄关处激烈地吵架。

老向压低了声音，语气却是蛮横的："向华昕，昨天我给你留面子了，你今天还想往那种地方跑？那是什么地方？那是退休老头老太太去的棋牌室吗？那根本就是赌场，我是去应酬，去给人输钱送钱搞关系，你干什么去，有财神给你送钱吗？"

向华昕底气不足地辩解："打牌嘛！有输有赢，手气好赢点儿，手气不好输点儿。"

"输点儿？那是输一点儿吗？你敢说你就输了一点儿吗？我告诉你，你捅下的窟窿，别指望我给你补。"

"小声点儿，别让妈听见。"

"你还知道你有妈？艾茉每天那么忙，你这个当姑妈的，不帮衬带孩子就算了，你自己的妈和儿子整天放家里吃了上顿没下顿，你也不管吗？你到底有没有人性啊？"

一提起艾茉，向华昕忽然冷笑了一下："别把自己老婆说得跟圣母白莲花似的，就她整天忙，我出去就是赌博了捅窟窿没人性了，她出去就是有正经事？什么闺蜜出事了，说不定人家现在正悠哉游哉地和什么男性朋友喝下午茶谈论天气和人生呢，我干吗把自己搞得像个保姆一样捆在这家里。"

艾茉心里一惊，向华昕话里有话，唯恐天下不乱，她想说什么？

"你什么意思？什么男性朋友？你把话给我说清楚？"老向霎时火冒三丈，一把抓住了向华昕，因为艾茉在门外听到向华昕吃痛地叫了一声："啊哟！放开我。"

旋即老太太在屋里喊起来："死妮！瞎说什么呢？看我不撕你的嘴。还嫌不乱啊？”

“我可没瞎说。就是前段时间，有一次艾茉把孩子留给我和妈，说去看病，后来孩子睡着了，我去买菜……”

老向不耐烦地打断了她的话，冷笑一下：“你去买菜，谁信呢？又是去打牌吧？”

“反正我路过一家西餐厅，看到她坐在那大玻璃窗里的沙发上睡着了，那男人一脸柔情地看着她，还脱下自己的衣服给她盖，那眼神，啧啧，也就韩剧的男主角才有。弟，也不是我说你媳妇儿坏话，我看她也不是那种人，可现在这社会诱惑太多，我就给你提个醒。”

不过老向的注意力似乎并不在她说的事上，又或者老向为了掩饰自己的尴尬，他烦躁地喊了句：“别胡拉乱扯了，乐乐快放学了，赶紧做饭去。”

“我给你说，不是我胡拉乱扯……”

门关上了。

这个时候进去，大家都会有些尴尬，艾茉选择到楼梯里深呼吸定了定神。显然，向华昕说的“男性朋友”应该是指周逸辰，不过艾茉心里坦坦荡荡，不怕别人说什么。

她进门的时候花生米刚刚醒，老向正手忙脚乱地给孩子换尿布，看到艾茉，埋怨道：“怎么到现在才回来啊？周小荻怎么样了？”

“她跳楼自杀。”

“为什么？”

“谢晖出轨了。”

老向并没有流露出太多惊讶，似乎有些司空见惯，他也没有同情周小荻太多，反而说：“她也真是想不开。”

艾茉有点儿不悦，反问：“这种事，倒怪女人想不开，要怎样才想得开？能吃能睡，没心没肺，就是想得开？这个社会真是变坏了，对男人宽容度越来越高，道德底线低得连内裤都快没有了，对女人却越来越苛刻。”

“我是说，再怎么样，犯不着自己玩命，那不是仇者快亲者痛吗？真傻！”老向轻描淡写地说。

瞧，男人永远维护男人的利益，老向对周小荻跳楼行为的评价“想不开”和“真傻”，也代表了大多数人的想法。艾茉也觉得周小荻傻，可遇到这种事情还有其他聪明的应对方法吗？有，还有两条，要么离婚，要么原谅，可无论选择哪条，都是女人吃亏。艾茉想到“原谅”这个词，把自己吓了一跳，在她处女座完美主义者心里，怎么会原谅一个有裂纹的盘子？原谅一张有污点的白纸？想都不要想，可现在她竟然这么想了一下。

艾茉等了一晚上，老向也没问关于“男性朋友”的话题，看上去毫不在乎，不过他也没有再提“待老夫回营休整，明日与你大战三百回合”的话题。他不提，艾茉也不好意思再提。累了一天，还没进门就吃一肚子气，想起周小荻的事，觉得活着真无趣。

第二十四章　女人时光

三天后，周小荻出院了。

艾茉和姜黎黎去看望她。

谢晖上班去了，周妈妈正在厨房里做饭，锅里的腊肉正在漫溢香气，周爸陪外孙在客厅里玩耍，有了老人的家瞬间有了生活气息。

周小荻虽然已无大碍，仍被父母强迫躺在床上休养。她见到艾茉和姜黎黎，觉得羞愧难当，解释道："他给我爸妈写了保证书，还下跪。兜兜还这么小，我也不知道该怎么办！"

那日跳楼那么决绝，还说过那么多狠话，现在看来像笑话。她在这三天里，只做了一件事，就是抚平愤怒，寻找理由，顺着谢晖卑躬屈膝的认错态度和父母的劝慰铺成的台阶往下走，然后把自尊装到口袋里。现在，面对闺蜜，那可笑的自尊心又跑出来了——她怎么就能原谅了他？生生将那口气咽下了，这还是她周小荻吗？周小荻到现在才明白，不光跳楼需要勇气，离婚需要更大的勇气，而她竟然没有。

艾茉知道，她们现在需要把那些台阶再铺一遍，让周小荻下得更有尊严更体面一些。她说："谢晖本质不坏，只是一时糊涂，你们有那么深的感情基础，又有了兜兜，怎么能说散就散了，他心里还是爱你的，那天去买饭，他就记得你爱吃皮蛋瘦肉粥，我都忘了。"

这些理由够了吧！可姜黎黎这个说话不经大脑的偏要来凑热闹，眉毛一挑不屑道："他还本质不坏？出轨就是人品问题、原则问题好吗？"

她说这话艾茉心里就直想笑，亏她说得脸不红心不跳，还真是"宽以待己，严以律人"啊！艾茉瞪了姜黎黎一眼，她连忙改口："咳！不过嘛，男人是没有进化好的低一级动物，靠下半身思考，就当它是家里养的小猫小狗跑出去拉了泡屎吧！”

姜黎黎惯会说俏皮话，周小荻脸上有了那么一丝笑，台阶有了，心理包袱放下了，虽然那耻辱还需要很长时间来消化。

痛定思痛，周小荻倒会做自我反省，她拿着镜子左照右照，神经质地问：“你们看我的眼袋是不是很明显？白头发也有了，我现在是不是就是传说中的黄脸婆？”

姜黎黎嘴损，盯着她认真看了几秒，又捏捏她的脸，说：“姿色嘛，也还有几分，眼袋是有点儿，不是很明显，胶原蛋白要补了，肤色也不太均匀，不过离黄脸婆还有点儿差距。”

“啊！”周小荻一下子被打击得体无完肤。周小荻属于小家碧玉型，川妹子，皮肤好，五官秀气，扔到人堆里并不显眼，美得没有攻击性。

艾茉忙安慰她：“听她胡说。我告诉你，咱们八零后现在可是最吃香的，九零后爱八零后，七零后爱八零后，八零后还爱八零后，更别提六零后了，看咱们八零后，那就是美少女啊，咱们老少通吃啊！”

周小荻忽然幽幽地说：“可是他为什么会喜欢她？”

周小荻不提那个她，谁也不敢问，她提了，姜黎黎和艾茉才敢斗胆八卦一下。

“那女的干什么的？长什么样？”

“他们怎么认识的？在一起多久了？”

“是他单位的同事，刚毕业的大学生，我见过，长得很普通，客观说根本不如我，只是年轻罢了。”

姜黎黎一语中的：“你傻啊！人常说年轻漂亮，为什么年轻总是放在前面啊？”

周小荻忽然扯长声音撒娇一般喊：“我要化妆，我要臭美啊！我要通杀七零八零九零。艾茉，帮我把你手边抽屉里那套迪奥拿出来，黎黎上次送我的，我一直都没工夫用。”

艾茉从抽屉里拿出来，是一套彩妆套盒，姜黎黎接过来帮她画，周小荻闭着眼睛，忽然幽幽地问：“其实这两天我在想，我们之间之所以会出问题，也有我的责任。你们说我是不是应该去上班啊？要不时间长了，真的就被社会给淘汰了，连老公都不愿和自己多说什么。”

姜黎黎讥笑："你倒挺会做自我批评。我可不这么认为，你有什么责任？凭什么女人不出去工作在家就要像保姆老妈子一样看人眼色地活？我告诉你，婚后不工作，照样可以不卑不亢地活，女人做不做工作上不上班和男人爱不爱你没有半毛钱关系，工作只是为了作为一个独立的人实现自我价值，还有就是混口饭吃，当然大多数人只是为了混口饭吃，可是不工作就没有自我价值了吗？恋爱和婚姻中的尊严与平等和工作毫无瓜葛，即便你是捡破烂的他是王思聪，你俩也是人格平等的，只要相爱，你一样可以坦然拥抱王思聪。"

姜黎黎说得头头是道，不料周小荻茫然地问："王思聪是谁？"

姜黎黎作势倒床不起，揉揉头发道："天啊，我收回刚才说的话，好吧，你确实快被社会淘汰了。什么时候有空，我请你们去万达看电影吧？"

"我都两年多没进过电影院了，哪有时间看啊！下线的电影网上播，我都没时间看。"周小荻说。

姜黎黎同情地摇摇头，叹气道："你没救了。"

艾茉支着招："你傻啊！谢晖现在就像是被你攥在手心的孙悟空，被拿住七寸的蛇，趁现在那股内疚还在，你别光端着绷着不理他，差不多了，搭理他一下，他就乐到天上去，然后这时就向他提要求，比如钻戒啊，衣服啊，当然咱们不会那么俗，咱向他要求要女人独处时光，让他每星期独自带一天孩子或者把孩子放他妈那儿，让他体验一下带孩子的辛苦，你出来放放风透透气，咱们姐们儿一起好好享受独处时光。"

周小荻眼睛一亮："这个主意好！"

"就这么愉快地决定了。"三个女人击掌。

兜兜跑进来捡球，看到描眉画眼的妈妈，兴奋地喊道："妈妈，新娘子，宝宝要和妈妈结婚。"

艾茉说："你可以啊，连一零后都通杀了。"

大家都笑起来。

恰好谢晖下班回来了，听到兜兜的话，笑道："你最喜欢的女人已经被爸爸娶走了，你要和我决斗吗？"

兜兜拿起光头强的锯子要和爸爸打仗。周小荻眼神复杂地看他一眼，有甜蜜，也有心酸。

周小荻就这样和谢晖和好了。

经过这次事件，她也有了一些微妙的变化，每次聚会，她总是来很早，化着妆，穿着新裙子，和闺蜜们聊天，也知道王思聪是谁了，脸上的笑容多了。她没有上班，但做起了生意，开了个网店，卖家乡的腊肉，货源当然是父母从老家为她提供的。据说销量还不错，她现在就像个推销员，见人就说："我店里卖家乡正宗的腊肉，今年宰杀的黑毛猪腌的，特别香。"

有一次聚会结束，谢晖来接她，两人手牵手，那模样就像大学里他们刚刚恋爱的样子，艾茉看着有些感动，又有些迷茫。她常常想，一个简单的"对不起"，真的能抵消一切过错吗？说原谅容易，可屈辱、愤怒、怨恨，这些情绪真的能随着一个轻飘飘的"原谅"就消失吗？

不原谅又能怎样？用郝思嘉的话说，明天又是新的一天了。日子每天像流水一样，太阳像滋滋煎烧的蛋黄漫溢着光芒，洒水车日复一日地播放着"真善美的小世界"，早餐摊点冒着白色蒸汽，公园里的鸟在叫，跳广场舞的大妈们扭动着各种各样的屁股。说起早餐，哦，对了，楼上那个卖煎饼的男人和老婆离婚后，迅速和豆腐西施结了婚，不过，他们过得似乎也不太好，结婚没几天，就开始吵架。这一次，因为主角变更，女主的语言从以前的四川腔变成了河南腔，男主人也是河南人，两人正是棋逢对手，骂战就更加热辣过瘾。就在艾莉来的这天晚上，楼上就上演了一场黄金段夫妻档狗血剧。

第二十五章　妹妹艾莉

艾莉在邻市读大学，读的新闻传媒，毕业招聘会应聘到一家报刊做记者，工作地点在艾茉所在的城市，一则是省城，二则离姐姐近点儿相互有个照应。

艾莉虽这样说，艾茉可不领情，笑道：“别给我灌迷魂汤了，投奔我，什么和我近点儿有个照应，别是奔别的什么人吧？”

艾莉是标准的九零后，爱玩爱疯爱热闹，和姐姐相差整整六岁，人说“三年一个代沟”，但她们姐妹俩感情很好，很谈得来。反正老向不在，姐妹俩关起门来睡大床，正好说悄悄话。

艾莉娇嗔地笑：“你要相信咱们姐妹情比金坚啊！我当然是奔你，要不然还能奔谁？花生米，你说是不是啊？叫小姨，小姨！”

“好好好，欢迎你投奔！怎么样，单位离我这儿远不远？住哪里？我和你姐夫在南郊买过一个四十平的小公寓，租着，要不让房客腾出来你去住？”艾茉问。

“不用了，单位有单身宿舍，我去看了，环境还不错，离单位又近。”

“那就好。说真的，你大学四年也没谈恋爱？”

“爸妈整天耳提面命的，让我好好读书，我哪敢啊？”艾莉一边回答姐姐的话，一边做鬼脸逗花生米玩。

“那可要抓紧了，现在毕业了谈恋爱刚刚好。你没听人说吗？希望这样过完完美一生，二十四岁相恋，二十六岁结婚，二十八岁一个生命的诞生，二十九岁孩子会叫爸爸妈妈，走过七年之痒，四十岁激情褪去，仍然相爱，五十岁孩子有了自己的生活，六十岁我们一起去旅行，七十岁我们儿孙满堂，七十六岁是我们的金婚，八十岁不再恐惧死亡，彼此相依。”

艾莉倒床作晕倒状："天啊！姐，你怎么跟爸妈一样，上学时整天警告我不许谈恋爱，这刚毕业就开始唠叨让我谈恋爱，态度转变得太快了点儿吧？连咱家小区的李阿姨见我也问，今年多大了，该找男朋友了吧？可别挑花眼，再过两年该着急了。我着什么急啊我，我还是可爱小萝莉一枚呢！"

"这你就不懂了吧！二十四岁是个分水岭，一说二十四岁，乍一听觉得你还挺年轻，一到二十五岁，在咱们中国这种社会背景下，女孩们一般已经自称为剩女心急火燎地上非诚勿扰了，连美容专家也说二十五岁的肌肤是熟龄肌肤，该好好护理了。"

"谈恋爱嘛，可以考虑考虑，结婚生孩子，这个问题太遥远，我还没想过。"

艾茉对她这种轻佻的态度有些吃惊，正色道："你没想过结婚？你不打算结婚谈什么恋爱啊？"

"就当是先抓一只唐僧，好玩就玩玩，不好玩就吃掉啊！"艾莉依然不以为然。

"你这什么态度啊！毛主席说了，不以结婚为目的的恋爱都是耍流氓。我告诉你啊……"艾茉正要好好教育艾莉一番，楼上忽然传来一声重物坠地的巨响，听声音，好像是花瓶摔了。花生米被吓得一哆嗦，"哇"地哭起来，艾茉连忙抱起孩子，念叨着："摸摸毛，吓不着，楼上这家人太讨厌了，怪不得孟母三迁呢！以后买房子一定要看看左邻右舍都是些什么人。"

楼上的男人，有了和前妻吵架的实战经验，现在骂起人来已经很顺溜了。中国人骂人方式通常是，不直接揭露对方错误，而是直接侮辱对方祖先和亲属，以对方母亲为中心，以亲属为半径画圆开骂。楼上的男人继承了这个"优良传统"。

不过新媳妇也不是善茬儿，张口就来："恁达吶个蛋，娘勒个掘！"

艾茉叹气，艾莉惊得张大嘴，随即掩嘴吃吃地笑。

这时楼上两人已不满足于问候祖宗和亲属，终于回到主题，开始指责对方。男的说："你真当自己是天仙美女啊！许昌的饼，开封的饭，安阳的女人最难看。"女的说："你就是个骗子。中国人民九亿骗，你周郅刚是教练，总部设在驻马店，全国开满连锁店。骗子，大骗子！"

小区大妈的嘴是位列微博微信后最迅速的信息传播工具，婆婆每天从楼下晒太阳都会带来小区里的各种花边新闻，这楼上夫妻吵架的原因大概是因为，男人婚前答应了豆腐西施很多条件，婚后都没有兑现，首饰啊蜜月存款通通都是泡影，女人觉得自己上了当，两人才整天争吵不断。

“砰！”脸盆撞墙的声音。“哐啷”，凳子落地的声音。

花生米哭个不停，艾茉快要崩溃了。

许久，不知是中场休息，还是打扫战场，楼上终于安静下来。

姐妹俩面面相觑。

艾莉说：“看见了吧？这样的婚姻，要来有何意义？”

“也不是每家都这样，这俩人是神经病。”

“婚姻只是一种选择，并不是必需品，生孩子做妈妈也一样，我为什么一定要结婚生孩子呢？”艾莉说。

艾莉是双子座，自由指数高达九的风相星座，据说这种星座的人表面乐观，实则是消极主义者。艾茉听着妹妹的这个观点，若有所思。

第二十六章　手机风波

妹妹要参加工作步入社会了，艾茉准备送她一件礼物，顺便也送婆婆一件礼物，说是顺便，其实价格也不菲。艾茉产前参加的一个封面设计大赛获金奖得了一笔奖金，她一口气买了两部苹果5S，艾莉一个，婆婆一个。

买好了手机，叫艾莉到家来拿。到底是小女生，一见到新手机喜欢得不行，新到工作单位，同事们几乎人手一部苹果，姐姐这份礼物送到了心坎儿上，极大地满足了小女生的虚荣心。

艾莉一走，向华昕终于憋不住了，说："我弟在外头风吹日晒，挺辛苦的，你倒大方，买那么贵的手机给你妹妹，眼睛也不眨一下。"

艾茉调皮而挑衅地眨了眨眼睛，说："眨了啊！我买的时候眨了好几下呢！"旋即走到婆婆身边，从盒子里拿出新手机，说："妈，这是给你的。"

婆婆李敏英吃了一惊："哎哟！我要这玩意儿干吗啊？我不是有一个手机了吗？那个用着挺好。"

"你上次不是说三号楼的刘阿姨拿了一部智能手机，是她孙子孝敬的吗？咱不羡慕她，就当这是花生米孝敬你的，你不是喜欢看豫剧吗？我给你下载了好多，想看就在这上面看，不用和乐乐抢电视了。"

"可是我不会用啊！"

"很方便的，来，我教你。"

婆婆倒兴致勃勃，接过手机很投入地听艾茉示范。

向华昕在一旁讪讪的，马上变了语气，有点儿酸溜溜地说："妈又不上班，哪用得着这么好的手机，是华晟让你给妈买的吧？还是养个儿子好啊！乐乐，妈老了你给妈买新手机不？"

在一旁看动画片的乐乐大声回答："买买买，我要开一家很大的公司，挣很多钱，你要什么都买给你。”

向华昕略感欣慰，不料艾茉回答：“不是他让买的，他还不知道。”

向华昕心里很不是滋味，到底是什么滋味，她也说不清楚。

接下来几天向华昕变得顾家了许多，也不频频外出了，母女情深，总是和母亲凑在一起研究新手机的性能，渐渐手机长时间被她霸占在手上，她聚精会神地玩僵尸游戏，或者干脆躺回自己的房间看一部冗长的清宫剧，又过了两天，手机彻底变成向华昕的了。这天晚上吃饭，向华昕仍对着手机戳个不停，艾茉看看她，又看看婆婆，婆婆有点儿为难地说：“我用那个手机用不习惯，还是给华昕用吧！你的好意妈都知道了。”

给向华昕也无所谓，反正艾茉对婆婆友好孝顺的心意传达到就行了，可是，没想到向华昕拿了手机的第三天去了趟菜市场，回来就宣布，手机丢了。

手机丢了，向华昕看上去倒并不着急，只是轻描淡写地对母亲说：“妈，对不起啊！过一阵等你腿好了，我出去打工，挣到了钱，给你买一个新的。”

母亲李敏英心疼东西，嘟囔着：“我要那么多手机干吗？好好的东西，你不是说挺贵吗？怎么说丢就丢了？不花自己的钱，一点儿都不心疼？”

艾茉安慰婆婆：“妈，别着急，这是智能机，有定位系统，我找朋友帮帮忙，说不定还能找到呢！”

“真的能找到？”婆婆和向华昕异口同声。

“嗯，看运气吧！反正网上有人说，手机被小偷偷了之后，通过那个方式找到了，听说可以精确锁定手机方位一米以内。我现在就去搜搜看。”

艾茉的初中同学群里有一个做手机维修的，恰好就懂这个，还在网上开了个专业找回丢失苹果机的店。艾茉提供了相关号码，然后守株待兔。

向华昕推门进来，一脸愧色，惴惴不安地问：“这手机丢了，真的还能找回？”

“碰运气吧！也不一定。”

向华昕忐忑不安地回房去了。

老向休假回家来，一听说新买的手机被偷，也直叹世风日下，又笑艾茉天真。

“东西被偷了还想找回，做梦吧！”他说。

“不试试怎么知道？你不是有个朋友做警察吗？要是定位找到了，找他帮帮忙。”

还真不是做梦，当天下午，初中同学果然传来好消息，说查到了。艾茉喜出望外，叫老向赶快打电话给他的警察朋友。

老向和他的警察朋友赶到那家二手手机回收店时，老板正给向华昕丢的那部手机贴膜呢！警察说要铐老板回所里，那老板大呼冤枉，说他做正经生意一不偷二不抢，仔细询问后才真相大白，原来这部手机是一个中年女人卖给他的，老向心里一紧，把老板拉到一边，打开自己手机偷偷问：“是不是这个女人卖给你的？”他手机里有一张母亲过生日时照的全家福，向华昕站在妈妈身边，卷发，头发漂染得有点儿发黄干枯，穿一件格子毛衣，胖，那时还没离婚，笑得很开心。

老板连声回答：“是她是她，就是她。”

老向咬牙切齿地低声骂了句脏话，回头一脸讪色，对朋友说：“可能搞错了。算了，回吧！”

朋友一腔埋怨：“那不是你姐吗？你逗我玩啊老向，要不是咱俩这关系，你报假警我把你关进去。”

老向一脸愧色：“惭愧惭愧，回头请你喝酒。”

回到家里，艾茉一脸期待地问：“找到了吗？”

“没，搞错了。”

“不会啊，我同学给我的数据和方位都很精确，怎么会搞错呢？”

老向烦躁不安地说：“我说搞错了就搞错了，一个破手机，丢就丢了，烦不烦啊？”

老向就是有本事把人的怒火瞬间点燃，艾茉被他这一通脾气呛得莫名其妙，脸一拉怒骂：“你有病啊！吃炸药了？冲我发什么火啊？”

婆婆见状，抄起手边的一本杂志就拍打儿子，斥道：“作死啊！会不会好好说话。”

下一秒老向忙道歉：“对不起老婆，我心情不好。”

艾茉瞪一眼，回屋抱孩子去了。

向华昕接乐乐放学回来了，一进门就抱怨：“你们学校抢钱啊，今天收费明天收费，家长都是印钞机啊？”抬头一看，“哟！华晟回来了。”

老向闷闷地应了声："嗯！"回屋去了。

饭桌上，向华昕小心翼翼地问艾茉："手机找到了吗？"

艾茉正在给花生米喂米糊，抬眼看看老向，说："没找到。"

向华昕大舒口气说："我就说嘛，现在的小偷精着呢，偷走的东西怎么那么容易找回？"

过了一会儿，乐乐吃完饭回屋写作业去了，向华昕笑嘻嘻地对老向说："弟，乐乐学校又要收什么补习费，要一千，我手头没有，你先借我点儿！"

向华昕说"借"，是"白拿"的文明说法，一般都是有去无回的，老向一般也总是有求必应，可这次老向没有马上答应，而是冷冷地瞥她一眼，说："补习费，一千？"

"是啊是啊！"

"手机卖了多钱？一千？不止吧！两千？够交什么补习费了吧？"老向目光如炬，阴阳怪气。

艾茉和向华昕同时吃惊地望向他，向华昕的脸上挂不住了，仍试图装糊涂蒙混过关："不懂你瞎说什么！"

老向强压着怒火，低声斥责："你知不知道我今天在老胡面前丢尽了脸，连那个手机店的老板都在笑我。亏你想得出来，卖了手机的钱做什么了？补你的窟窿了吧？为什么要把自己活得这么难看，你就不能给乐乐做个好榜样吗？"

再糊涂的人也听明白了。艾茉心里又吃惊又失望，怕大姑姐没面子，抱着孩子回屋去了，婆婆气得也放下了筷子不吃饭了，向华昕脸色红涨，羞愤难当，她起伏着胸脯，哼哧了半天想骂人，最后却呜呜呜地哭起来："是啊我为什么活得这么难看，我没文化没技术没工作没老公，什么都没有，我不像别的女人在家舒舒服服地带带孩子风吹不着雨淋不着，老公就把钱拿回来。不想做饭了就叫外卖吃香的喝辣的，我没那命，只能寄人篱下看人脸色，就喜欢打个小麻将，本来手气挺好，谁知道输那么多！"

老向"啪"地把筷子一扔："你还有理了？我告诉你，没人替你收拾烂摊子，自己看着办吧！"

向华昕气性大，哭喊："我不用你管，行了吧！"

老向气得起身去阳台抽烟，剩下母亲和向华昕面面相觑。老太太叹口气，小心翼翼地问道："你欠人家多少钱？"

第二十七章　小荻糊涂

抽完烟老向已气消了大半，回屋来，一脸笑容地和女儿逗乐。艾茉不想大家关系搞得太僵，劝他："大姐也挺可怜的，能帮她就帮她还了，但是和她好好谈谈，别再赌了。你脾气改改，有话好好说，忠言本来逆耳，你那么大声，再有道理谁愿意听啊！"

老向半天没作声，过了一会儿说："我知道了。你别瞎操心，管好花生米就行了。"

好人难当，竟落得个"瞎操心"的评语，艾茉也懒得再说了。

花生米在小床上乐得手舞足蹈，传来一阵"咯咯咯"的笑。要不怎么说孩子是夫妻感情的纽带，家庭和谐的润滑剂，花生米一笑，这夫妻俩烦恼尽消。

忙碌一天，终于夜深娃睡，两人都长吁口气倒在床上。

"花生米该打防疫针了吧？"老向对老婆生日、结婚纪念日、情人节、圣诞节这些日子常常忘记，但孩子每个月打防疫针的日子，记得比谁都清楚。

艾茉回答："嗯！这回好像是乙肝疫苗了。"

"最近她晚上睡得好了吧？"

"还行，好多了，中间还会醒两次。"

自从上次艾茉主动求欢未果后，他们的夫妻生活一直没恢复。当然也因为老向人在外地，这是很好的借口。

其实艾茉忙了一天，并不是太想那件事，可女人就是这么奇怪，大概大多数在性爱方面都有这种思想吧，就是"我喜欢你喜欢我，我需要你需要我"，如果有一天，你忽然不需要我了，我会感到恐慌。

她转过头看了看老向，心里有很多疑问，老向却漫不经心地打个呵欠，背过身去，说：“最近工地上事多，好累！”

艾茉心里一紧，她在书里看过，当一个男人说他“最近比较累”或“压力很大”时，潜台词就是“其实我已经没那么爱你了”，这是冷暴力的第一阶段。

这个发现让她有些难过，又无从质问。她突然很烦躁，生气地说：“明天你在家带孩子，我们要过Woman time。”

老向嘲讽般笑了一下：“什么Woman time？最烦你们这种文艺兮兮的小资情调了，放风就放风呗，还女人时光。”

“是啊，我是犯人，给放放风吧！行不行吧？”艾茉没好气地说。

“行行行。”

翌日，三个女人在万达广场见面。已进行了几次的女人时光，变成了倒苦水大会。

经历了出轨事件后，周小荻对自己的伤疤也不那么羞于启齿了，并且变得善于自揭和自黑。那件事并没有真正过去，周小荻变得阴阳怪气，时不时抓到机会总要讽刺谢晖几句，有一次谢晖有饭局应酬到很晚，没有给周小荻打电话，她打过去时又恰好关机，回家后谢晖的解释是没电了。以前有应酬晚归或手机没电，这些理由周小荻都信，可现在这些理由已经统统不被她信任了。周小荻马上说，是和小狐狸精约会吧？不料谢晖猝不及防地提高了声音说：“你还有完没完？”后来他又低声下气地拿出手机给她看，确实是没电了。周小荻感觉到，在经历了最初的卑躬屈膝当牛做马之后，谢晖正在一步步地收复精神失地，重建一家之主的威望，可他是一个有了污点的人，在周小荻没有彻底原谅他之前，他还威风不起来。

诉苦诉到这里，姜黎黎直言：“这你就不对了，既然决定原谅他好好过日子，就要向前看，男人最烦女人揭伤疤翻旧账了。”

周小荻觉得此言甚是，信服地点点头。

话虽如此，可那道沟横在她心里，始终跨不过。那件事后婆婆也来找过她，放低姿态向亲家表达歉意，并保证儿子会迷途知返，然后和周小荻有过一次母女般推心置腹的谈心。她狠狠地怒骂了自己的儿子，温柔地安抚了儿媳，然后切入正题。她说，男人的心理成熟年龄比较晚，虽然谢晖已经有了一个孩子，可自己依然没长大，玩心太重，没有责任心。见婆婆把儿子说得这么一无是处，周小荻几乎热泪盈眶引为知己了，可算大义灭亲说了句人话啊！可婆婆又说，不如你们再生一个孩子，多一口人，多一份负担，多一份责任，他的心也就慢慢被这个家填满了，哪还有心思想别的，你说是不是？这叫被迫成长你懂不懂？婆婆以前就是周小荻那所学校的政教处主任，讲起道理一套一套的，周小荻初听还觉得这是什么狗屁逻辑，到最后竟然觉得很有道理。可为此生二胎的理由又似乎太过单薄，周小荻说出了自己的担忧，说带一个孩子就已经够累了。婆婆忙满口承诺："这你不用管了，我和你爸爸想办法，带孩子也不用你操心，有我呢，我来帮你带，要不然我出保姆费请保姆也行，你只管生。当然，最好生个女孩，你不知道，我和他爸爸一辈子生了两个儿子，你们又都生了男孩，我做梦都想有个扎小辫的小孙女给我抱抱呢！你弟媳身体有病不能生了，生小孙女的光荣使命，就交给你了。"

婆婆说得很真诚，周小荻竟有些心动。可这个光荣使命，她完成起来有些困难，自那件事后，她和谢晖也一直没有恢复夫妻生活。在经过谢晖一段卑躬屈膝的赎罪后，她开始搭理他，当然只是不咸不淡地交谈几句，如果不小心在厨房或卫生间狭窄地带有了肢体接触，她会马上触电似的躲开，并露出厌恶的表情。谢晖也识趣儿得很，并没有要求或强迫周小荻履行妻子在床上的义务。只有那次他在Woman time 结束接周小荻回家后，两人心情大好，晚上谢晖才斗胆从被窝里伸过了手，他差点儿就成功了，可一触到周小荻烙铁一般僵硬的身体，忽然颓然翻倒。

周小荻对性生活和生二胎，本来都是可有可无的态度，可忽然又有了一件令她烦恼的事——谢晖在官场上竟然要高升了，他被提拔为科长。那个投资科总共也没几个人，谢晖上班熬了几年，一直是个副科长，正科长调走，这个肥缺竟落在了他的头上。谢晖回家后得意扬扬地吹嘘，这个科室前途和钱途都无量。周小荻却一点儿也高兴不起来，她感到莫名的恐慌，要不古人怎么也有"悔教夫婿觅封侯"的诗句。书上都说了，经济基础决定上层建筑，当然经济基础也决定家庭地位，谢晖在仕途和事业上发展得好，她觉得自己本就朝不保夕的地位更加岌岌可危了，于是再生个孩子也就势在必行。

"可是，我现在根本没办法和他，和他，那个。"

艾茉恨铁不成钢地骂她："你有病啊？你婆婆说生二胎你就生二胎？你有没有脑子？不要听别人给你什么承诺，她帮你带，她给你出钱，你什么都不用管，你现在还没体会吗？说到底，孩子是你的，到时候全是你的事，你好好想想你自己做好准备了吗？再说了，凭什么总是女人想着修复夫妻关系拴住男人啊？他当个小科长你就怕自己跟不上了，上次黎黎不是说吗，只要彼此相爱，你同样可以坦然拥抱王思聪。是吧黎黎？”

姜黎黎却一直无精打采，一脸落寞，忽然幽幽地说了句：“我告诉你，做爱这件事，并不取决于女人，要不然怎么有霸王硬上弓、强奸这种词呢？这件事克服不了，责任不在你，在于他。”

“什么意思？”周小荻一头雾水。

姜黎黎懒洋洋地用一种看破红尘的语调说：“意思是说，不是你不想，是他也不想，可是那件事，哪有男人不想的呢？他们面对妓女都可以呢，怎么就和自己老婆不行？只有一个答案，说明他爱上了别的女人，他心里装了别人。”

姜黎黎的话像一枚炸弹，把周小荻小心翼翼重建的自信心瞬间炸得粉碎，她脸色变得苍白，头痛欲裂，胸口突然憋闷得喘不过气来。

艾茉的心也一紧，眼里闪过一丝迷茫，玩味着姜黎黎的那句话——他和你不行，只有一个答案，说明他爱上了别的女人，他心里装了别人。

可艾茉不想认同这个结论，她像是为自己和老向找借口，又像是安慰周小荻，说：“你又危言耸听，男人嘛，在外面压力大，报纸上说，城市男人八成都有性功能障碍，大部分都是心理性的，克服克服就好了。”

周小荻仿佛抓住一根救命稻草一样附和道：“是啊是啊！谢晖也总喊他最近很累。”

安慰一个悲惨的人，最好的方法是把自己说得更惨一点儿，姜黎黎冷笑了一声：“你们别不信。好吧我告诉你，林清远，你们眼中的绝世好男人，自从我产后也一直障碍，对，就是不行了，我他妈的还傻兮兮地担心他工作压力太大身体太累了，整天给他煲汤，还带他寻医问药，最后你们猜怎么着？”

“怎么样？病好了？”那两人异口同声。

“有一天我竟然发现他坐在阁楼里，对着他前妻的照片流眼泪，那样子，比韩剧男主角还深情动人。大家都羡慕我住豪宅，有什么好羡慕啊！我才真是羡慕那个女人啊！她住在我老公的这里啊，永远住在这里啊！”姜黎黎用力戳戳自己胸口，一向大大咧咧的她，忽然哭起来：“人家都说男儿爱后妇，我当时也犹豫了很久才决定嫁给他，以为他会把我捧在手心当个宝，谁知道才多长时间啊，就对我不感兴趣了。呜！”

艾茉和周小荻傻了眼，又反过来安慰姜黎黎。

“你想太多了吧！说不定是找东西恰好翻到照片了。”周小荻说。

姜黎黎哭喊：“然后被沙子迷了眼流眼泪了对吧？你别安慰我了。”

“他再怎么样，你也犯不着和死人较劲啊！”艾茉递给她一张纸巾。

姜黎黎擤擤鼻子，抽噎道：“这才更让我伤心啊！别人有个小三，还看得见摸得着能斗一斗，我们这人鬼情未了，我有什么办法啊，我和谁斗啊！”

哭到伤心处，姜黎黎建议去KTV唱歌。自从有了孩子，KTV仿佛已经是上个世纪的事了，现在，三个没有性生活的怨妇，暂时忘记了家里嗷嗷待哺的小崽子，决定靠歌声发泄一下对生活的不满了。

KTV的歌单里，竟然那么多陌生的歌曲，三个女人面面相觑。上一次来唱歌是什么时候？好像是三年前，姜黎黎结婚前最后一个单身夜，那时候大家生活都甜甜蜜蜜，唱的歌也都温暖欢快，姜黎黎唱《明天我要嫁给你》，艾茉唱《暖暖》，周小荻唱《知心爱人》，可现在变成了悲伤情歌争霸赛，大家争抢着嘶吼：“你身上有她的香水味，是我鼻子犯的罪……”“太委屈，还爱着你，你却把别人拥在怀里，不能再这样下去……”姜黎黎伤心也不忘风骚，叼着包间的玫瑰花唱起了《卡门》：“爱情，不过是一种普通的玩意儿，一点儿也不稀奇，男人，不过是一种消遣的东西，没什么了不起……”

酒入愁肠，大醉而归。

大醉而归的是姜黎黎和周小荻，艾茉还没失去理智，只抿了几口，回到家时间也不过七点钟，家里正在吃晚饭。老向闻到艾茉的酒味，只是淡淡地调侃：“你们放风安排的活动很丰富啊！你还得喂奶，能喝酒吗？”

“就红酒，喝了一小杯，她俩家里有事，不开心，我陪陪她们。”老向没说什么，一副万事提不起精神的样子。

快十点的时候，楼上的那对夫妻又吵起来。这一次不知怎的扯到了前妻。新媳妇很不忿：“她好你去找她啊，你们复婚啊！你祸害我干啥？骗子，大骗子！”

男人也不甘示弱：“她就是比你好，哪哪都比你好，我真是瞎了眼才找了你。”

“你可不就是瞎嘛！她又老又丑，你又穷又瞎，你俩绝配，离啥婚啊？咱俩离婚，马上离婚，我成全你。”

“离，明天就离，谁不离谁孙子。”

……

花生米大概是白天玩累了，睡得很沉。艾茉躺在床上听得胆战心惊。老向洗漱完上床来，散架一般瘫倒在侧。艾茉想起白天的事，又听着楼上的吵架声，心里很难过，她忽然从背后伸出手温柔地搭在他的腰间，问：“老公，你还爱我吗？”

这种情侣间和夫妻间常见的句式，在艾茉这里出现的频率很高，她经常会问“我和你妈同时掉河里”“你爱不爱我有多爱”这种在男人看来是废话的问题，当然自从生孩子后她精力有限已经很少问了。老向见惯不怪，很娴熟地回答：“爱。”

艾茉得到了满意的答复，顺势撒娇道：“爱我你就抱抱我。”

老向转过身将她抱到怀里，她不满足，又说：“爱我你就亲亲我。”她说的词是唱的那首歌。

老向又听话地亲亲她的额头，但并没有下一步的动作，反而聪明地转移了话题：“你还唱上了，接下来就该是‘爱我你就夸夸我’了，老婆大人你最美，最劳苦功高，贤良淑德，好了快睡吧！”

一盆冷水兜头泼下，艾茉翻一个身，脱离了他的怀抱，被子一裹，背过身去。楼上的战争停止了，传来打扫战场的声音，把桌椅搬回原位，把碎玻璃碎盘子扫起来，动静小了许多。可她偏偏在这时忽然又想起不久前楼上那男子骂前妻的那句狠话：“我睡你睡够了。”

老向看起来是很累，已经扯起了小鼾，她趴到他耳边，悄声地问：“你睡我睡够了吗？”

声音太小，老向以为是在梦里，翻了个身，“哼哼”了一下，又睡去了。

第四卷　天鹅肉

第二十八章　少年往事

花生米的高烧来得猝不及防，三十九度不退，全家人因送不送医院展开激烈辩论。

“都三十九度五了，再烧下去怎么行？马上去医院。”老向急躁的声音。

“送医院肯定挂水，她这么小，在头皮上扎针，你不心疼？”艾茉说。

“是啊！只是高烧，也没感冒，没有其他状况，能吃能玩，精神也好，先在家物理降温，观察观察再说吧？”婆婆和艾茉一样的观点。

少数服从多数，老向同意暂时在家观察，艾茉用温水擦拭给花生米降温，到了晚上，体温降了一点儿，一家人在焦虑中睡去，谁知早上醒来，体温骤然升高到四十度。老向坐不住了，坚持要送孩子去医院。

艾茉抱娃，老向开车，紧赶慢赶，到了医院一看，还是要排队。老向急得直骂娘：“这是看病呢还是来抢购打折鸡蛋啊！”

艾茉瞪他一眼：“还有心情开玩笑。”她开始打电话。

电话当然是打给周逸辰，很快接通，答案令人欢喜，他正在坐诊，于是毫无悬念地给艾茉开了一个后门。

一见艾茉，周逸辰眼睛忽地一亮，又一抬眼瞥见她身后跟的男人，似乎有点儿眼熟。

老向一脸恭敬和焦灼：“大夫，我女儿拜托你了。”

周逸辰方明白，眼前这位是艾茉的老公。他说：“你放心。”

做了各项检查和化验，他放下心来，对艾茉说：“不要担心，是幼儿急疹，也叫玫瑰疹，是良性疹子，宝宝这个月龄，是很容易发这个病，出一次终生不复发的。”

“要吃药吗？还是打针？”艾茉很害怕孩子打针受罪。

“不用，不需要做什么治疗，这个病就是烧退疹出或者疹出烧退，烧两三天，会突然退烧，烧退后宝宝的脸上、脖子或者前胸后背会出大片大片的红疹，不要害怕，一般也是三四天会自行消退的。”

“不吃药不打针，自己就好了？还是开点儿药吧！”老向不放心，有点儿怀疑这个医生的水平。

周逸辰无奈地笑笑：“很多家长和你一样，不开点儿药心里不踏实。要是别的患儿家长，我会开药以示安慰，我和艾茉是同学朋友，相信我，不用吃药，回家给孩子多喝水，物理降温，洗温水澡，就可以了。”

医生说得这么掏心掏肺，老向总算把心放到肚子里，心想认识个熟人朋友做医生还是很好的。

这时，他听到医生问：“伯母的腿恢复得怎么样了？”

老向意识到医生是在对自己说话，恍然大悟，原来母亲做手术时艾茉在医院找的熟人并不是姜黎黎介绍的，而是眼前这位仁兄啊！老向马上会意，热情地回答：“手术很成功，现在恢复得也不错，已经能走两步了，上次多亏了周大夫您，谢谢啊！我工作太忙，一直说好好感谢您，请您吃饭，择日不如撞日，您什么时候下班，我们一起吃个饭吧！”

老向说请吃饭是语出真诚，周逸辰回答：“不用客气了，只是小事一桩。我这里还在忙，下班没准点，吃饭就不必了。”

老向却坚持要约定时间请周逸辰吃饭，艾茉急得拉他：“以后再说吧！孩子还生着病，先回家吧！人家这里很忙的。”

周逸辰也极力推脱：“是啊！来日方长，再说艾茉上次已经请我吃过饭了。”

一说这话，老向噤声了，奇怪地笑笑，道谢告辞。

恰好周逸辰忽然被上面领导电话叫走，诊室的小护士就偷懒溜出来，老向截住她问：“你们周大夫，他结婚了没有？”

小护士很天真，实话实说，语气中又流露着崇拜：“没有啊！单身王老五哟！周大夫人超好，我们科的女孩都是他的粉丝。”

回家后，按照医生嘱咐的护理方法护理，又过了一天，花生米的烧果然退了，烧退疹出，两天后，红疹褪去。

艾茉没日没夜地帮孩子物理降温，人快累得散架，倒在床上虚脱一般。老向见孩子病好，心里的一块石头落了地，也准备回去上班了。

老向躺在一侧，感叹道：“你那同学还不错，德艺双馨啊！”

“那当然，人家是医大硕士，还是医院的先进个人。”艾茉懒洋洋地说。

老向饶有兴趣：“哟，门儿清啊！”他忽然问，“他就是你那位男性朋友吧？”

艾茉忽然想起那日在门口听到向华昕嚼舌根说的话，可她只能装作不解，说：“什么？”

“大姐说有一次见你在餐厅和一位男性朋友吃饭，就是他吧？”

“是啊怎么了？人家托了同事，才给你妈安排了手术和床位，感谢人家嘛！”艾茉轻描淡写地说。

“你们是同学？”

“高中同学。”

“小伙儿很帅嘛！是同桌的你？还是我爱你和你无关的暗恋者？你俩有故事？以前怎么没听你说起过？”老向还是吃醋了，句句话夹枪带棒。

艾茉故作轻松：“他帅？那时候整天低个头，头发遮住半边脸，像个闷葫芦，在最后一排坐了半学期，也不知道他叫什么。”她几句话撇清了关系。

老向又来一句：“你俩真没故事？我看他看你的眼神可不一般。”

“瞎说什么啊？我那时候可是好学生，一心只读圣贤书，不像你，上学光谈恋爱了。”

“谁光谈恋爱了？我还掏过花园的鸟窝，砸过化学老师的玻璃，打过隔壁班的李大壮。”老向见矛头指向自己，打着哈哈转移了话题。

说和周逸辰没一点儿故事，那是假的。艾茉在黑暗中将目光投向窗外，仿佛沉溺于一片回忆之海。

她从小爱画画，当时准备考美院，父母给她报了一个美院退休老教师的辅导班，她在那里，碰到了同样来学画的周逸辰。在几十个学画的孩子里，他俩是同校同班，自然话多了起来，周逸辰去给小水桶接水，会帮她也接一桶，上完课洗颜料盘，顺手就帮她洗了。有一句话她没撒谎，那时周逸辰真的很不起眼，她在班里从未注意过他，来到辅导班才发现，原来他画画得特别好，尤其是素描人物，特别传神。

那时老师会安排学生们轮流到台上当模特，然后让底下的学生画，周逸辰总是能交出一份漂亮的作品。那一次，轮到艾茉当模特，大家都画完后，老师又让她去收齐，收到周逸辰时，他却犹犹豫豫地盖住不肯给她，她特别想看看他画的自己是什么样，于是心急和他去抢，最后只看到一张空空如也的白纸。整整一节课，他什么也没画。她很生气，发誓再也不理他。

所幸辅导班的课程很快结束了，随即参加了专业课考试，就开始文化课的题海战术迎接黑色六月，大家都很忙，她忙得没空搭理他，他也忙得没空解释什么。

那时流行写同学录，每天有人拿着一本精致的同学录过来请亲爱的同学留下几句箴言或祝福，后来有人偷懒把同学录交给第一排第一人开始写起，按顺序大家都心照不宣地往下传，关系不好的会自觉跳过，大部分人都会留下只言片语。

周逸辰的同学录传到艾茉手上时，她像对待其他普通关系的同学一样，假大空地写上“祝你前程似锦鹏程万里”。过了两天，她的同学录也传回来了，当时粗粗翻了一遍就放下了，高考过后暑假有一天，她翻起同学录，在某一页蓦然发现周逸辰的名字，他只写了一句——“一片痴心画不成”。艾茉当时僵住，她记得这是一句词，却不记得是哪个词人写的了，但她那一刻却非常清楚这句词的含义。她感到一丝惶恐，就像小时候不小心踩死了一只蚂蚁一般的惶恐，又感到一丝莫名其妙的失落，但这些情绪没有持续太久，因为她要上大学了，即将迎来新的人生。后来的人生，发生了不知多少比踩死一只蚂蚁要大要重要的事情，那件关于“一片痴心画不成”的小事，很快被她忘记了，那本同学录也不知塞在家里的哪个角落了。

这便是她和周逸辰的故事，不曲折，不精彩，没有人会愿意听。

第二十九章　乐乐告密

周逸辰倒是很愿意讲那些过去的事情。他兴致盎然地回忆着："你那时总扎一个马尾，上课总是背挺得很直，脖子很长，像天鹅一样。"

艾茉不好意思地笑了："不是鸭子就好！"

一张铺格子布的木质方桌，几个口味清淡的菜肴，一家格调清新的本帮菜馆，两人对坐。这一次，是艾茉主动约了他。周逸辰妙手回春，治好了花生米的病，她又欠他人情了，二是她又有事请他帮忙——兜兜的小丁丁竟患了疝气，要做一个小手术，说是小手术，毕竟关乎命根子，周小荻谁也不放心，想找一个信任的医生操刀，听说艾茉有认识的好的儿科大夫，就求了她帮忙。

艾茉一开口，周逸辰马上答应，他巴不得艾茉每个月都请他帮忙。

"我每周二三四会安排手术，给他安排到周二吧！"

"好啊，没问题。"

有熟人就是好办事。

事情办完了，饭还没吃完，两人就有一搭没一搭地聊天。

周逸辰说："你看上去还是精神状态不佳，休息不好的样子。"

"老了啊！等你有了孩子你就知道，带孩子是一项特别考验体能的力气活儿，没一副好身板根本熬不住。"

他忽然有些寂寥清苦地笑了笑："孩子？我结婚生孩子，还不知道猴年马月呢！说不定就孤独一生了。"

"怎么会呢！你这么优秀，肯定会有合适你的优秀女孩出现。"她安慰他。

他自嘲："我都不抱希望了，相亲都有一百次了，也没遇到一个合适的。"

“相亲？”提起相亲这个词，艾茉觉得有些老土，她惊讶地问：“你也相亲？”

在她看来，像周逸辰这样资质的男子还迟迟没有结婚，只是没时间恋爱和缘分未到而已，相亲总让人觉得是穷途末路的下下策。

“是啊！每周被父母逼着，和形形色色的女孩相亲。”他无奈地说。

“其实我觉得吧，相亲多了，就像我们女人逛淘宝，看得多了，比较多了，总会淘到宝。”艾茉用自己所理解的相亲观点来安慰他。

不过强大的人根本不需要安慰，周逸辰自嘲道：“没错，相亲多了，虽然没有找到情投意合的另一半，但还是很有收获的，至少我知道了几款新车的型号和价格，懂得了一些房地产的知识，给自己买了两份保险，家里多了一些安利的产品，最重要的是，认识了几个搞销售的朋友。呵呵！”

艾茉第一次知道周逸辰原来是这样幽默的男人，于是应景地笑了笑，安慰他：“别这么悲观啦！总会遇到合适的。对了，改天我介绍我妹妹艾莉给你认识，她刚大学毕业，单身。”

周逸辰一愣，尴尬地笑了一下。

吃完饭她准备付钱买单的时候，他很不悦，两个人争抢了一番，最后还是周逸辰赢了。赢虽赢了，他依然不悦，出门的时候说：“我相亲的时候有几个女孩，约会吃饭喝茶都是对方主动买单，可后来我再约却推辞，我很挫败，心想她们抢着付钱，难道不是因为喜欢我吗？我百思不得其解，跑去问吴学敏，你猜他怎么说？”

“怎么说？”

“他说你个木头，难怪你单身到现在。在男女关系里，男方主动付钱，除了慷慨和风度，还有一个原因是可能想发生进一步的关系，而女方主动付钱，却是想撇清关系。”

他话里有话，是在对艾茉刚才抢着买单的行为提出抗议，艾茉迟钝，几秒钟后才反应过来，忙解释：“没有没有，我纯粹是因为想要对你表示感谢啊！再说，咱们又不是相亲，这个观点不通。”

“情同此理。”

艾茉被打败了，说：“好吧，下次我不抢着买单了。”

出了餐厅各自去取车，过了马路，旁边一所小学正在放学，小男生们在路上打打闹闹，艾茉在这群打打闹闹的孩子里发现了乐乐。一向横行霸道的乐乐，被几个男生追着跑，然后被按倒在地，其中一个小胖子还骑在了他身上。艾茉连忙紧走几步，大声呵斥那几个熊孩子，并动手去拉。谁知现在的熊孩子根本不怕大人，尤其是像艾茉这样柔弱的年轻女人，骑在乐乐身上的男孩理直气壮：“他偷了我的画片，还给我。”周逸辰这时也跟了上来，见状，只是作势挥了挥拳头，大喝了一声：“你们老师来了。”那几个孩子马上作鸟兽散逃开了。

乐乐迅速拍拍土站起来，叫了声：“舅妈！还好你来了。”然后又有礼貌地冲周逸辰说了声：“谢谢叔叔。”

周逸辰笑了：“这是你外甥啊？真可爱。”

艾茉在家虽然烦乐乐，但在外面见他被人欺负还是有点儿心疼，没好气地指责：“可爱什么啊，你个混世魔王还被别人追打，干什么坏事了？”

“就是借他画片欣赏一下，明天还他就是了。”小子满不在乎地说。

“你妈呢？没来接你放学吗？”她知道往常每次这个时间，向华昕都会提前半小时出门去接乐乐。

“不知道。”

艾茉和周逸辰在路边道别，把乐乐塞进了自己车里。

一坐上车，这小祖宗就喊要吃肯德基，艾茉不肯买，拒绝道：“少吃那些垃圾食品，家里的饭营养又卫生啊！回家吃饭。”

乐乐嘟起嘴，威胁道：“你不给我买，我就把你的秘密告诉舅舅。”

艾茉气笑了：“我有什么秘密？”

“你和刚才那个叔叔啊！你们关系不一般，他肯定是你的情人。”

艾茉脸色一窘，哑然失笑，伸手在乐乐后脑勺拍了一下：“你个臭小子，小脑袋都想些什么乱七八糟的，好吧小奸细，快去告密吧！我不怕你。”

乐乐见这一招不灵，又计上心来，说：“那我告诉你一件关于舅舅的秘密，你肯定想听。”

艾茉转头狐疑地看看乐乐，乐乐赶紧讲条件：“给我买肯德基。”

艾茉犹豫了一下，无奈地撇撇嘴。

肯德基全家桶抱在怀里，交易进行。乐乐把他看到的那点儿事对艾茉和盘托出。他上次去同学敦敦家玩，回来时经过那个小区门口的一家咖啡馆，看到一个女人正在咖啡馆门口和舅舅拉拉扯扯，那女人不知怎么了，一边哭一边往舅舅怀里扑。

“那女的什么样？你认识吗？”

“就是以前那个舅妈。”

艾茉心里咯噔一下，电视剧里，前女友、前男友是一个必备选项，时不时总要出来蹦跶一下。她没想到，这个最缠裹的问题她也碰上了。

“你舅舅怎样？对她怎样？”她故作镇定，可声音已经颤抖了。

“舅舅不想理她，还推她。”

不知这句是真是假，反正让艾茉心里舒坦了一些，她又不甘心接着问：“是你舅舅让你帮他保守秘密的？”

“没有，他没看到我。你们大人的事，我也懒得管，要不是为了集齐四个猫小奇送给我的女神，我今天也不会这样节操碎地。”

艾茉笑了，心乱如麻，却假装满不在乎，随口问道：“女神？什么女神？”

“就是我们班的班花谢雨洁，下礼拜她过生日，我想对她表白，让她做我女朋友。”乐乐一脸认真。

如果没记错的话，乐乐应该是九岁还是十岁，上三年级吧！这满脑子想的都什么啊？艾茉一脸惊愕，问：“表白？你才几岁？”

小精怪一脸老成，说：“爱情不问国界，爱情不分年龄。”

艾茉只剩无奈地笑了，逗他：“你觉得她会同意吗？”

“估计没戏吧！上次班长表白她都没答应。敦敦说我是癞蛤蟆想吃天鹅肉。试试呗！”乐乐一边抓着鸡块大嚼大咽，一边认真地回答艾茉的问题。

“嗯！我同意敦敦的观点。”

回到家，向华昕不在，花生米睡着，婆婆在一旁守着。

打开微信，盯着老向的头像，她很想和老向打个招呼说点儿什么，手指犹豫了很久，最终还是放弃了。她疲倦地垂下头，忽然发现手机上落了一滴水，她发现自己哭了。

第三十章　各怀心事

兜兜的疝气手术很成功，不到一个星期，就下床活蹦乱跳满地跑了。

周小荻约了饭局感谢周逸辰，姐儿仨借此机会也全当过她们的女人时光了。

姜黎黎也来了，居然容光焕发，做了新发型，大波卷，红唇妆，穿一件红裙子，火烧云一样。她是挽着小佟的胳膊进来的。小佟最初有些尴尬，拘谨地叫："艾姐，小荻姐，你们好！"过了一会儿就释然了，泰然自若地为姜黎黎夹菜，还和她肆无忌惮地开起了情人间的小玩笑。

倒是周逸辰有些尴尬，只是埋头吃饭，喝茶，周小荻敬酒也不喝，说下午还有手术。

姜黎黎是自来熟，自从知道周医生和艾茉是同学，说话也随便了，听说周逸辰还没结婚，大呼可惜，马上好为媒婆地做媒，拿出手机里储藏的美女资源，让周逸辰挑选。他很尴尬，应付地扫一眼，直摇头。

"这你都看不上，真正的白富美啊！这位是总裁的千金哟！那这位呢？"

周逸辰无奈地微笑，头大。

姜黎黎终于收起手机，总结发言："没错，你这种对待恋爱和婚姻的态度是对的，谨慎点儿，慢慢挑，别着急！"这前半句听起来还像人话，后面接着补充："我告诉你们哦，这婚姻幸福啊，有两大要素，知道是什么吗？"她卖了个关子，提起了大家的胃口。

艾茉和周小荻都谦虚请教："什么啊快说！"

"这两大要素就是，婚前不能太快，婚后不能太快。"

周小荻一头雾水，艾茉也一知半解。

姜黎黎眉毛一挑，得意扬扬：“婚前啊，不要太着急发展得太快了，要睁大眼睛，慢慢了解，仔细甄别，去芜存菁，优胜劣汰。”

大家信服地点头，觉得言之有理。

“这婚后啊，那事儿不能太快，太快影响夫妻感情。”说着，还情意绵绵地瞅了小佟一眼。

受了刺激的姜黎黎越来越浑蛋，越来越口无遮拦了，这种话，姐妹三人私下说说就行，她没看到在座的还两个未婚男青年，况且周逸辰跟她也不熟。她简直要把艾茉的脸丢尽了。

周逸辰果然羞赧不堪地红了脸，又低头吃他面前的那盘菜。艾茉气愤地从桌底碰碰姜黎黎的腿，小声斥道：“瞎说什么啊！”

姜黎黎毫无愧意：“我说的句句大实话啊！”

艾茉恨铁不成钢地感叹：“难怪贾宝玉说这女人结了婚就变得混账起来。吃饭也堵不住你的嘴！”

姜黎黎却越发放肆地笑起来，调侃周逸辰：“我知道了，周医生这么挑剔，是因为心里有爱的人了吧？是不是上学那时候就暗恋我们茉茉，我们艾茉这么漂亮，是不是你们男生心目中的沈佳宜啊？”

这一次轮到艾茉脸红了，她气得就差打姜黎黎了，真是哪壶不开提哪壶。她只剩扶额无语了。

周逸辰见姜黎黎是个开朗的女子，便也玩笑道：“是啊！她就是那些年我一千米长跑总也追不上的沈佳宜。艾茉那时是团支书、语文和英语课代表，是天上飞的天鹅，我们这些人，只能望洋兴叹。”

姜黎黎笑得更欢了，周小荻也不识相地插嘴：“那不是望鹅兴叹吗？”又转头向艾茉，“天鹅姑娘，飞一个！”

艾茉只好自嘲：“什么天鹅，现在也是大胖鹅了！”

艾莉的电话适时打进来，她在电话里兴高采烈地告诉艾茉，她发了第一个月工资，正在逛街，给花生米买了玩具，现在正准备给送家去。

电话里一说，才知道艾莉逛完街就在这餐厅附近，艾茉索性让她过来。

周逸辰沉默不语，刚才那一番调侃，让他不由自主想起那些青春少年事。

是的，艾茉是他青春时光里的沈佳宜，是飞在空中总也不落地的白天鹅，那些酸涩的暗恋时光，他还曾为她写过不少婉转动人的情诗，有一首他现在还记得："你是我始终没有猜出的谜底，是期末考的最后一道大题，你是课本里没有教过的事，你是没带伞的那个午后忽然落的雨，雨中的我，美丽又狼藉。"他曾经想过和她一起考入美院，后来却还是因为专业课几分之差落榜，最后选择了读医。

这些年，他始终没有忘记她，那日第一次在医院遇到她，她惊慌失措狼狈不堪地在地上捡东西，抬头刹那，他发现她眼角有了细纹，脸色憔悴，变胖了，他却忽然在心里翻腾起一丝感动，他感动于上天待他不薄又让他遇到她，他感动于他终于有了爱她的权利——他爱的天鹅姑娘落了地，天使在人间，她的美，有了烟火气。虽然她已为人妇，那有什么关系，他只是爱她。

五分钟后艾莉到了，一进门就乖巧地问好："黎姐姐好，小荻姐姐好，姐姐们好！"

艾茉笑："还有两位哥哥。"

艾莉又向小佟和周逸辰问好，一见周逸辰，惊呼："吴彦祖！不对，侧面又有点儿像周渝民。"

周逸辰腼腆地笑笑。

每个已婚妇女都有当媒婆的潜质，艾茉适时推销起了周逸辰："逸辰哥哥可是白衣天使哦！你不是从小最崇拜医生吗？"

艾莉的思维很跳跃，一下子跑偏了："白衣天使？天使不是形容女性的吗？"

这一问把艾茉给问住了，一孕傻三年，她还没缓过来呢。

周逸辰好为人师："这你就不懂了吧！天使是上帝的使者，一般都是男性人形，被称为神的儿子。"

"哦，是这么回事？"艾莉顺势坐到了周逸辰身边热烈地探讨起来。

艾茉抽空悄悄问她："周医生人怎样？上次我说介绍一个青年才俊给你就是他，感觉如何？"

艾莉大惊。

艾茉又抽空悄悄问周逸辰："怎样？我说话算数吧，我说会给你介绍一个好女孩的。我妹妹不错吧！"

周逸辰大囧。

艾莉见势不妙，温馨的姐妹聚会怎么变成了相亲？于是找了个借口匆匆告辞了。

周逸辰称下午还有手术，也走了。

周逸辰一走，姜黎黎马上把小佟支走了。包厢里只剩下这姐妹三人。艾茉将疑问的目光指向姜黎黎："小佟是怎么回事？"

姜黎黎一脸无所谓："别这么大惊小怪。我们和好了，又在一起了。"

"你……"艾茉找不出词来骂她。

"你也别光骂我。他林清远没什么亏的。他精神出轨，我肉体出轨，这很公平。有句俗话说得好啊，男人二十奔腾，三十微软，四十松下，五十联想。凭什么啊，他林清远还没到五十呢，就让我联想？我就要奔腾，二十岁的奔腾。"

艾茉骂道："还奔腾，我看你就是折腾。"

"反正我想开了，人生苦短，该吃吃，该睡睡，舒服一秒是一秒，不开心，就要抱抱，要不来抱抱，就要包包，总要图一样吧！你们最近怎样？"

艾茉暗想，还能怎样？老向人在外地，甭管是奔腾还是微软，离得太远也只能是联想，还都是一些不好的联想，老向从前几乎每天晚上会打个电话，时不时还会讲个黄段子过过嘴瘾；现在，电话还有，黄段子没了，他似乎也意识到自己那方面的问题，故意避开那个话题，那个话题现在是个雷区。

周小荻也并没有比这两位好多少，自从上次姜黎黎说了"他不行只是因为他心里装着别人"这话后，她一直很不安。她对那件事的态度，从恶心厌恶抗拒变成了竟隐隐有些期待，可谢晖每次都让这种期待落空。他升职后，应酬陡然多起来，常常是喝酒到十二点才回家，那时周小荻早已睡了。

关于那个小三，谢晖说早断了，周小荻一直半信半疑，时不时就在家里阴阳怪气地揭揭伤疤。

前一阵子，谢晖单位有同事给孩子过满月，那人的老婆正好也是周小荻原来那所学校的老师，两家关系不错，谢晖带周小荻和兜兜全家出席。在酒宴上，她见到了王雨欣。她和单位几个单身男女青年坐旁边一桌，一直有说有笑，周小荻一直偷眼观察，那几个男青年对王雨欣很殷勤，她知道，在一个女性职员较少的单位，像王雨欣这样年轻貌美的女孩，就是广大单身男青年的精神食粮，性幻想对象，吃香得很，可她为什么来勾引谢晖这个已婚男人？周小获对着他们单位的男职工环视一圈后得出了结论，不是自卖自夸，客观地来说，谢晖无论是从相貌、气质来说，都属上乘，不找他找谁？

认识到自家男人的价值后，周小获就更有了那种小狗撒尿占据领地的想法。酒宴结束后，王雨欣跟着几个对她大献殷勤的其中一个男青年走了，周小获替谢晖感到一丝不值。瞧！人家已经迅速找好下家了，你也早该放下收心了吧！

那天回去后她给家里做了个大扫除，然后洗了个澡，给屋子点上了香薰灯，穿上一条性感睡裙，一直等待谢晖。他白天送自己和孩子回家后说还有一个应酬又出去了，她一直等，一直等，最后迷迷糊糊地睡着了，醒来时发现天已亮了，他彻夜未归。

当他清晨提着早餐出现在床头时，她发现自己还穿着那件羞耻的性感睡裙，她一边气冲冲地下床去换，一边怒不可遏地骂他，狗改不了吃屎，是不是又会情人去了？谢晖的答案当然是否定的，高中的几个哥们儿听说他升官，纷纷来贺，约了个局，大家玩得太高兴，晚了就在洗浴中心睡了，当然，是很单纯的睡觉。他怕周小获不信，还拿出电话对她说，不信你打电话给大头问问是不是真的，她摆手一推，冷笑，别演戏了，郭冬临那小品都演过了，你们男人做坏事互相打掩护谁不知道啊！敢做不敢当，你还是不是男人啊？

她气冲冲地跑到衣帽间换衣服的时候，谢晖跟着推门进来，像一阵风一样将她裹进怀里，压到了窗台上，恶狠狠地说："今天让你看看我是不是男人！"他们中断了近两个月的性生活，就在这个清晨猝不及防地恢复了。在不足八平米的衣帽间，在可看得清楼下晨练老人的窗台上，在孩子随时会醒来的担忧中，那场性爱惊险而刺激，短暂但激烈，她浑身颤抖，几乎要尖叫起来。当她含羞带怯地把经过讲完，姜黎黎发出一声惊叹："哇！衣帽间，这地方不错，你家谢晖挺有创意嘛！有机会我们也试试。"

艾茉担忧地望着她，不知她说的"我们"，是指她和林清远，还是和小佟。

周小获却一点儿也不开心，她总觉得谢晖是在向她证明什么，就像网上人们常说的缺什么就炫什么一样。信任就是这样，像一个花瓶，打破了，就很难再修好，即使修好了，要么裂痕触目，要么接缝割手。她说出自己的担忧。

"你知足吧！别整天疑神疑鬼的了，我倒想让林清远这么简单粗暴地向我证明一下呢！”姜黎黎笑嘻嘻地伸手掐了掐周小荻的脸蛋，“难怪今天这么水灵了。花浇了水，就是不一样了啊！”

艾茉也急需老向向她证明点儿什么。她太郁闷了，三个女人中，姜黎黎有小情人抚慰，周小荻和谢晖重修旧好，现在就剩下她一个人晚上在枕头上无尽地流浪了。

姜黎黎有一句话她是无比赞同的，她说对女人来说，钱是维修费，性是营养品，没有这两样，女人会老得很快。艾茉掏出小镜子照了照自己，想起了那句歌词：“时间是怎样划过了我皮肤，只有我自己最清楚。”

第三十一章　小儿断奶

晚上回到家里，艾茉心情郁闷，正想给老向打个电话寻点儿安慰，艾莉的电话进来了，让人意外的是，她竟然向艾茉索要周逸辰的手机号码。

艾茉喜出望外："怎么样？觉得周医生人还不错吧！交往试试。"

"想什么呢？我是想找他做个采访。我上班这么久了，还只是让我做一些美食啊百姓家长里短的小专题，忒没意思了。我今天见到周医生，忽然想到，现在医患矛盾这么紧张，这是个热点，我想做一期这样的采访，好让我这职场新人找到自己的位置。"

"那很好啊！你好好采访，他一定会很配合的。只是你真的对周医生没有一点儿意思吗？他可是医院那些女孩眼里的男神呢！"

"姐，你有病吗？我有药。别乱点鸳鸯谱了好嘛！他喜欢的是你，你又在这儿给我瞎介绍什么啊！"

"瞎说。我们只是同学。"

"也没说你们不是同学啊！好了不说了我还有个稿子要写，拜了！"艾莉匆匆挂断了电话。

看到艾莉一股职场女性雷厉风行的劲头，艾茉隐隐有些失落，曾几何时，自己也是那样富有才华独当一面的职场白领，而现在，已彻底沦为一个整日围着孩子和老公转的家庭妇女，要说她们比一般家庭妇女高雅一点儿，还有每周一次的女人时光，艾茉心底就笑了，什么女人时光，完全是为想偷懒找的借口、自欺欺人的说法，三个女人聚在一起，说的话题还是孩子和老公，做了全职妈妈的女人，家庭就是如来佛祖的手掌心，任你怎样翻腾也逃不出。女人就像被压在了五行山下的孙猴子，任你有七十二变又能奈何？她也曾是一个有理想的女孩，梦想成为像几米、寂地那样的漫画家，她为这个理想努力过，毕业后也做了和专业相近的工作，工作闲暇之余，也从未放下画笔，无数个夜晚，当别人在泡吧、上网、消夜、看肥皂剧的时候，她在画板前，一笔一笔，勾画着自己的梦。而现在，她的梦呢？

艾茉来到向华昕和乐乐住的那间房子，敲了敲门。

乐乐正在床上玩拼图，叫妈妈也来帮忙，向华昕则在那台台式电脑上玩扑克牌，不耐烦地说："自己玩，别烦我。进来吧！"

艾茉推门进来，说："我来拿点儿东西。"

这间屋以前是家里的书房，艾茉用时就是画室，老向用时就是画图工作室，后来大姐母子俩搬来，艾茉就把自己的私物打包收起，堆在了和房间连接的阳台上。她在阳台上找了很久，才在几个纸箱下面找到了自己的东西，旧画稿，各色画笔，已经干涸的颜料，落满灰尘的调色板。她叹口气，收拾了几样东西往外走。

经过床前的时候，乐乐好奇地问："舅妈，你拿的什么东西？"

"画板和纸，我想画点儿东西。"

"我也想学画画，你教我行吗？"乐乐说。

"好啊！有时间我教你。"

乐乐嘟囔了一句："你们大人最虚伪了，有时间一起喝茶，有时间一起吃饭，有时间我去看你，其实就是再见再见的意思。好吧，再见，晚安！"

向华昕叹道："这孩子！真是越大越难管了，整天小脑袋不知都想些什么！快睡吧！别玩了。"

自从向华昕捅了篓子，最后又安然无恙地度过了经济危机，她对艾茉的态度好了许多。她捅的窟窿欠的债，最后是母亲李敏英拿了私房钱给她还上的，当然，她并不知道，这私房钱其实是她嘴硬心软的弟弟悄悄给的。

艾茉和她对视一笑，回了自己房间，刚铺好画纸调好颜料，花生米忽然又醒了。

吃母乳的宝宝，妈妈的乳汁是漫漫长夜的安抚剂，醒来不吃一口难以再入睡。艾茉只好放下画笔擦擦手，抱她起来喂奶。喂完奶，艾茉的瞌睡虫也来了，她最近一直在考虑，七个月了，是不是该给花生米断奶了？她的奶水并不足，中间追了两次，勉强够吃，现在奶水质量已直线下降，可花生米的胃口却越来越大，这真是一个不可调和的矛盾啊！但私心里她更愿意给花生米哺乳的时间长点儿，与其说宝宝依恋她，不如说她依恋宝宝，她是多么依恋那种哺乳时花生米躺在她怀抱里乖乖的样子啊！这种互相依恋的时光，过去了，以后就不会再有了。

关于断奶，婆婆和她有不同看法。婆婆说，六个月以后，奶水就没什么营养了，女人产后来了月经，奶水的产量和质量就直线下降，早断早好。

艾茉是产后第四个月就来了月经，她上网查了，说来月经后奶水没营养完全没有科学根据，婆婆倒是说对了一点，奶水的产量确实越来越少。是追奶，还是断奶，还是添加配方奶粉？都是一个令人头疼的问题。

等到过了两天老向回来，把奶水的问题和他一说，老向也和婆婆一样的观点，六个月母乳没营养了怎么行？断奶，喝奶粉。试了一天，白天尚好，吃吃辅食糊弄过去，到了晚上，不给宝宝吃乳头，摇着脑袋哇哇大哭，哭得眼泪哗哗的，艾茉一下子心软了，掀开衣服准备给孩子吃一口，婆婆拄着拐杖站门口："断奶就要狠下心，心硬一点儿，以前给华晟断奶，让我婆婆和他到他大姑家住了一个星期呢！半夜起来给把尿，小子想吃奶，脾气大得把床头的暖水瓶都给踢翻了。"

向华昕也凑过来："可不是嘛，现在我大姑见了华晟还总说，晟啊，啥时候赔姑姑一个暖水瓶啊！"

老爸的断奶囧事并不会逗乐花生米，她依然哇哇哭个不停。艾茉面露难色，向老向投去求助的目光。老向也没主意了。

艾茉无奈，又抱着花生米拍，可孩子还是不停地往胸口蹭，婆婆支招儿："给奶头上抹点儿辣椒油，抹点儿牙膏，看她还吃？"

花生米好像能听懂似的，忽然提高分贝大哭。老向崩溃，发话："这都什么损招啊？抹什么辣椒，行了，别让她哭了，给喂一口奶吧！断奶的事以后再说吧！"

老向这边发话，那边艾茉早已给宝宝吃上了。折腾了一天的断奶，终于以失败告终。

两人累得瘫倒在床，当然，他们的夫妻生活依然没有恢复，老向看起来也没有恢复的意思。想起乐乐上次的告密，艾茉几乎按捺不住要质问了，可这边老向已经扯起了鼾。她望着身边熟睡的这父女俩，严重缺觉的她，竟然又失眠了。后半夜，她终于迷迷糊糊睡去，她梦到自己变成了一只天鹅，在沙漠的上空忍着饥渴和烈日不知疲倦地飞翔着，而老向则是那只公天鹅，它在她身边骚包地拍打着翅膀，谄媚地抖擞着羽毛，然后忽然飞至高处，离开了她，那高处有另一只姿态优雅的母天鹅，它们比翼齐飞，朝着云端、朝着绿洲飞去。“砰”一声，地上猎人的枪响了，孤独落单的母天鹅应声而落。

艾茉从梦中惊醒，发现自己其实是被乐乐玩具枪的声音吵醒的。

这天是个周末，婆婆年纪大觉少，早醒了正在屋里听豫剧，乐乐一个人在客厅扮演数角自娱自乐，而老向和向华昕都在睡懒觉。随着那一声枪响，花生米也醒了，艾茉打着哈欠，抱着孩子走出来，忍不住埋怨：“乐乐，说多少遍了，妹妹睡觉，你做什么事轻声点儿不行吗？”

“你不会用棉花把她耳朵塞住啊！”乐乐翻翻眼皮满不在乎地说。

婆婆李敏英耳不背，听到乐乐顶嘴，怕矛盾升级，忙在屋里喊起来：“乐乐，过来，把姥姥推出去。”

艾茉给花生米喂了奶，自己随便吃了点儿面包，一口面包还没咽下，只见花生米坐在婴儿床里扒着栏杆，满脸通红，然后放了一个豪气冲天的大屁，艾茉一看，花生米拉屎了。

“老向，帮我拿一个纸尿裤过来。”艾茉试图指使一下呼呼大睡的老向。花生米现在本事见长，翻身坐立不在话下，稍不留神，就有从栏杆里翻出来的危险，身边一刻也离不开人。

老向翻了个身，嘴里嘟囔了一句：“等会儿，再睡一会儿！”

艾茉无奈，只好一手抱着孩子，一手将要用的东西准备停当，开始给花生米擦屁股换裤裤，孩子扭手扭脚，现在没有一次肯好好平躺着乖乖让妈妈换尿布，艾茉折腾了好半天，急得满头大汗，好不容易才搞定。

她直起腰，后腰一阵酸楚，而花生米却心情大好，张开双臂要抱抱。看着孩子可爱的笑脸，她怎么忍心拒绝。

这时，老向才伸着懒腰醒过来，迷迷糊糊地问：“要拿什么？”

艾茉没好气，白他一眼，抱着孩子进了卫生间，本想给孩子擦擦脸，一低头看到盆里昨晚上给花生米洗澡后换下的脏衣服，她气不打一处来，昨晚老向信誓旦旦说自己随后就洗，可现在依然摆在这里。从卫生间出来，老向仍懒洋洋地在客厅接水喝，艾茉看到他，想起昨晚那个令人悲伤的梦，心里顿时很恼火，冲老向喊道：“向华晟，你患了绝症，世界医学无法攻克的难题，病入膏肓无可救药了。”

正在做抬腿练习的婆婆和看动画片的乐乐一听这话，都吃惊地转过头。老向也一头雾水，无辜地问：“绝症？我怎么了？”

“和艾滋病、白血病、运动神经元症、癌症并称为世界五大绝症的——”

还不待艾茉说完，婆婆不悦地插嘴打断她：“胡说啥呢？哪有当老婆的咒自己老公得绝症的？”

艾茉没接话茬儿，把自己的话说完：“拖延症！”

老向倒觉得好笑，反击：“五大绝症之一是拖延症？我一直以为第五大绝症是你们剁手族的淘宝上瘾症呢！”

艾茉可不是和他玩笑，脸一沉：“少废话，赶紧去洗衣服，做早饭。”

老向见势不妙，才进了厨房。

吃完早饭，向华昕才出来，瞥了一眼早餐，说自己头疼，没胃口，又回屋睡去了，过一会儿听到她在阳台上很大声地接电话，又过了一会儿，那屋安静下来，隔几秒，传来向华昕呜呜的哭声。老向和母亲进去询问，过了一会儿，姐弟俩不知为何又吵起来，婆婆和稀泥，一会儿骂骂儿子，一会儿指责女儿。

向华昕的事，不是艾茉不关心，而是艾茉已经懒得问了，肯定还是和钱有关。

家里乌烟瘴气，在家里看老向左右不顺眼，而每天的遛娃时间也到了，艾茉用背带兜好花生米，推开门问老向：“我带花生米去玩，你去不去？”

“我等会儿还有事，你去吧！注意安全。”老向说。

“好吧！中午我就不回来吃饭了。”

出了门，她并无处可去，就分别给姜黎黎和周小荻打了个电话，姜黎黎带孩子们去附近郊县的休闲山庄度假去了，而谢晖家某表弟结婚，谢晖偕同一家人赴婚宴去了，剩下她孤家寡人。她忽然想起，包包里还有上次艾莉送她的一张动物园年票，带花生米看看猴子岂不美哉！

进了动物园，艾茉才有些后悔，园子里简直人满为患，参观的游客里，不是自拍小情侣，就是乱窜熊孩子，她这才想起，原来是学校放暑假了。每一个动物馆前都在排队，她没心绪，绕开人群，终于找了一处幽静的地方——天鹅湖。天鹅湖碧波荡漾，凉风习习，几只白天鹅在优雅地游水，还有几只在跃跃欲飞，白色的倒影映在绿水中，红色的锦鲤从水波中争食，煞是好看，还有几只鸳鸯扑棱着翅膀，花生米见了，喜欢得不得了，咿咿呀呀地对着鸟儿叫。

艾茉望着水中的白天鹅，不由得想起昨晚的梦来。自从上次乐乐向她告密以后，她的睡眠质量又直线下降了，常常做一些乱七八糟的梦，醒来也记不住，但昨晚的梦却记忆犹新。天鹅象征着什么？这个梦有什么寓意？她不得而知。好久没去吴学敏医生的心理诊所了，也许只有在他那里才能寻到答案。

一对鸳鸯游过来，艾茉指着鸳鸯对花生米说："宝宝，快看，鸭鸭！"

花生米在背带里手舞足蹈，兴奋地喊着："鸭鸭，鸭鸭！"

孩子这个月龄十七斤重了，在怀里又不老实，艾茉觉得肩膀被背带勒得生疼，轻轻地耸了耸肩松快了一下。一抬头，忽然发现一张熟悉的俊脸正对着她微笑，竟然在这里遇到了周逸辰。

"好巧！你，休假？"她问。

"对。你一个人带孩子来玩？"

"是啊！"

"很累吧！我帮你抱抱吧！"他看到了她刚才揉肩的动作，主动提出要帮她抱孩子。

艾茉拒绝了："花生米现在越来越认生，会哭。"

周逸辰没有强求，叹口气，眼神温柔地望了望她，又移开，望着水中那一对鸳鸯，说："鸳鸯在中国是恩爱的代名词，被称作守情鸟。其实，鸳鸯并非人们所说的那样恩爱情深，生死与共。我刚才听饲养员说，鸳鸯在热恋期间的确是情深意长，形影不离的，但交配后，雌雄鸳鸯便分道扬镳，但是抚育幼鸟的重任全由雌鸳鸯承担，如果鸳鸯中的一只死了，另一只没过多久就会不甘寂寞另结新欢。"

他的话看似说鸳鸯，其实似有所指，艾茉听出了他话外之音，被搅得心情更沮丧了。他却不依不饶，继续发表长篇大论："人类经过了几百万年的进化，可身上的动物属性并没有摒弃，尤其是有些男人。"

这话说得和网上那位叫什么陆琪的妇女之友有的一拼，可瞬间让无数生活在水深火热中的妇女引为知己，一诉衷肠，如果对面的人是姜黎黎或周小荻，艾茉此刻一定迫不及待地想要坐下来和她们一起批判一下男人的动物属性了。可眼前的人是周逸辰，他爱慕着她，却无意间发掘了她的痛苦，掀开了她的伤疤，她若此刻流露脆弱，大倒苦水，那简直是要命的事。作为一个已婚妇女，虽然她对爱人有诸多埋怨，但她的心里有个杠杆，那就是，不要对异性诉苦，否则他会以为你想从他这里得到什么，陆琪会给你一段抚慰心灵的鸡汤，而周逸辰呢，或许在心底暗讽她没眼光之后，会给她一个深情的拥抱，可那，是她想要的吗？

第三十二章　狭路相逢

无论是心灵鸡汤，还是深情拥抱，回到现实中都无济于事，困难熬一熬，总会过去的，可尊严打碎了，就再难黏合了。

一对天鹅翩翩展翅，周逸辰接着说：“动物园里最痴情的，其实是天鹅，它们总是出双入对，当它们的另一半去世，剩下的那个会郁郁寡欢，有的绝食殉情，有的撞墙自尽，甚至有的天鹅会飞到高处，突然快速冲向湖水之中，跳水而死，非常惨烈，也非常感人。”

艾茉故作惊奇，笑道：“真的吗？没想到你这么知识渊博，我可真是对你刮目相看了，今天学到这么多关于动物的知识。”她装疯卖傻的本领见长。

周逸辰有些失望地摇头笑了笑，略带幽怨地说：“你呀，还和从前一样。”

“怎么可能？从前我二八年华，如今我三十而立，怎么能一样？”

“不，你装聋作哑、装疯卖傻的本领还是和以前一模一样。”

一向温文尔雅的他忽然说出这样近乎无礼的话来，这种直白把她吓了一跳，她一怔，不知如何应对。他忽然转脸定定地盯住她，认真地甚至带些恼怒地说：“为什么总是这样拒我于千里之外？我喜欢你，从高中时就喜欢你，后来我们分开，时间并没有冲淡一切，它只是印证和丈量了这份爱在我心里的位置，答案是肯定的，看到你，我依然觉得你还是昨天的那个高傲的高中女生，依然那样想靠近你，可是你……为什么？我并不奢求得到等同的爱，我知道你结婚了，即使并不是那么幸福，可我并不想做那个破坏它的人，我只是希望能给你一份像朋友一样的关爱，哪怕是你心情苦闷时和我聊聊天，哪怕就像此刻，你很累的时候，我帮你抱抱孩子。”

在人来人往的观光重地，对着一个怀抱婴儿袋鼠一般的妇女，说这样一堆类似表白的情意绵绵的话，周逸辰还真是一朵奇葩，气氛无比尴尬怪异，艾茉却有能力化腐朽为神奇，化尴尬为无趣，她依然避重就轻道："不是我不让你帮我抱她，她现在真的很认生，你是儿科医生你是知道的，会哭得很厉害。"

周逸辰沮丧地看着她，有一种鸡同鸭讲的无力感。

这时，一个熊孩子手拿着一把玩具宝剑忽然从远处追打着向这边冲过来，眼看就要撞上艾茉和花生米，周逸辰忽然大臂一揽，将她们裹到一边护到身后。他向韩剧里英雄救美的男主角一般，柔声问道："没事吧？"

艾茉惊魂未定，一抬眼，老向忽然出现在视线中，正一脸愠怒和醋意地看着她。

她有点儿懵了，顿时想起网上说的那种电视剧老套情节大盘点，老向作为男主角，此刻一定误会了什么，而她要做的就是追上去对他说："你听我解释。"

可还不等她解释，老向已发难。他尖酸地讽刺道："这不是周医生吗？谁说现在医患关系紧张，我看挺好嘛！你这是带孩子复诊吗？工作地点都搬到动物园了？"

老向一向厚道，尖酸刻薄起来，一般人也扛不住，周逸辰很尴尬，被如此奚落，脸上臊得慌，解释道："你可能误会了。"他说得底气不足，因为他心里很清楚，老向其实没有误会。

这时，艾莉不知从哪里冒出来，亲昵地一挽周逸辰的胳膊，笑嘻嘻地说："哟！姐夫也来逛动物园了，正好了，帮我把把关。周医生现在是我的男朋友，你觉得他人怎么样？"

这一次轮到老向懵了，他被问住了，也为自己刚才的无礼而汗颜，脸上讪讪的："呃，莉莉啊！你和周医生，呵呵，这样啊！"

艾茉一头雾水。今天动物园是什么福地，都聚到一起了？艾莉这个精怪，怎么会突然出现在这儿？她挽着周逸辰称男朋友？是给姐姐解围，不是真的吧？

老向老奸巨猾，马上笑脸相迎："周医生，见笑了。艾莉，有空带周医生去家里坐坐。"

这时花生米忽然哭起来，艾莉做个鬼脸逗逗孩子，回头冲老向说："好啦，我们要约会去咯！你的花生米哭了，快带她回家吧！”

艾莉挽着周逸辰走开了。

艾茉拉着脸：“走吧！还愣着干什么？她该睡午觉了。”

老向却面露难色，犹豫了一下说：“我，我还有点儿事，你先回吧！”

“有事？哦，对了，你一个人跑动物园来干什么？”

这时，老向的身后忽然蹿出一个六七岁的小女孩，孩子长得颇为清秀，一双无辜大眼扑闪着，拉了拉老向的胳膊，撒娇道：“看完猴子，等会儿带我去吃比萨好不好？”

老向语气温和地答了句“好”，对着艾茉欲言又止，这时一个女人追过来，俯身替女孩擦擦汗，柔声说：“慢点儿跑，妈妈都追不上你了。”

什么情况？老向带一个女人和孩子逛动物园？他不陪自己老婆孩子，倒陪着这个女人和孩子逛动物园？他们是什么关系？私生女？小女孩看起来和老向好像真的有点儿像。艾茉心里“咯噔”一下，一时乱如麻团，疑窦丛生。她狐疑地问：“她们是谁？”

就在这时，她听到那个不算年轻也不算漂亮的女人小心翼翼地说了声：“向经理，你有事啊，那就不用陪我们了，我带朵朵去逛逛就行了。”

女人带着小女孩走开了。艾茉安抚着哭闹的花生米，一腔怒火朝动物园大门走去。自从乐乐告密以后，老向已经不被她信任了，心里已经假设定罪，只剩下宣判了。她走得很快，心里翻涌着阵阵悲凉，她本以为老向和前女友有点儿瓜葛，没想到又冒出一个陌生女人和一个半大孩子，这些剧情都是她始料未及的。

老向紧跟其后，忙不迭地解释：“你别瞎猜啊！那只是单位同事的妻子和孩子。”

“同事？同事的老婆和孩子需要你陪！你倒说说看，是哪个同事？是瘫了，还是瘸了，走不动道，还是归西了，需要你陪老婆孩子？”

艾茉的气话说得狠毒，老向的脸瞬间变得愤然，他指着艾茉的鼻子，嘴唇哆嗦着：“你，你别太过分了。”

“我怎么过分了？”艾茉气得胸口起伏。花生米被父母剑拔弩张的气势吓坏了，也不哭闹了，怔怔地睁大眼睛，忽然，伸出两只小手做了一个转动的动作。这是艾茉平日教她的“跳舞”动作，花生米只要听到音乐或者听妈妈说

“跳舞”，就会这样手舞足蹈起来，可现在，那个乖巧的动作仿佛是在说，爸爸妈妈别吵架，宝宝很乖，宝宝会跳舞。这么小的孩子，就学会了察言观色，取悦别人，艾茉心里一酸，泪唰地流下来。

老向依然怒不可遏，大声呵斥：“你说话积点儿口德。”

“我说话没积口德，那你呢？你都干了些什么？我忙得脚不沾地的时候，你在做什么？你和前女友在搂搂抱抱；我抱孩子肩酸背痛的时候，你竟然陪别的女人和孩子逛公园？”艾茉越说越气愤，心里的苦水恨不能一次倒个痛快，可就在这时，花生米终于被吓得大哭起来。

两人暂时休战，矛盾存档。

老向气急败坏，又很自责，低声说：“别吓坏了孩子，我送你们回家吧！”

艾茉抱紧孩子，怨怼地瞪了一眼，从唇里迸出冷冷的一句：“你要真的爱孩子，就不会做出那些事。”她紧走几步，迎面拦下一辆出租车，坐上车绝尘而去。

回到家时，向华昕和婆婆坐在客厅里看电视，乐乐拿一把水枪满客厅跑，艾茉一进门，就被水枪喷了一身水，刚刚睡着的花生米被凉水一激，又委屈地大哭起来。艾茉气不打一处来，破口大骂：“你给我老实点儿，没教养的东西。”

乐乐从没见过舅妈这副凶相，被唬住了，吐吐舌头跑开了。向华昕一听这话不乐意了，马上跳脚迎战：“你这话骂谁呢？谁没教养了？”

“说的就是他，养不教，就是父母的错，熊妈养出熊孩子。”

婆婆李敏英也不悦了：“干什么？我还没死呢！他做得不对你好好说他，怎么张口就骂，你当舅妈的，有你这么说话的吗？”

每个人都在指责艾茉，没有人在乎哇哇大哭的花生米。

艾茉又急又气，愤然喊道：“都给我闭嘴。”

婆婆和向华昕瞠目结舌，像见到外星人一样看着吃了枪药一般的艾茉。

艾茉沉默地抱着孩子走进卧室，一边给花生米换淋湿的衣服，一边流泪。小家伙仿佛能看懂了妈妈的喜怒哀乐，睁着黑漆漆的大眼睛，忽然伸出小手摸了摸妈妈的脸，艾茉想对孩子笑，却忍不住哭得更凶了。

孩子睡着了，艾茉头痛欲裂，索性和孩子一起睡，不去想那些烦心的事。

因为吵了架，吃晚饭的时候，没有人叫她。艾茉也没有心情和胃口吃饭，老向一直没有回来，也没有打电话给她，她的心情糟糕到极点，世界仿佛一片灰暗。可孩子一笑天地宽，艾茉和醒来的花生米玩了一会儿，暂时忘记了不快。她叫了肯德基外卖，吃的时候乐乐正在旁边玩纸飞机，眼睛一直朝这边偷瞄。婆婆给老向打电话，无人接听，再打，关机了。老向应酬到很晚司空见惯，她也没在意。

吃完自己的晚餐，艾茉一块也没给乐乐留，姜黎黎教给她的治理熊孩子大法，她是得了真传了。她抱着孩子进了屋，关上门，一边和花生米玩，一边给艾莉打电话。白天气昏了头，把艾莉的事给忘了。

“你今天什么情况？怎么和周逸辰跑动物园去了？”她开门见山。

“我是想做一期医患关系的专题，所以约了周医生采访，正好我有客户给的年票，就约他到动物园啦！这叫节约成本，咖啡钱都省了。”艾莉解释说。

“你今天，说你和周逸辰，你俩……”

“当然是假的啦！姐夫误会你，我帮你解围啊！不要问我的姓名，我叫红领巾。嘻嘻！”艾莉没感到姐姐的悲伤，依然没个正形，“怎么样？姐夫回去没说什么吧？”

艾茉叹口气，答非所问：“我在想，也许你上次说的是对的，婚姻，并不是生活的必需品，老公不是幼儿园发的糖果，必须每个人来一个。”

“姐，你怎么了？和姐夫吵架了？”艾莉很担心。

艾茉不想自己的事影响艾莉的心情，也不想她对未来的婚姻失去信心，于是转移话题：“没有，怎么会呢！你呢？采访还顺利吗？”

“当然了，周医生很配合，知无不言，我现在正赶稿呢！”

艾莉一副兴兴头头精神百倍的语气，艾茉徒生羡慕，这边花生米哭闹起来，她嘱咐艾莉早点儿休息，然后匆匆挂断了电话。

花生米玩累了，含着妈妈的乳头，甜甜蜜蜜地睡着了，小夜灯的灯光落在宝宝的脸上，显得那样恬静可爱，孩子的嘴角忽然浮现一个微笑，看得艾茉心都化了。

面对孩子，她自己在内心开始了一场反省、宽宥、退让、和解的斗争，最后迷迷糊糊地睡去了。

一夜乱梦。

午夜，一个骤然响起的电话惊醒艾茉的睡梦，打破了夜的宁静。她迷迷糊糊地接起，惺忪的睡眼在昏暗中忽地睁开了，她听到自己声音嘶哑地问：“你确定，是向华晟？”

第五卷　背心当裤衩

第三十三章　桃色风波

这大概是老向一生中最狼狈的时刻了。当他从宿醉中清醒过来，看到自己的尊容，恨不得找一个老鼠洞钻进去——上身赤裸，一件白色简易男背心以奇怪的姿势兜在下身。老向穿衣服中规中矩，夏天必须要在衬衫里穿这种白色打底汗衫，为此艾茉经常嘲笑他是七十岁老汉的品位，没想到，就是这简易的汗衫，在关键时刻，成为他慌乱之际最后一块遮羞布。

那个办案的警察调侃他："老哥，听说过吗？人生四大傻，你知道哪四傻吗？"

老向没心情，抬抬眼皮，没接茬儿。此刻是人为刀俎我为鱼肉，知道人家想羞辱他，就不往枪口上撞。

老向没反应一点儿也没影响那警察说笑话的热情，他依然自说自话道："这四大傻啊，就是背心当裤衩，生日做密码，下班就回家，稀里糊涂养个娃。哈，哈哈！"

艾茉在来的路上，眼泪横飞，心如刀绞。她没有开车，因为她的身体一直在发抖。

自从在床上和老向不和谐后，她在心里猜想了无数种老向出轨的方式，但从没想到过是这一种。老向不是和前女友，不是和白天那个什么同事的老婆，他选择了一种最简单不纠缠的方式。太脏了，她不能原谅他，她准备到地方冲上去给他一个响亮的巴掌，然后马上就去离婚，对，马上，刻不容缓。

可在到达派出所的前一秒钟，她却已经在心里和自己达成了和解。因为她在手机屏幕上看到了花生米的照片，那无邪的眼神，甜美的酒窝，仿佛真的装满了美酒，她看一眼，就醉了，再看一眼，心又要碎了，这么天真的一个可人儿，她怎么忍心让她从此没有了父亲，再说，老向的错误，也不是那么不可原谅，比起谢晖和女下属的情感纠葛，林清远对前妻的无尽思念，老向的事就简单纯粹得多，就好像是家里饭没吃饱，到外面的路边摊吃了一顿，况且，这个饭没吃饱，她也有不可推卸的责任。

到地方她却像泄了气的皮球，没有打他，也没有骂他，只是幽怨地看了老向一眼，便沉默不语。老向像窦娥一样喊冤："没有的事，你别听他们瞎说，我什么也没做，我喝高了，被人下套了。"

老向说的是实话。艾茉从动物园走后，他心烦意乱，就找了一哥们儿喝酒，喝到最后那哥们儿走了，剩下他一人继续喝闷酒，后来他记得自己回家躺在了自家床上，再后来警察就冲进来了，他的酒也醒了，才发现自己和一个女人赤身裸体躺在宾馆的床上。那女人长发遮着半边脸，是"小姐"被抓后的经典姿势，所以老向也没看清她到底长什么样子。但嫖没嫖老向心里很清楚，他自己的身体自己知道，就像火山的岩浆仍在内里蓄势待发，像云层的雨滴在聚集，要真做过什么，不是这样。

可那个办案的警察对艾茉说："呵！死鸭子嘴硬，不过他不承认没关系，我们是抓了现行，一样要依法处理。"

艾茉脸庞发白，嘴唇爆出死皮，沉默不语地走到警察跟前，自始至终，她没有说一句话，她觉得现在自己说什么都是一个笑柄。

办完手续领人回家。所谓的手续就是她领到了一张罚单，她第一次知道这种罚款原来是像交通违章罚款一样，要到某银行去交的。妈的！谁拉的屎谁擦，我才不去交。她在心里恨恨地骂了句脏话。

她和老向一前一后地从那间房子走出来，对面审讯室也走出了一个女人，刚才审老向的那个警察眼尖，说："那不是那小姐吗？可不是我破坏你们家庭和谐，大男人，敢作敢当，做了就趁早去医院检查检查，别染了病祸害了自己老婆。还嘴硬，你去和她对对质呗！"

对质就对质，老向正愁一身脏污无处洗脱，他紧走几步，那女孩仍然长发遮脸，走得很快，老向追上她，一把拉住，喝道："你给我站住，你给我把话说清楚，谁指使你的，你为什么要给我设局，为什么要害我？我碰你一根毫毛了？"

女人转过神，忽然肆意地大笑起来，在那大笑的颤抖中缓缓地抬起头，说："你没碰我？你酒醒了？你刚才背心当裤衩的尊容这么快就忘了？要不要我给你回忆一下细节？你老婆肯定想听。”

艾茉也跟了上来。她看到老向一脸愕然和苍白，脸上凝出一种痛苦纠结的表情，就像被踩住了尾巴的老鼠，像泄了气的气球。

艾茉也认识那个女人，是龚贝贝，老向的前女友。这件事如此解释就很合情合理了——和妻子吵架的已婚男老向，喝闷酒时偶遇了前女友（打电话约的也说不定），她陪他喝酒陪他醉，叙了旧情，然后一个酒精上脑，一个精虫上脑，于是开了房鸳梦重温，那么，背心当裤衩也没什么奇怪的了，说他没碰她，谁信？

老向自己也不信了。龚贝贝是他大学同学，两人谈恋爱两年，同居了两年，他耕过的土地再犁一遍，不是驾轻就熟？他望着眼前这个女人，长卷发，残妆，眼神挑衅，站姿风尘，她不是另攀高枝嫁入豪门了吗？他怎么和她遇上的？又怎么去的酒店？都做了什么？他一点儿也想不起来了。老向使劲摇摇头，闭上眼睛又睁开，问：“龚贝贝，怎么又是你？”

一个“又”字，瞬间激怒了艾茉，她的身体里仿佛有一颗火种，随着血液流动，时不时传来一阵隐秘的灼热，然后是尖锐的疼。她终于爆发了，指着老向的鼻子大声质问：“什么叫又？你们睡几次了？”

老向依然嘴硬，愤然喊道：“没有，没有的事，不是你想的那样。”

“我想的哪样？我什么也没想，我没瞎，你都搞到这里来了，都穿成那副德行了，还敢说自己是大半夜去游泳走错地方了吗？”她咬牙切齿地说，“向华晟，你真让我觉得恶心。”

在来之前艾茉已经说服了自己原谅老向，而现在她已经找不出任何原谅他的理由了，招嫖找小姐，走的是肾，和前女友重温旧梦，那就走了心，走心问题就严重了。

龚贝贝抱着臂，站在树下，玩味似的看着这一对夫妻吵架。

“我……”老向无言以对。

时空仿佛停驻了。后半夜的风凉凉的，艾茉觉得很冷，觉得自己的后背仿佛要被吹断了。

她不顾一切地冲到路边，也不知是哪个方向就开始气冲冲地朝前走。老向愤然地指指龚贝贝，又无力地垂下，转身去追艾茉。他终于认识到了问题的严重性，追上了艾茉，郑重地说：“你听我解释。”

艾茉停止了暴走，用那种哀伤而绝望的眼神看着他，忽然冷静地说："好啊！我听你解释。"

老向竟然词穷了，他不知道怎样解释，不知该从什么时候开始解释，一向富有口才八面玲珑的老向开始语无伦次："我和小王喝的酒，不信你打电话问他，我也不知道怎么碰见她的，我是说她，后来我喝多了，什么都不记得了，老婆你相信我，我做没做我心里很清楚。"

艾茉依然无比冷静，冷冷地盯着他，轻声问："你到底是不记得了，还是你心里很清楚？你自己先搞搞清楚。"

这弯弯绕一下子把本就头昏脑涨的老向绕晕了，可他并没有真正晕倒，有人抢在他之前晕倒了，艾茉忽然晕倒了。

他抱起孱弱无力的艾茉，在空旷的大街上狂奔，朝最近的医院跑去。

艾茉没什么大碍，她只是太疲倦，加上受了刺激，睡了一觉，一瓶葡萄糖水正好滴完。当她在医院里醒来，天已大亮，老向正焦灼地望着她，他一脸愧色和心疼，柔声问道："你想吃点儿什么？"

她茫然地看看四周，忽然掀开被子，喊了句："花生米快醒了，我得赶紧回去了。"

白天和婆婆拌了嘴，半夜要出门，万般无奈把孩子抱给婆婆，她只是淡淡地说："你儿子钱包丢了让我送钱过去。"婆婆也没说什么，搂了花生米睡了。

艾茉和老向一前一后进家门，花生米已醒了见不到妈妈正哇哇哭不停，向华昕给冲了奶粉孩子直摇脑袋不喝，两个人拿花生米没办法。母亲李敏英一见艾茉和儿子就有气，埋怨艾茉："送个钱包就回不来了，还玩通宵，以为你们还是以前没孩子的时候。"为公平起见，也骂儿子，"还有你，整天丢三落四，今天丢一个钱包，明天丢一个手机，你钱多啊？"

夫妻二人都没有反驳。艾茉沉默不语地上前抱起孩子，孩子很快停止了哭声。老向知道艾茉在最震惊最伤心的时候替他遮掩了，他感激地看了她一眼，跟着艾茉进了屋。

花生米吃了奶，见到妈妈，精神百倍玩兴十足，在床上爬来爬去。老向上前抱住孩子，说："医生说你要多休息，你睡吧！不用管了。想吃什么？我让姐去做。"

艾茉躺到床上，拿眼皮冷漠地翻了他一眼，一言不发。

老向趁此休了一个年假，天天在家陪艾茉和孩子。他就像一个等待审判的犯人，他踩了艾茉的那条底线，每天低眉顺眼，做小伏低，就差下跪了，以为能把那只踩到线的脚收回来。艾茉呢，在人前不得已的情况下会和他交谈，两人单独相处时就对他冷若冰霜。她想起不久前劝周小荻时说过的那些话，现在想来觉得空洞苍白，毫无分量，她曾有那么一个瞬间还真的对周小荻有些瞧不起，她竟然选择了原谅？这种事可以原谅吗？她曾在几次聚会中有意无意地流露出这种情绪，周小荻也一脸无辜和茫然。她说："我也没想到自己会原谅他，你一定想不到，当我得知他出轨，除了屈辱，愤怒，绝望，竟然还有一丝不甘心，一个各方面条件还不错的男人，就那样拱手让给狐狸精，谁会甘心？无论是男人戴了绿帽子，还是女人被戴了绿帽子，痛定思痛之后，你想的不是扔掉帽子那么简单，而是怎样让这顶帽子戴得不那么难看，是加一道金边，还是绣一朵花？当然，加一道金边，绣一朵花的任务，就交给了出轨的一方。老向在艾茉对孩子笑的时候，见缝插针地交代罪行。

"动物园你见那女人和孩子，是公司王工的老婆孩子，上个月，他在工地被一根钢筋砸中，死了。我眼睁睁看着，那么一个大活人，我们前一天还一起喝酒吹牛，转眼就没了。"

艾茉心里一惊，脸上的表情凝固了，她望着花生米纯真的笑脸，想起在动物园里见到的那个失去父亲的小女孩，心里微微一痛。她见过王工一两面，是一个很敦厚老实的男人。

"那段时间我压力很大，我负责的项目出了这样的安全事故，又是我熟识的人，我特别内疚，善后的工作都是我亲自去做，那孩子突然没有父亲，一时难以接受，我就多去探望了几次。就是这样。"

艾茉再无回应，显得太冷血了，她轻轻地说："唉，孩子真可怜。"

"那天晚上的事，是个误会，我和龚贝贝，什么事也没有。没错，她这几年过得不太好，找我诉苦，我没搭理她，那天不知怎么遇上了，我喝多了，真的，我和她什么事也没有。你相信我。"

死人的事，艾茉信了，可说到了活人龚贝贝，她就不信了。这一次，她没搭腔，和花生米咿咿呀呀地对话起来，视老向为空气。

老向觉得无趣，也就噤声了。

在这段时间，老向的岳父岳母，也就是艾茉的父母来了省城，一则给患腰椎间盘突出的父亲治病，二则为看看许久未见的外孙女，三则看看刚刚步入工作岗位小女儿艾莉。于是老向的一腔忠心有了表现的机会。他亲自开车到火车站去接，家里没住处，在离家最近的一家五星级酒店为二老订了一个舒适的套间，为体现合家团圆的氛围，又特意嘱咐向华昕在家烧了一大桌菜接风。

快开席的时候，艾莉才匆匆赶到，一边落座一边抱怨："我们主任真烦人，快下班了突然安排我去采访一个农民企业家，害我这才从郊县赶回来。"

艾茉笑道："这叫能者多劳，领导器重你。"

艾父也说："对啊！年轻人不要怕吃苦，多一些工作机会，这是好事。难道你愿意过那种每天坐办公室里喝喝茶翻翻报纸就混一天的日子？"

艾莉笑笑："老爸说的总是有道理的，我要向爸爸学习，一辈子都奉献给祖国和党，献给那座工厂。"

艾母嗔怨道："学什么啊？学他无私奉献，把那老腰累垮了，老了让我伺候，整天忙得连我的小外孙都看不到，是不是啊小米米？"外婆对着花生米笑，花生米就对着外婆咯咯咯地笑。

老向打开了艾莉带来的那瓶红酒，先给岳父岳母斟满，然后又倒了一杯毕恭毕敬地端到艾茉面前，说："红酒好，美容养颜，软化血管，少喝一点儿。"

她抬头淡淡地笑笑，接过酒杯。

乐乐嚷起来："我要喝可乐。"

桌上没有可乐，艾莉自告奋勇去买，买回来倒上，乐乐喝了一口又放下，嚷道："我要喝冰的。"

向华昕怒了，斥道："你消停点儿吧！再闹腾又该被说没家教了。"

她含沙射影，眼皮下意识地抬抬瞥了一下艾茉，艾茉没说什么，轻轻地苦笑了一下。两位老人看在眼里，便知这大家庭里的温馨和谐是个假象，女儿辞职在家做全职妈妈的日子，并不是那么好过。

第三十四章　千疮百孔

艾茉给花生米喂粥，花生米边吃边玩，洒到了衣服上。纸巾盒在壁橱里，婆婆坐的地方离得最近，艾茉对着婆婆说："妈，帮我拿一下纸巾。"

她和婆婆大姑姐那日言语冲突后，谁也没向谁道歉低头，第二日就恢复了交谈，有花生米这根纽带在，需要彼此不得不交谈的时候很多，根本没有时间置气，况且，老向在家对艾茉毕恭毕敬的，谁也不敢说艾茉半个"不"字，一个女人在家庭其他成员眼中的地位，取决于丈夫对她的态度，这叫妻凭夫贵。

婆婆不光拿来了纸巾，还对着亲家交口称赞："现在年轻人带孩子就是精细，看艾茉把花生米带得多好，整天也辛苦，我这腿现在不争气，又帮不上什么忙。"

艾母客气："你年纪大了，身体要紧。"

艾父附和："是啊，儿孙自有儿孙福。"

艾茉心里暗笑，婆婆还真是可拿奥斯卡影后了，和她为给孩子辅食加不加盐争吵时，说她是吹毛求疵瞎讲究自找苦吃，到了亲家面前话锋一转又说带孩子精细又辛苦，中国语言真是博大精深。

艾母笑道："精细了好，科学喂养对着呢！现在都一个孩子，多金贵啊！咱们那时候是没那条件，又不懂，现在获得信息多便捷啊！有什么不懂的，网上有一个什么娘，度娘，什么都知道。"

大家都笑起来。

晚饭后，老向陪岳父在客厅里抽烟喝茶，聊着新闻联播里的时政要闻，说话间，还把自己珍藏的一桶极品碧螺春拿出来送给岳父；艾母则和两个女儿在一旁逗花生米玩。父母一向对老向甚是满意，认为他成熟稳重又顾家，艾茉现在夫妻恩爱女儿乖巧，俨然成了人生典范。母亲便问艾莉：“你什么时候带个小女婿给妈瞧瞧！”

艾莉翻翻白眼：“急啥啊！我还年轻。”

老向听到了，插嘴道：“还对自己爹妈保密啊？爸妈，艾莉已经谈了一个男朋友了，是个医生，人很不错，带回家指日可待了。”

艾母一听，马上发力，对艾莉打破砂锅问到底，艾莉应对乏术，叫苦不迭，埋怨姐夫：“我和他才刚刚开始，八字还没一撇呢！姐夫真多嘴，信不信我让姐姐晚上惩罚你，让你床头跪，地板睡。”

老向噤声，苦笑了一下，心想，不用你撺掇，自己现在的日子正水深火热，可不是床头跪、地板睡吗？那日他洗完澡上床来，艾茉说：“你脏。”他不明就里答道：“刚洗过澡了。”她又冷冷地说一遍：“你脏！”他从那冷若冰霜的话音里听出了冷漠和决然，从那夜后，他就被撵到了地板上睡。木地板很硬，睡在上面硌得骨头疼。

老向第二日带岳父看了病，开了一堆药，第三天艾莉休假，提议带父母四处逛一逛。

这座历史悠久的古城，名胜古迹很多，是著名的旅游城市，自艾茉结婚，父母虽然来过几次，但每次都是来去匆匆，还从来没有好好逛过。

老向全程陪同，又当司机又当导游，岳父腰不好，他特意借了轮椅，从车上抱上抱下，任劳任怨。可他越是殷勤，艾茉就越觉得他心虚，心里就越难受。

玩累了，大家在公园游乐场旁休息。旁边是一个摩天轮，不时传来阵阵尖叫声，花生米兴奋极了，艾莉是也小孩子心性，非要坐，于是撺掇着姐夫去买票。老向买了一张票回来，艾莉白他一眼，又跑去买了两张塞到他手里。

老向不好意思，三十多岁的老男人了，还玩这种疯狂的游戏，貌似有点儿不合适。艾茉也不肯坐，她恐高。

艾莉嘟嘴：“都去嘛！花生米让外婆抱，你俩就当陪我啦！七零后不要这么死气沉沉，八零后也不要这么畏首畏尾，像我九零后这样，朝气蓬勃，走！”

母亲从艾茉手里抱过孩子，也劝她：“去吧！整天闷在家里，出来玩，就开开心心放开玩，你小时候最喜欢坐摩天轮，又害怕它，又想征服它，明知山有虎偏向虎山行，这脾气，到现在也没改呢！”

艾茉听了母亲的话，心有所动，跟着艾莉和老向上了摩天轮。

老向和艾茉被工作人员安排坐在一排，艾莉离他们老远。

十多年没坐过了，艾茉很紧张，手心在冒汗。机器缓缓启动时，老向伸手握了握她的手，说："别怕，有我呢！"

她触电一般缩回了手。

摩天轮速度加快，艾茉的心也提到了嗓子眼，她忽然想起了新闻里的很多游乐设施出事故的报道，一颗心揪了起来，摩天轮越来越快，当旋转至最高点时，所有的人都尖叫起来，她却脱口而出："你和她睡了几次？"

老向就坐在她旁边，这个粗鲁而直接的问题，他听到了，摩天轮下降的瞬间，又是一阵尖叫，他也随着尖叫声大声回答："没有。"

"瞎说。"

"我喝醉了，就痿了，就睡了，你不知道？"他在又一个起伏中大声回答。

摩天轮迅速攀升，艾茉的心却忽然平静了。她认真想了想老向的话，没错，喝酒有酒品，有人喝多了话多，发酒疯，而老向不，他每次喝多了一点儿也不闹腾，也不吐，回家倒头就睡，外面打雷也不醒。

从摩天轮上下来，艾茉头上那顶绿帽子金边也有了，花也有了，宽宥的心理建设也达成了。走出座舱的时候，老向伸手扶她，她没有拒绝。

母亲在临走前的那晚，和艾茉进行了一次女人和女人的对话。她东拉西扯说了很多，只有一句话揭示了重点，她说，婚姻就像一间毛坯房，没有哪一段婚姻不是千疮百孔的，女人一生就在是为这些疮孔刮腻子抹灰，贴墙纸挂装饰画，女人对这间房子装修得好坏，也就是这段婚姻的品质。

艾茉不知道母亲从她眼里看出了什么，她只是假装嘻嘻哈哈地玩笑道："合着咱们女人就是粉刷匠啊！"然后她顺嘴对着花生米唱歌，"我是一个粉刷匠，粉刷本领强，我要把那新房子，刷得很漂亮。"

母亲的意思她很明白，在老一辈的人生经验里，东西坏了要拿去修补，感情出问题了要弥合，不会轻言离婚。

送走了父母，艾茉似乎也已经将那股愤怒慢慢消化了，日子恢复了太平。她的愈合能力，比她想象的要大得多。

这天晚饭过后，一家人坐在客厅里其乐融融地看电视。

“嗖！”乐乐的纸飞机落在了艾茉的手边，她忽然觉得这纸飞机的颜色花纹，看上去似曾相识。

她捡起来，乐乐过来抢，她不给，迅速拆开，果然不出所料，那张纸是她曾经画的一幅画，那是一幅水彩画，画中有一座红顶的房子，一对老人手牵手走在夕阳里。她心里顿时一阵酸楚。那是她和老向热恋的时候，她送给老向的一幅画，自己亲手画的，老向没有艺术细胞，只会画建筑图，看了这幅水彩画，喜欢得不行，说要裱起来挂墙上。后来老向真的裱了起来，挂到了自己公司的办公室里，逢人就炫耀这是他老婆的画，后来公司搬迁，这幅画随着大纸箱一块搬回来，压在了阳台的某个角落，时间久了，夫妻俩都忘记了，现在被乐乐不知从哪个角落翻了出来。

乐乐又从她手中抢了过去：“给我！干吗把我的纸飞机拆了？”他趴在茶几上又重新折起来。

老向正拿着遥控换台，看到那张画，只是淡淡地对乐乐说：“小子玩纸飞机到一边去，挡着我看新闻了。”

他已经完全忘记了那幅画？还是那幅画在他眼里只是一张废纸？艾茉冷眼看着，心里阵阵哀凉，推着花生米进了卧室。

这天晚上，艾茉终于主动和老向说话，而且是十字以上的完整长句。她说：“老向，我想，你是不是帮大姐在外面租间房，让他们搬出去住？”

老向的反应很吃惊，仿佛是听到一个很大的笑话，噌地翻身：“乐乐又惹你生气了？我教训他。”

“我是说希望他们搬出去住。”她又重复了一遍。

“怎么突然这样说呢？不是住得好好的吗？再说妈的腿还没好利索，姐姐在，多少能帮衬点儿。”

“我觉得……”艾茉还想说几点理由，忽然噤声了，“算了。”她本以为，在老向自觉理亏底气不足的这段时间，她提什么要求，他都会满口答应的，没想到自己低估了那对母子在他心目中的分量。

老向为了表示自己把艾茉的话很当回事，又凑过来诚恳地说：“乐乐调皮捣蛋了是吧！我明天一定狠狠地教训他。”

艾茉闭着眼睛，没说话。

老向说话算数，一大早起来就教训乐乐，依然是那样简单粗暴，不准这样不准那样不老实我就回来揍你云云，乐乐就假装乖巧地点头。然后老向回屋收拾行李，准备回工地上班去了。临出门的时候，他吻了女儿，然后又深情款款地吻了艾茉的额头，并且意味深长地说了声：“等我回来。”经过这数十天的休整，老向觉得自己现在精神百倍，欲望偾张恨不得到楼下跑十圈，可他还不敢在艾茉这里造次。出了龚贝贝那件事后，艾茉的态度，他不是很笃定，他得给她时间，给她台阶，让她的自尊心得到充分的找补和修缮。

但老向这次的行程并不顺利，车子开到一半的时候，他的手机忽然响起来，是艾茉，这是她最近第一次主动打电话给他。他有点儿窃喜，又有点儿洋洋自得，女人嘛，有了孩子，才真是文艺青年们常说的那样，成了折翼的天使，磨平了棱角的石头，拔去了刺的玫瑰，即使真的遇到丈夫出轨，最后都选择原谅和隐忍，比如周小荻，比如公司那谁谁，小区里那谁谁，像楼上那个卖煎饼的女人那样蠢的毕竟不多。

他微笑着接起电话，听筒里传来一声凄厉的哭喊：“老向，你快回来，快，快，花生米，没气了，快。”

儿科重症监护病房里，周逸辰神色凝重地走出来，卸下口罩。

“孩子醒了，去看看吧！时间不要太长。”

艾茉穿着小玉护士消过毒的护士服，戴上了帽子口罩，风一样冲了进去。她流着泪，哽咽地呼唤着她的名字：“花生米，米米，妈妈的花生米，你快醒醒啊！”

花生米醒了，小脸红通通的，眼神却直勾勾的，还没有完全从那场突如其来的劫难中恢复过来。那命悬一线的场景，艾茉想起来依然后怕。早晨老向走后，她把花生米放到婆婆身边，自己去洗了几件孩子的衣服，忽然就听到婆婆惊慌失措地喊她，她跑过去一看，孩子已翻起了白眼，张着嘴上气不接下气，而茶几上放着一盘洗好的提子。亏得送医院及时，又有周逸辰沉着应对，才将孩子从死神的手边拉了回来。

老向一把握住了周逸辰的手，几乎要跪倒在地，不停地说：“谢谢你，周医生，真的太谢谢你了。”

是周医生亲自手术，取出了卡在花生米气管里的那颗葡萄。老向觉得很内疚，为当日在动物园说过的那些刻薄话感到深深的羞愧。

因为异物堵塞气管窒息一度引起大脑缺氧，花生米在重症监护室住了两天，随后又搬到普通病房住了三天，终于得到周医生的宣判，可以出院了。

老向和艾茉在医院里不眠不休地陪护了整整五天，他们又恢复了冷战的状态，因为老向一赶到医院就不分青红皂白地斥责了艾茉一通：“你是不是亲妈啊？她那么小你给她吃那么大一颗葡萄？怎么看孩子的？米米要是有个三长两短，我和你没完。”艾茉流着泪，甩了他一个巴掌，老向攥了攥拳头，忍住了。从此，艾茉和他再没有说过一句话。

其间，向华昕来送过两次饭，艾茉一口也没吃。

第三十五章　心灰意冷

出院回家，艾茉抱着孩子坐在副驾驶，一言不发。老向道歉："对不起，我错怪你了。"

他中途回家拿衣服时，问了母亲，母亲虽然百般遮掩，最后还是承认，是乐乐给宝宝喂了那颗葡萄。

艾茉没说话。

"我那天太着急了才口不择言，看在孩子的份儿上，别生气了。"

艾茉依然没有说话。

回到家里，乐乐也从跆拳道班回来了，向华昕一脸讨好地对艾茉说："我来抱孩子，饭我都做好了，你们先吃吧！"

艾茉把孩子抱得紧紧的，眼睛也没抬一下，径直进了卧室。向华昕要抱孩子的手僵在空中，迟疑了几秒，才尴尬地收回。

几秒钟后，客厅响起乐乐杀猪般的嚎哭声。老向抄起拖鞋，像抓鸡仔一样将乐乐按倒在沙发上，拖鞋底没轻没重地落在乐乐的屁股上。一开始，乐乐还嘴硬："舅舅坏，我要去告你，告你虐待儿童，你家庭暴力。"老向激愤难忍，怒骂："你能耐了你！小混球儿，你说，玩具蛇是不是你故意放床上的？舅妈的牙刷是不是你偷偷用来刷马桶了？那颗葡萄，是不是你故意喂给妹妹的？"

当妈的心疼孩子，向华昕上前拉老向，替乐乐求情："他还是个孩子，给米米喂葡萄，还不是因为喜欢她啊！"

老向气结，怒目圆睁："你还护他？这孩子都是你惯的，我今天好好替你管教管教。"

鞋底子又啪啪啪地落在乐乐的屁股上，乐乐又打鸣一样哭喊起来。母亲李敏英坐不住了，拄着拐杖走出来，老母鸡一样挡在了乐乐前面，老泪纵横：“你下手没轻没重，打坏了怎么办？有话好好说。”

老向红着眼，从母亲身后拽过乐乐来，乐乐“吱吱哇哇”乱叫求饶，外婆心疼，一着急扔掉拐杖去拉儿子，老向怒气难消，力道很大地挣脱母亲，气愤地说：“你孙女差点儿就没了，你还护着他，不让他长点儿记性，下次能把房子给你点了。让开。”乐乐趁机挣脱舅舅的魔爪准备逃走，刚起身又被拽回来。向华昕气得哭起来：“向华晟你个没良心的，连你也欺负我们孤儿寡母，你打，打死了正好，我也不用活了。”

老向迟疑了一下，可对着乐乐依然横眉冷对恨不得吃了他，母亲扯嗓子朝屋里喊起来：“艾茉，你还不劝劝华晟，你姐就乐乐这一个孩子，打坏了怎么好？”

这话说的，好像艾茉教唆老向打乐乐一样。艾茉回家后就一直阴着脸，抱孩子进屋后就关了门，老向打乐乐那么大动静，她当然听到了，可她并没有打算管，老向生气就对了。

婆婆这样一喊，艾茉更是气不打一处来，赤脚下床打开卧室门朝外面喊道：“都别吵了，孩子都被吵醒了，她刚出院，要好好休息。”

声音不大，却自有一番女主人的威严。向华昕不哭了，婆婆也不喊了，老向的气已消了大半，把乐乐提溜到阳台上，又一番耳提面命才罢休。

向华昕哭哭啼啼地拖了行李箱出来，要带乐乐走。

艾茉听到婆婆压低声音劝女儿：“别和你弟置气，他就是那急脾气，过去了一点儿事没有。”向华昕不听，嘴里怨道：“我再也不想寄人篱下看人脸色了。”婆婆忽然底气十足地提高声音：“这是我的家，有妈的地方就是家，什么叫寄人篱下？谁敢给你脸色！不许走。”

后来老向也低声下气挽留姐姐，向华昕终于委委屈屈地留下了。

外面恢复了平静。

晚上老向进屋来，邀功一般说：“乐乐我已经收拾过了，以后他不敢胡闹了。睡吧！”

老向口气温软，手从艾茉的腰间伸过来，从小腹向上游走，忽然被艾茉一把按住，然后轻轻地却不容置疑地推开了。老向虽有心以性求和，但见艾茉态度这样冰冷，这几天在医院大家都累，也就作罢。但他现在已顺其自然地睡到了床上，这是一个里程碑式的飞跃，灵肉合一已经指日可待了。

艾茉很累，可她却毫无睡意。她望着小床上呼吸均匀睡相甜美的花生米，心里百感交集。生花生米的时候，她也颇吃了一些苦头。半夜两点破羊水，痛得死去活来，好容易上了产床，又痛又紧张，过去在产妇课上学的拉玛泽呼吸法全忘了，助产士不耐烦，产程太长，侧切刀口很长，孩子娩出那一刻她大舒口气，以为终于从鬼门关回来了，没想到胎盘滞留，医生说有可能会引起大出血，她在产床上听到小护士嘀咕的声音，吓得本就苍白的脸又白了一层，最后医生手取胎盘，艾茉疼得要死，还要听旁边几个医生骇人的临时“会诊”：“别拽了别拽了，再拽子宫都出来了。”“不行清宫吧！”好容易胎盘娩出了，缝合侧切伤口也疼。就这样一个千疼万疼生下的小宝贝，怎样呵护疼爱都不够，怎能让她整日在现在这种时刻危机四伏险象环生的环境中成长？是的，现在的家，在艾茉眼里，就像是利比亚硝烟四起的战场，不安全因素太多。她重重地叹了口气。

就在这时，她感觉老向的胳膊伸过来，轻轻地搭在她的腰上。

她的心一紧，心里百感交集，最后却轻轻地推开了他的手。

老向在家待了两天，工地那边事多催得紧，他又离开了。

因为老向对乐乐的一顿暴揍，大家把怨气都转移到了艾茉身上。向华昕做了早餐，但没有艾茉的份儿。艾茉进厨房时，向华昕正在收拾空盘子，她圆滑地解释说：“看你还没起床，早饭做了怕放凉了，就没给你做。”艾茉笑笑，没说什么。

早晨八点，给花生米喂完奶，艾茉收拾好自己，套好背带，兜着花生米出了门。

在小区外的永和豆浆吃了早餐，然后左转，走进了一家房产中介公司。

下午两点，她回到家里，向华昕送乐乐上补习班去了，婆婆还在睡午觉。她沉默地收拾行李，换洗衣服，婴儿用品，统统装进一个大旅行箱里，花生米坐在大床中间，好奇地看着妈妈。艾茉一阵心酸，她无法向这个还不会说话的小人解释她的决定，但这个决定，从此她们母女俩要共同承担。花生米的眼神纯真无邪，她还不知道大人的世界里发生了什么。艾茉走过去，亲了亲花生米，轻轻地说：“宝宝，我会做一个快乐的妈妈，一个很棒的妈妈。”

一个小时后，她拖着行李箱和折叠婴儿伞车，兜好花生米，当然，也没忘记“伸手要钱”（身份证、手机、钥匙、钱包），然后，深吸一口气，走出了家门。

两个小时后，她已经置身于一套陌生而温馨的公寓中。房子不大，只有五十平米，一室一厅的结构，布置得温馨舒适，这房子是一对年轻夫妻的婚房，后来买了大房子搬走，这套房就留在中介出租，房间里还有一个八成新的婴儿床。艾茉被带来看房的第一眼，就觉得这房子仿佛是特意为她准备的，她当即付了定金租下来。

一个好汉三个帮，一个辣妈忙得慌。艾茉打电话叫姜黎黎周小荻来开会。

姜黎黎和周小荻一前一后到。

周小荻惊呼：“什么状况？你离家出走？”

姜黎黎大惑：“离家出走应该走稍微远一点儿吧？你选这地方不合适吧！”

“人说狡兔三窟，你这窟也太容易被敌人发现了吧？”周小荻嘲笑她。

“呵！你这也叫离家出走，这就是分分钟被老向找到的节奏啊！”姜黎黎也嘲笑她。

艾茉把一张购物清单交给姜黎黎：“小佟也来了吧？让他帮我去超市采购，省得力气多没处使和你瞎折腾。你俩，你，帮我把卧室打扫出来；你，客厅厨房就交给你了。”

这两人面面相觑，异口同声：“叫我俩来当苦力啊！”

为艾茉做苦力，这两人是义不容辞。艾茉偷闲，端着茶杯一边喝水一边和两位干得热火朝天的闺蜜闲聊。

“知道我为什么选这里吗？这叫最危险的地方就是最安全的地方。”

“到底是为什么啊？和老向吵架了？还是和婆婆、大姑子？”周小荻问。

“都有吧！”所谓家丑不可外扬，艾茉又爱面子，只是模棱两可地回答。

“不会是被熊孩子气出来的吧？你这个包子。”

艾茉苦笑了一下，表示默认。

第三十六章　离家出走

闺蜜合力，房屋很快焕然一新，三个人坐下来聊天。

艾茉叹气："一个人心里装太多的秘密，会很累，我再这样若无其事地装下去，就要崩溃了。"

姜黎黎和周小荻脸色一变，正色，等待下文。

"实不相瞒，我和老向之间，出了很大的问题，他也，也……"艾茉犹豫了一下，终于还是和盘托出，"他犯了所谓全世界男人都犯的错误，不过他不承认，呵！就算不承认，至少是嫌疑犯吧！我也不知道自己这样做对不对，当婚姻遇到问题，是立马摔门走人，还是忍辱负重在外人眼里做一个幸福的假象？我也痛苦、迷茫、无所适从过，做这个决定，我也想了很久。婚姻里的事，没有对错，这些问题，也没有标准答案，我想了，该怎样选择，取决于我，我们女人内心真正需要什么。可以肯定的是，我这样做，对花生米来说就是对的，是好的，对花生米好的事，就是完全正确的。叫你俩来，不为别的，我需要力量，我需要勇气，我怕自己一个人孤立无援，没办法应对这种种难题，至少，我难过的时候，可以找你们诉诉苦。"艾茉落泪。

姜黎黎拉住她的手，看似一脸郑重，实则在暗暗逗她开心："放心，我们会一直陪着你。朋友是什么啊，是你坐公交忘带了公交卡摸遍了口袋的旮旯找出的一块零钱，是姨妈造访时发现上次有一块苏菲没用完，是你丢了钥匙时忽然想起来，咦，有一把备用钥匙在姜黎黎那边。"

艾茉笑了。

周小荻实在，已向艾茉开始传授实战经验："别怕，一个人带孩子也没那么难，我会教你，比如，宝宝醒着，到饭点了怎么做饭；比如你忽然内急，可宝宝正哭闹，该怎么办；比如宝宝刚睡着，快递打电话来让你下楼取快递怎么办。有什么问题你都问我。”

艾茉听得吃惊。周小荻句句都是说要教授经验，可艾茉听来简直是句句都在给她摆难题吓唬她，那潜台词就是说，山上那么多老虎，看你还敢上山吗？

姜黎黎笑骂：“你是猴子搬来的救兵吗？别吓唬她啦，这些问题有什么难？没法做饭就叫外卖，楼下饮食一条街全中国八大菜系任你点，内急？把她放在安抚椅上，一起到听雨轩听那黄河之水天上来；还有，哪家快递敢让你下楼？”

“是啊！每次都让我下楼，说是怕自己的电动车丢了。”

“哪家的？某通和某丰快递都是送货上门的，敢不送上门了，投诉他。”

“停！好了你俩别争论了。所以，现在咱们要选择吃八大菜系中的哪一菜系？我要叫外卖了。”

晚饭时间到了，家里的晚饭时间也到了，婆婆的电话打进来，她还被蒙在鼓里，一副浑然不知的样子：“带孩子去哪儿了，怎么还不回来？你姐也不在家，你回来在门口买点儿卤肉和凉菜吧！要不你回来炒菜，菜我都择好了。”

艾茉有点儿于心不忍，可事到如今，也只能豁出去了，她直言：“妈，我不回家吃饭，也不回家做饭了，你给大姐打电话吧！我带花生米到外面住一阵子，暂时不回去了。”

“你什么意思？什么叫在外面住一阵子？你在哪儿？华晟知道吗？”婆婆很吃惊，问题一连串，语气有点儿生气了。

艾茉不想解释太多，她轻轻地说了声再见，然后挂断了电话。

姜黎黎吐吐舌头，把头探出窗外，说：“啧啧！离这么近，能听得见吧？一会儿老太太找来怎么办？”

艾茉挂了电话，给老向发了一条短信：“我带宝宝搬出去住了。孟母择邻，一切为了孩子。发生了这么多事，大家也都需要冷静一下。作为孩子的母亲，我有义务告诉你，孩子我会带得更好，我们住得安全、舒适、干净，你可以放心。你负责给你妈解释。”

短信发出不到一分钟，老向的电话打进来了，艾茉深吸一口气，已经做好了老向在电话里大发雷霆恼羞成怒的准备，但是她不会再妥协和退让了，谁知，电话接通，那头的老向却异常温柔，他声音低沉轻柔，说：“晚上睡觉，关好门窗，一个人，千万别把孩子磕到碰到，你自己吃饭也别凑合，钱和卡你都带着吧？别省钱，缺什么东西就买，哦对了，别开车去超市，带孩子不方便，就网购吧！等我下次回去看你们，你要是暂时不想告诉我你住哪里，我就不问了，只要你们安全就好。艾茉，对不起！”

挂了电话，艾茉怔怔的，有点儿晃神，她有点不相信自己的耳朵，这是老向吗？这还是平日简单急躁的老向吗？

周小荻用胳膊肘杵了杵她，担忧地问：“怎样？说什么了？老向是不是骂你了？男人都这样，你走了没事，你把人家孩子带走了，能不跟你急吗？”

“没，他一句责备也没有，反而像没事一样，说让我们关好门窗，注意安全，好好吃饭，该花就花，别省钱。我是不是短信没说清楚？”艾茉半信半疑地翻看刚才自己发出的短信，她逐字看了好几遍，非常确定，自己的意思表达得很准确。

姜黎黎不以为然：“你说你贱不贱啊！发条信息找骂，没找来骂还心里不自在。别想了，说不定老向走后也在反省啊，也许他也觉得你这个决定无比英明，也许他认识到自己的错误了，想用自己那颗温柔的心安抚你这颗受伤的心呢！话说，我都饿了，到底吃哪个菜系想好了没有啊！粤菜怎么样？决定了我让小佟买了带上来。”

不一会儿，小佟哼哧哼哧地提着大包小包回来了，也遵旨带回了饭菜，并且很体贴周到地打开摆好，殷勤地说：“艾姐，以后有事您说话，黎黎的朋友就是我的朋友。”

他从前在人前称呼姜黎黎为太太，后来私下称“黎黎姐”，现在直呼其名以示亲密，姜黎黎也甘之如饴。不过艾茉却从心底看他不起，虽然刚刚利用了人家做苦力，但她一点儿也不记他的人情，很厌恶他那副小男人的嘴脸，只是碍于姜黎黎的面子才对他礼貌客气：“小佟辛苦了。大家都辛苦了，快吃吧！开动！”

忙了半天，大家都饿了，胃口大开。姜黎黎和周小荻以水代酒，和艾茉碰杯，给她打气加油：“加油！我们与你同在。”

临走的时候，艾茉特意嘱咐：“小心点儿，别让我婆婆看到。”

姜黎黎从门镜看了看，调侃道："女人转身跑掉，等男人来追，女人离家出走，等男人叫回嗯，我现在觉得这个地方选得很好，到回家的时候不用劳师动众大费周折了，就像出门丢了个垃圾一样，拍拍手就回去了。"

艾茉听了苦笑，如果感情的事，能像出门丢个垃圾又拍拍手回去了那么简单就好了。

姜黎黎她们出门，朝对面的防盗门瞟一眼，然后进了电梯。

老向当时买现在住的这套房子，是两梯六户的户型，老向买的是朝南的大户型，而艾茉现租的房子，是一套边户的小户型，正好与家里斜对面，以后住在这里，是真正的抬头不见低头见。

老向不知怎样向母亲解释的，婆婆再没有打电话来。那晚向华昕回来见艾茉不在随口问了一句，母亲李敏英沉着脸说："旅游去了。"

向华昕马上叫嚷起来："哟，真潇洒啊！孩子这么小就带去旅游？去哪儿了？跟团的还是自助？妈！你那腿到底什么时候好利索啊，到时给华晟说说，咱们娘仨也去旅游啊！趁着乐乐放暑假，咱们去海南，好不好？乐乐还没见过大海呢？"

母亲拄着拐杖，没好气："看海？下礼拜下雨，到小区门口看去吧！还不要钱。"

向华昕撞在枪口上，不敢再造次，撇撇嘴不吭声了。

第三十七章　无眠之夜

艾茉搬到新住处的第一晚，就遇到了难题。她失眠了。艾茉有严重的择床症，一到陌生环境就翻来覆去睡不着。

她失眠不要紧，要紧的是花生米也失眠了。也许是因为白天姜黎黎她们来了，花生米玩兴奋了，到了惯常的八九点，艾茉开始将她放在床上喂母乳哄她睡觉，并且哼着熟悉的儿歌："小宝宝，睡觉觉，小棉被，盖盖好，不说话，不吵闹，眼睛一闭就睡着。"

可花生米的眼睛却睁得又大又圆，听到说睡觉觉，马上一个翻身，爬上艾茉的身，紧紧地搂住了她的脖子，大声号哭起来。艾茉抱起她哄了哄，仍不见哭声停止，想要放到床上继续奶睡，花生米却哭得更厉害了。这一晚的哭闹和平时不同，孩子哭得撕心裂肺，还紧抱妈妈的脖子眼睛朝窗口看，看得艾茉心里一阵发麻，要是婆婆在，又该迷信说这屋里有什么不干净的东西了，说孩子天眼未关，能看到不洁的东西。

现在，艾茉有点儿发毛。也许，老人们说的有一定道理吧！

可现在她不能表现出自己也害怕，她是当妈的人了，要勇敢起来才能保护孩子，再说，艾茉毕竟不是迷信老太太，她是受过高等教育的无神论者，遇到问题，总是要寻找科学的解释，孩子现在这一哭闹，她也在心里怀疑，是不是花生米哪里不舒服？不会是生病了吧？

一想到生病，她马上想到了周逸辰。鉴于自己现在"单身"，为了避嫌，她还是忍住没有给他打电话。

可花生米一直哭闹不停，越哭越厉害，艾茉一筹莫展，急得也想哭了，最后，还是拨通了周逸辰的电话。

电话里说了花生米的情形，周逸辰也无法确诊孩子到底怎么了。

“要不你现在带孩子到我们医院吧，我也现在赶过去，给孩子检查检查。”他说。

艾茉给孩子穿戴好，抱着她出了门，在小区门口打了一辆车。一到外面，看着霓虹灯闪闪烁烁，花生米的哭声小了一些。

刚到医院门口，周逸辰也到了，见到艾茉，又是一惊：“孩子病了，怎么你一个人来？家里人呢？”

艾茉目光一黯，所幸灯光昏暗并不能看清她尴尬的表情，她焦灼地说：“先别说这个了，看看孩子到底怎样了。”

他将艾茉母女俩带进急诊室，给孩子做了检查，一切正常。

听到他说“一切正常”，艾茉的一颗心终于放到了肚子里。她抱紧花生米，学着孩子的口气说：“谢谢叔叔啦，对叔叔说再见，我们回家睡觉觉咯！”

谁知一听到“睡觉”二字，刚刚安静一会儿的花生米又咧嘴大哭起来。

艾茉这才犹豫地问：“会不会是因为换了地方，所以她不肯好好睡觉？”

周逸辰没听明白：“换地方？换哪儿了？放婴儿床了？还是换了个房间？在自己熟悉的地方应该不会吧！”

艾茉终于底气不足像做错了事一样告诉他：“我带着孩子搬出来住了，在外面租了一个房子，是不是因为陌生环境，所以她哭闹得厉害？要不然没理由啊！”

“这个是有可能的，婴儿和大人一样，也有择床症，尤其是她现在这个月龄。”周逸辰冷静地分析，忽然回过神来，“你刚才说什么？你从家里搬出来了？你和你爱人吵架了？还是和家里人？发生了什么事？”

艾茉一边无奈地拍了拍哭闹的花生米，一边苦笑着：“唉！一言难尽，总之这也是我不得已的选择。对了，你要先替我保密，不要告诉艾莉，我不想让她知道，也不想让父母跟着操心。”

“你放心，我不会对她说的。可是，你现在……”

周逸辰一句话未完，艾茉打断他：“先不说了，那我先带她回去了，没生病我就放心了。”她已经被孩子闹得抓狂了。

“我送你们吧！你这样回去，她还是哭闹，你一个人能应付过来吗？得想想办法先哄好她。”

艾茉已精疲力尽，无助地说："有什么好办法啊？刚才各种办法都用尽了也没用，不管了，她哭累了总会睡着的。"

"想一想她平时有什么能特别快就入睡的习惯？"

"习惯？对了，我们每次出门，只要一坐上她爸爸的车，一上车她一会儿就睡着。"

"那走啊，试试吧！"周逸辰晃了晃手中的车钥匙，冲花生米做了一个鬼脸，"走，叔叔带你去兜风。"

艾茉半信半疑地跟着他上了车。车子行驶在午夜空旷的大街上，花生米从号啕大哭变成了小声抽泣，过了一会儿，哼哼了两声，十几分钟后，她果然很快睡着了。

"你搬到哪里了？要是环境不好，不如住我那里吧！我住在医院宿舍，我的房子装修好了一直空着。"周逸辰真诚地说。

"不用了，我那边还可以，就是小点儿，我和宝宝两个人够住了。"

"我是说真的，和我就别客气了，再说，我现在和艾莉，我们俩恋爱了，以后我们就是家人亲人，你不用避讳什么。"

这真是这一天中最令人开心的消息了。艾茉开心问道："真的吗？没听艾莉说起，上次，她说你们是演戏，没想到你们真的在一起了，真是太好了！"

"当然是真的了，不信你问她。"周逸辰坦坦荡荡。

"太好了。我们艾莉很任性，你要多包容她啊！"艾茉这个娘家人开始给妹妹护短撑腰了。

"放心，我肯定会对她好的，再说，她不像你说的那么任性啊，很懂事的。"

车子不知不觉已开了快半个小时，艾茉抱孩子的手都酸了，花生米也睡得很熟了，于是决定原路返回。

到了小区门口，周逸辰恍然想起："我记得上次送你回来，也是这里？"

艾茉自嘲："是啊！我离家出走，还是租的这个小区的房子，安插在敌人心脏，知己知彼百战百胜嘛！"

周逸辰转头看了看她，劝道："别太为难自己，我希望你无论做什么选择，都是对你、对宝宝有利，你做什么决定，我和艾莉都会是你坚强的后盾。"

有了艾莉做挡箭牌，周逸辰表达怎样的关心都显得顺理成章了，到了楼下，他又主动提出送母女俩上楼。已是半夜一点，送一位女士到家门口是最基本的风度。

艾茉有点儿犹豫，恰好前几天看了一则关于电梯杀人恶魔半夜行凶作案的新闻，心里有点儿发怵，转念一想周逸辰已是未来的妹夫，便也不避嫌了。

周逸辰说道："我替你抱一会儿吧！"

艾茉悄声道："别换手了，好不容易睡着了。"

电梯上行，两人都沉默不语。为解尴尬，周逸辰哼起了歌，那是一首上世纪八十年代的流行歌曲，是那个自称很丑却很温柔的台湾歌手赵传的《那个傻瓜爱过你》。他没有唱歌词，只是闷闷地哼着曲调，可这一瞬间，关于这首歌的一段青春记忆，像一道豁然劈开黑暗的光，在艾茉脑海中打开了一扇门。

仍是那年高三在课外美术培训班的时候，有一次上晚课，回来时不过九点多，两人同路，不巧那天艾茉不知吃了什么闹肚子，经过一片棚户区时实在难以忍受，就找了一个僻静的厕所。那地方本就偏僻，恰巧路灯又坏了，她匆忙进去后才发现，里面也没有灯，并且是那种简易的蹲坑，她有点儿害怕，忍不住厚着脸皮对外面喊了一句："周逸辰，你等我啊，别走啊！"周逸辰在外面很快应声："没走没走，我等你，别怕！"后来，为了表示他没离开，他在外面唱起了歌，那次是声情并茂，艾茉至今能清晰地记起歌词："有一只鸟孤单地在飞翔，今天天气不怎样，想飞怎样也飞不出那个网，它仍努力摆动翅膀……只愿你会记得我，有个傻瓜爱过你。"

电梯"叮"一声，楼层到了，关于白衣飘飘、竹马年少的回忆也被拉回到现实中，艾茉看了一眼周逸辰，心里有一丝惘然，和刚才听到他和艾莉谈恋爱的消息后的心情一样，吃惊之后剩下一丝淡淡的惘然，就像旧箱里搁置的铺满灰尘的儿时玩具，忽一天收拾出来送人，那种心情怪怪的，难以言表。

进了家门，将熟睡的花生米放到床上，艾茉已是筋疲力尽，而周逸辰也并没有准备逗留，他环顾四周，说："这里还行，你和宝宝住也可以，只是要买菜啊，去超市什么的，可能你以后就不方便了，如果需要的话，随时找我。"

艾茉疲倦地笑笑："放心吧！我可是剁手族中坚力量。不送了，出去记得帮我带上门。"

第三十八章　育儿课堂

第二日，剁手族艾茉趁着花生米还未睡醒，为自己做了早餐，又上网买了几样家里需要的零碎物品，探头望向窗外楼下，有早起的老头老太太们已经买菜回来了，对了，她也需要买些新鲜蔬菜，听说有人搞了一个买菜网，可以送菜到家，艾茉决定试试，就在选购蔬菜的同时，她顺便打开微信，审问艾莉："你和周逸辰恋爱了？"

艾莉没有马上回复，艾茉也没有在意，继续买菜。

买完菜，对话框亮了，艾莉发了一个害羞的表情，表示承认了。

"还瞒我？"

"没有要瞒你，只是刚开始，想过段时间感情稳固了再告诉你。"

"那就好好相处，周逸辰是一个很不错的男人，你也把以前那些小女生的臭毛病改改，别太任性了。"

"知道了，放心吧！赶快去抱宝宝，我好像听到她哭了。"艾莉不想听姐姐说教，故意岔开话题。

花生米果然在这时醒了。艾茉独自带宝宝的第一天正式开始了。

根据她所了解的婆婆和大姑姐的作息时间，婆婆喜欢吃完早餐一大早就去晒太阳遛弯，然后等向华昕买菜回来，而乐乐就在家睡懒觉，这段时间是七点到八点多。回家后婆婆听豫剧休息，向华昕做饭，乐乐在电脑上玩游戏或者在客厅看电视，中午吃完饭，婆婆午睡，向华昕送乐乐去兴趣班，自己也就在外面的棋牌室摸两把。下午吃完晚饭后，婆婆和向华昕一般都不下楼了，在家等看八点档的电视剧，而乐乐会下楼去找小朋友玩。

为了避免不必要的麻烦和解释，艾茉决定错开这几个时间段。九点，她把自己和花生米收拾停当，推着她出了门。电梯里也没遇到什么熟人。他们这层楼的住户结构很简单，和艾茉家对应的那个大户型住了一个儿女有钱但都不在身边的瘫老头，常年不出门，由一个保姆照顾着；其他三户人家，一对是刚结婚的年轻夫妻，每天早出晚归，偶尔见了也只是点头之谊；一户也是常年出租，房客常换；另一户是个单身宅男，不太遇见。

下了楼，她朝小区后面走，他们这个楼盘很大，靠近西门有一个人工湖，湖里有荷花，湖边绿荫如盖，坐在湖边晒晒太阳吹吹凉风，很是惬意。艾茉在育儿网站看到专家说，早上九十点和下午四五点，阳光中紫外线的A光束成分较多，是储备体内阳光维生素——维生素D的大好时间，同时还可以促进肠道钙、磷的吸收，增强体质，有利于骨骼的正常钙化，真是好处多多。以前她只是偶尔走西门时路过这里，现在为了避开婆婆他们惯常的活动场所，第一次带花生米来，孩子很开心，短短一个小时，花生米结识了两个比她大两个月的大宝宝，艾茉认识了两位新手全职妈妈，那两位妈妈也是全职在家带宝宝，宝爸上班后就剩下宝妈一人。

三个女人交流了经验，那个胖点儿的宝妈满腔怨言："乖点儿的宝宝一个人还好带些，像我家宝爱生病，还好动，我一个人带就特别累。四个月的时候，有时放他一个人躺床中央，我走开不到半分钟，就听到"咚"一声摔下了床，啊哟我那个心疼啊！十二个月会走路了，更不省心，有时看着他走得好好的，眨巴一下眼，他就一头撞在墙角，磕得脸一片青，类似事件发生了不少起，真是防不胜防。我一个人，基本没时间干自己的事情，都是等她睡了，我才干一些家务或者烧烧饭菜，赶紧填饱自己的肚子，再赶上他生病，啊哟，那一次我差点儿累断了腰，他光是拉肚子就拉一个月，隔三岔五跑一次医院提新鲜的稀便，还得两小时之内再赶到医院检查粪常规，我以前光听到过血常规尿常规，谁知道还有粪常规呢……他再发几个烧，那就是基本通宵看着，一小时量体温，喂药，物理降温。八个月大时，得了个小儿肺炎折腾了近两个月，所以宝宝只要身体健康不生病，我就觉得很轻松很幸福了。"

另一个瘦点儿的宝妈说："我儿子八个月了，一直是我自己带，其实只要根据他的作息规律安排时间，统筹兼顾，不怎么累，儿子会自己玩，只要设置好环境没有危险就可以。你们知道我最怕什么？最怕好心的邻居、朋友来，说带我们出去玩之类的，还有我亲爱的婆婆心血来潮突然造访来看孙子，他们都只顾自己的时间，从来不管你们什么时候吃饭什么时候睡觉，有一次下午一点多，宝宝该睡觉了，我婆婆来了，非要抱着孩子玩，孩子闹觉，不肯乖乖玩，不停哭闹总缠我，我还是不得休息，搞得我心里又烦，一天就全毁了。”

艾茉虚心请教：“那你都是怎么合理安排、统筹兼顾的呢？讲讲呗！”

宝妈好为人师，津津乐道：“比如我把婴儿床的床板降到最低，放他在里面玩，我就可以洗件衣服拖个地，锅里给他蒸鸡蛋的时候，我会趁机给他洗个澡，要去晾衣服就把他放学步车里……”

宝妈的经验还没分享完，一个个子高挑的宝妈打断了她的话：“我觉得这样不好。把孩子一个人放床上，就算有围栏挡着摔不出来，可他在里面磕到碰到呢？如果有细小的东西吞到肚子里怎么办呢？蒸蛋的时候去洗澡，没关火会不会危险呢？还有啊，八个月的宝宝就放学步车里，有什么好处，等到他真正学步的时候，他会感到迷惑茫然。培养孩子自己玩，你倒是轻松了，可是宝宝需要和爸爸妈妈交流沟通，这个月龄，需要体验很多东西，也是学说话的好时机，妈妈要和宝宝多讲话多交流。我觉得，看小孩就要全心全意，不能兼顾，否则比较容易出状况。”

聊天里有了不和谐音符，公说公有理婆说婆有理，好像都很有道理，本来信心满满的艾茉也茫然了。

回到住处，她一直在思忖着那几位宝妈的话，考虑到底哪种做法才是科学可行的。买菜网的人正好送了菜来，她想了想，把花生米放在婴儿安抚摇椅上，这玩意儿当初还是听了姜黎黎的建议买的，折叠简便，花生米非常喜欢躺在里面听着音乐摇啊摇。艾茉开始淘米洗菜，因为是小户型，厨房和客厅一体，做成了开放式韩式厨房，洗菜切菜炒菜，正好可以面对着宝宝，艾茉利用这个时机，也不忘对孩子早教，切西红柿的时候，她举起西红柿告诉她：“宝宝，看，西红柿！西红柿，红又圆，营养丰富味酸甜。”择青菜的时候在孩子眼前挥一挥告诉她，“青菜，青菜青，绿莹莹，自来水，清又清，洗洗青菜很卫生。”花生米也不知听懂了没有，挥舞着小手，咯咯咯地笑。

西红柿鸡蛋面，这是她搬到这里吃的第一顿自己亲手做的正餐，味道不错，营养丰富，简单易操作，但绝没凑合。

吃完饭和花生米玩的时候，老向打来了电话。

“吃饭了吗？住得还习惯吗？花生米乖不乖？我这边很忙，等忙完这阵我就回去看你们。我看新闻说咱们那边要下雨了，给花生米和你都多穿件衣服，别感冒了。”

“花生米很好。你还有事吗？”艾茉的回答简单利落，将老向表忠心的热情浇得透心凉。

下午和花生米一起午睡，补了昨晚的觉，晚上也没凑合，又用同样的方式做了晚饭，小米粥，拌凉菜，煎烤肠，馒头，花生米现在吃辅食，小米粥喝了大半碗，喂粥的时候，艾茉也念念有词有儿歌：“小米粥，有营养，宝宝吃了身体棒！”

晚上九点，花生米的眼皮开始打架，就在艾茉准备抱她上床哄睡时，突然停电了。艾茉怕黑，花生米也怕黑。艾茉本以为一天的工作就要结束了，谁知道又一个考验来了。

天气本来就热，各地高温限电，没有了空调下的适宜温度，没有了光明安全的睡眠环境，本已迷糊的花生米开始号啕大哭。

艾茉抱着她，也不敢满屋子转，毕竟刚搬来，对环境不熟，黑灯瞎火把自己再绊倒就麻烦了。天太热，她打开了窗户，一股沁凉的风灌进来。花生米的哭声小了一点儿，可仍惊恐地睁着眼睛四下望着昏暗的房间。艾茉把手机、小手电、充电宝等一切会亮的小物件全找出来，打开和花生米玩，花生米对黑暗中闪闪烁烁的光点很好奇，停住了哭声，玩了一会儿，终于困了，主动依偎到艾茉胸口找奶吃，艾茉拍了拍，孩子很快睡着了。

忙碌了一天，她也终于可以安安稳稳地休息了。电还没来，但此刻，在适应了最初的漆黑之后，屋内的景物在眼前渐渐清晰起来。窗外的月色和城市的景观灯火，将昏暗的房间照得恍如白昼，房子里的一切清晰可见，没有暗处的鬼魂，没有阴影里的怪物，也没有那些想象中的不可知的危险，原来停电并不是那么可怕。

艾茉躺在没电的房间里，想自己触礁的婚姻，想未知的未来，她忽然觉得，自己现在的生活就像一间屋子忽然停电了，停电并不可怕，黑暗和迷茫并不可怕，停电了只是让人沉下心绪，睁大眼睛，把眼前的一切看清楚。她问自己，身边发生的一切，都看清楚了吗？老向的“嫖娼”，到底是身心出轨，还是另有隐情？如果是和前女友的旧情复燃，为何演变成女友变“小姐”的误会？是误会，龚贝贝在派出所为什么不解释清楚？疑点太多，堪比悬疑案，想得艾茉脑袋疼。她又想到以后的生活，是离婚还是等老向给她一个合理解释完美台阶后就坡下驴？如果离婚，怎样才能让花生米健康快乐地成长？如果不离婚，又怎样才能让花生米健康快乐地成长？这些问题，就像一团乱麻，剪不断理还乱。

一个星期后，向华昕终于知道艾茉不是去旅游，而是离家出走了。因为她听到母亲在打给儿子的电话里怒骂："你个没出息的东西，赶紧叫你老婆回来，她不回来也行，把我孙女还回来，大人吵架，别让孩子在外面跟着受委屈。"

老向正忙，在电话里匆匆忙忙地解释："妈你放心，你孙女好好的一点儿事没有，等我忙完这几天回去再说。"

母亲挂了电话脸色很不好，一个人趴在客厅窗户前望着楼下生闷气。

向华昕小心翼翼地打探消息："艾茉到底带孩子去哪儿了？不是去旅游吗？"

母亲转头瞪了一眼，恶狠狠地说："还不都是你作的？"说完一颠一跛地朝自己屋里走去。伤筋动骨一百天，现在快四个月了，老太太的伤腿恢复得不错，已经扔掉拐杖慢慢行走了。

向华昕炸毛了，哭嚷："连你也看我不顺眼了是吧！那我搬走，我一会儿就去找房子，下午就和乐乐搬出去，您眼不见心不烦，就当没我这个女儿。"

她果真准备出门去找房子，被母亲一声喝住了："回来！"

向华昕窃喜，就知道妈疼闺女，会哭的孩子有奶吃，她从小不让母亲省心，可母亲一辈子最疼的还是她这个没用的大女儿。谁知母亲这次并不是挽留，而是认真不容置疑地宣布："你先老老实实地待着，哪儿都不许去。等你弟弟回来，你是去是留，看他怎么说！"

母亲这一番话，让向华昕的心情跌入谷底，心里升腾着一股悲凉。谁说娘家就是避风港，有妈的地方就是家？她在这一刻才体会到"嫁出去的女儿泼出去的水"这句话的无情。艾茉带着孩子离家出走了，母亲今天能说出这么无情的话来，说明艾茉离家肯定和自己有关系，母亲说是去是留看他怎么说，那么自己显然会是一个舍卒保车的命运，她会是那个卒，无足轻重。想到这里，她对艾茉的讨厌就更多了一层。

第三十九章　爱的迷藏

周末下午两点半，是三个女人惯常的女人时光，商场里冷气舒适，艾茉和姜黎黎坐在甜品店里，姜黎黎很贴心，把保姆育儿嫂和孩子都带出来了，育儿嫂抱了花生米和妙妙肖肖到旁边的儿童乐园里去玩了，小佟又被指派去地下一层的超市为艾茉采购，艾茉这才得一刻清闲。

三个女人的时光，周小荻缺席了。

“听说又和谢晖吵架了，她带着孩子回四川娘家了。”姜黎黎说。

“上星期见她还好好的呢！我们这到底都是怎么了？”

“这次吵得挺厉害的，上次让谢晖糊弄过去了，这次，说不定要离婚了。”

“还是为那个女人？”

“好像是吧！我也不是很清楚，就是打电话约她出来，看她言语闪烁，追问了几句，她怕给咱们添乱添堵，也就没说，而且她那边好像也挺忙的，说是她父亲生病了在住院，就挂了电话。”

艾茉搅了搅杯子里的奶昔，目光落在桌面上，心情沉重，说道：“也许，我也会离婚。”

姜黎黎在婚姻边缘游离久了，有点儿玩世不恭，漫不经心地说：“离婚，也没什么大不了，我说不定有一天也会和林清远离婚。现在这个社会，你知道什么多？剩女多，离婚女多。真的，你别不信，我看一张报纸上还说，这是社会进步的表现，说明很多女人对婚姻有了要求，以后这类女人慢慢越来越多，男人就会郑重地去考虑女人的要求。女人有什么要求呢？就是我们不愿被随便对待，不愿面对劈腿出轨小三情人等各种问题，如果你不够好，对我不够好，我随时有行使放弃男人的权利。”

艾茉轻轻地笑了："你的脸皮还真够厚的，让我捏捏，什么做的？"她伸手去捏姜黎黎的脸，姜黎黎躲开了，娇嗔地埋怨："别把我的妆给弄花了。"

"就女人对婚姻有要求，男人就没有吗？你和小佟怎样了？还纠缠不清？你就真的不怕林清远知道吗？"比起周小荻，艾茉更担心的是姜黎黎。从古至今，社会都对男人宽容度很高，古代可三妻四妾，现在虽是一夫一妻，可男人出轨了，只需屁股擦干净作悔过状回来，女人就要感恩戴德倍感珍惜；女人情况则不同，现在虽不兴浸猪笼了，可女人出轨通常很难得到原谅，即使因为种种原因被原谅，之后的婚姻生活也不会幸福，她会被一生钉在耻辱柱上。

姜黎黎嗤之以鼻："他？他才懒得管我，每天早出晚归，哪有时间管我？再说，他凭什么管我，他是半斤，我是八两，我俩扯平了。"

艾茉被姜黎黎气得骂人："你这什么狗屁理论？人家做什么了？充其量就是缅怀了一下亡妻，像苏轼一样抒发一下'十年生死两茫茫'的文人情怀，你呢？"艾茉压低了声音："你可是真刀真枪地实干啊！"

艾茉说得露骨，连姜黎黎也觉害羞，红了脸骂："你要死啊！"旋即正色道："他算什么苏轼，你知道我现在生活在那个家里是什么感觉吗？你看过《蝴蝶梦》吧，我就像《蝴蝶梦》里的那个女主人公，而那个女人就像吕蓓卡，她简直美得没法形容，人人对她着迷，连家里的狗都对她忠诚，然而她却在最美最好的时候死了，她留在他脑海里的是永远不老的容颜，是我每天连敷三张面膜也比不过的，他怎么会是真心爱我？只是用我来对抗孤独吧！你不知道他对我说话是多么敷衍，可他一个人沉思的时候却那么认真，他在沉思什么？肯定是在想她，他从来不在我面前提往事，可一个人在书房里一连抽二十根烟表情悲苦，当我看不出来？"

艾茉没再说什么，因为育儿嫂抱着花生米回来了，花生米找妈妈哭起来了。艾茉一张手，孩子马上眉开眼笑。就在这时，她一抬头看到了妹妹艾莉。今天是周末，艾莉出来逛街也不奇怪，只是她手臂上挽着的那个男人却不是周逸辰，而是一个更为年轻帅气的同龄男孩，他们从扶梯下来，朝下一层走去，没有看到艾茉。

艾茉当即就给艾莉打电话问她在哪儿。

艾莉倒老实："我在银泰逛呢！给花生米买了好几件衣服，小女孩的衣服萌死了。”

“你和谁逛啊？”艾茉装作漫不经心。

“男朋友啊！”

“谁啊？”

“明知故问。周，周逸辰啊！不信我让他接电话你听。”艾莉说谎不脸红，胆子也够大，敢唱空城计。

艾茉将计就计：“好啊！让周逸辰接电话，有个关于小孩辅食的问题我想请教一下他。”

“周逸辰，逸辰！”艾莉在电话那头装模作样地演起来，叫了几声之后，对艾茉说，“他去上厕所了，等会儿出来我让他再打给你吧！”

“算了不用了。”艾茉对妹妹这种浮夸拙劣的演技实在看不下去，又不想马上拆穿她。

艾莉像没事人一样，开心地说：“等下逛完我去家里找你吧！你在家吧？我把给花生米买的衣服给你送过去。”

这一次轮到艾茉慌乱了，她迅速编借口：“呃，我，我不在家，在姜黎黎家，还不知道什么时候回呢！你逛完就回吧！下次再来。”

“别啊！小孩子长得快，下次是什么时候？再送去说不定都穿不上了，岂不是辜负了我这小姨的一片美意。”

“我真的不在，说不定今天晚上就住姜黎黎家了，明天我们一起带孩子去水上乐园，也不在家。”艾茉故意把话说死，她不能让艾莉去家里找她，否则就露馅儿了，她不想让艾莉知道她从家里搬出来了。艾莉如果知道了，父母也就马上知道了，她不想让父母为自己操心。

挂了电话姜黎黎马上发难：“你乱点什么鸳鸯谱啊！别说周逸辰对你没什么，傻子也能看出来，你这又给妹妹牵红线，算怎么回事啊？”

艾茉语气轻松调侃：“我是怕她以后沦为剩女啊，所以现在早点儿下手。”

“那也别拿你的老情人下手啊！”

“什么老情人，说那么难听！没错，周逸辰这样的好男人我错过了，为什么不能介绍给妹妹，这叫肥水不流外人田你懂不？”

姜黎黎吸一口果汁，问：“那又是住我家，又是明天逛水上乐园，是什么意思？”

“她要去家里找我去，我就只能暂时扯个谎。我不想让她知道我从家里搬出来了。”

“早晚得知道。”

“那就晚点儿知道吧！我不想让她早一天看到婚姻的残酷，希望她永远相信童话里的爱情。”艾茉幽幽地说。

第四十章 爱的侦探

在艾茉搬出家里两个星期后，老向回来了。他没有先回家，而是直接给艾茉打了个电话，问她住哪里，他想去看她。

“看我就不必了，我很好。”

“那我看孩子总可以吧！”

这理由无懈可击，是离婚男人都有的权利，况且她和老向还没离婚。

艾茉说了一个离小区不远不近的咖啡馆，约他在那里见面。

老向先到，一见到花生米就伸手要抱，可孩子并不给他面子，转脸往艾茉怀里钻。

老向很失望，坐回座位。眼前的桌上摆了牛排和沙拉，是咖啡馆的简餐，这家咖啡馆的咖啡不怎么样，牛排却很有名，以前和老向恋爱的时候常来。意识到这一点，艾茉有点儿后悔选了这个地方，她不想让他感觉到任何感情的暗示，尽管她对他还有感情。

“我来抱孩子，你赶快吃吧！一会儿该凉了。”老向再次伸手，花生米犹豫了一下，认出这是多日未见的爸爸，才张手让抱。老向抱过孩子后又多了句嘴：“你现在肯定每天吃饭凑合，所以我就提前点了你爱吃的。”

艾茉很不满老向的说法，这是对她能力的藐视。她冷笑了一下：“凑合？我现在吃饭还真没凑合，中饭两菜一汤，身体健康，晚饭荤素搭配，精神百倍。吃得好睡得好，奶水也足，我们母女俩过得自在着呢！”

“真的吗？那就好。你现住在哪里？住处环境怎么样？我想去看看。”

“不行。”

“为什么不行？”老向无辜的提问简直要把艾茉气炸了，难道自己做得还不够明显吗？她是在离家出走啊！离家出走了啊！

艾茉只好提醒他："我希望你能正视一下我们之间的问题，不要避重就轻。"

老向的回答让艾茉有些吃惊，他平淡地说："既然你已经搬出来了，那就先住着吧！如果住的地方不好，你们住到咱家那套出租的小公寓去吧，大不了就是让房客搬走就损失点儿钱。"

他竟然没有恳求艾茉马上跟他回家，虽然艾茉不会这么做，可这不是一个犯错的男人对离家出走的女人该做的吗？

艾茉出离了愤怒，拿起刀叉狠狠地切了一块牛肉，口气强硬："不用。"

这时老向才流露出一丝愧意，叹口气说："家里的环境现在确实不适合孩子，也委屈你了。给我一些时间，等我处理好家里的事，再接你们回去。现在我不能让姐姐搬出去，即使是我出钱也不合适，她现在……"老向支吾了一下，好像是在犹豫要不要说，最后还是说了，"程刚谈了个女朋友，好像要再婚，我姐有点儿接受不了，心情不好，这个时候再被娘家人扫地出门，她会崩溃的。"

"扫地出门？谁要把她扫地出门了？说那么难听。"艾茉放下刀子，顺了顺气，一本正经地说，"向华晟，我希望你搞清楚，我们之间的矛盾，除了孩子的生活环境问题，还有你的问题。"

"我有什么问题？"老向一反问，马上意识到他以为已经翻篇的问题其实根本没有翻，女人这种构造奇怪的生物，尤其像艾茉这种爱嫉妒又记仇小心眼的体质，几年前老向吃完饭答应刷碗却没刷都会被记着，何况是"出轨"这样的大事。

老向压低声音："都说一百遍了，我没有，没有，你怎么不依不饶，你到底想怎样？"

艾茉已吃完了牛排，她擦擦嘴起身，走近老向，花生米一见妈妈走近，马上扭手扭脚不让爸爸抱了，挣扎中一只小鞋子掉了。艾茉捡起鞋子，温柔地给孩子穿鞋："两只小鞋是朋友，穿错它就歪歪头，穿对它就碰碰头。"

"相信我，我真的没有。"老向再次澄清。

可观点没有论据支撑，显得单薄无力。艾茉从他手中抱起孩子，又坐回座位，说："说真的，发生这么多事，我也重新认识了自己，我发现我比以前认识的那个自己要冷静得多。我之所以没有一遇到问题就说离婚，是因为我觉得，你犯那样的错我也有责任，是因为我们有了花生米不能轻言离婚，可是不离婚，我不知道还有什么路可以选择，可是如果我继续留在那个家里，会丧失我作为女人的尊严。我只能搬出来。如果你愿意，我们一起找一条路，寻一个解决问题的方法。”

“好！只要不离婚，怎样都行。”老向满口答应。

“那好，我带孩子回去了。”艾茉起身。

“我送你们回去吧！你住哪儿？就说个小区名，我不上楼不进屋总行吧！”

“不行。”艾茉态度强硬。

老向只好目送妻子和女儿消失在街角，然后自己上了一辆出租车。他坐在车里抽了一根烟，回公司总部办了点儿事，才疲倦地往家赶。

出了电梯，一低头，忽然发现一只蓝色的婴儿鞋，鞋面上有一只白色的小兔子，非常可爱。老向把那只鞋子捡起来，拿在手里端详着，若有所思，他记得好像刚刚在哪里见过。花生米的鞋？对，花生米刚才穿的鞋和这个一模一样。他将那只鞋子轻轻地装进自己的口袋里，四下里望了望，然后步履轻松地哼着歌去开门：“两只小鞋是朋友，穿错它就歪歪头，穿对它就碰碰头。”

第四十一章　咫尺天涯

老向进门时，向华昕正拖着大箱子往外走。老向拦住她。

“干什么去？”

“我搬走。”

“回去，别闹了，还嫌不够乱啊！回去。”

姐弟俩拉拉扯扯，最后老向总算把向华昕劝好按到了沙发上。她一坐下眼泪就下来了，哭道：“妈说了，艾茉搬走了，都怪我，都是我作的，让我等你回来听候发落，还用你发落吗？我和乐乐搬走就是了。”

老向好言相劝：“别听妈瞎说，艾茉只是和孩子去旅游了，完事又回娘家住一段时间，岳父母想花生米了，和你有什么关系啊！”

“真的？”

“真的。”老向说谎不打草稿。

向华昕像小女孩一样抹了抹眼泪噘嘴道：“人家都去旅游了，弟，我也要去旅游。”

乐乐也凑热闹：“我也要去旅游，我们班敦敦暑假去新加坡了。”

母亲李敏英一听，嘲讽女儿：“你旅游，看你有没有那福分。乐乐，你爸这个月的抚养费给了吗？”

老向示意母亲少说两句，耐心地劝姐姐：“旅游，当然可以啊！可不是现在，等妈的腿好利索了，我给你们报团去，可是现在你走了，把妈一个人留家里，我又在工地，你能放心？”

向华昕撇撇嘴：“那不是还有艾茉吗？她也该回来了。”

老向皱皱眉，深深地叹口气，姐姐的无理取闹让他很头疼，他想了想，说：“这样吧，我给乐乐报一个夏令营，你就先留在家里照顾妈妈！姐，你是聪明人，理解一下我好吗？”

再冷血的人，听到老向几乎低声下气的恳求也会心软了。向华昕勉为其难地答应了。

母亲在一旁嘟囔：“她自个儿有钱让她去旅吧！去美国旅吧！我不用她管，我有手有脚的。”

“妈！”老向无奈地拉长声音喊了一句。三个女人一台戏，现在少了一个女人，这戏还是这么热闹。

晚上躺在冰冷的大床上，老向心里很不是滋味。是的，大暑天，他没有开空调，却感觉床上是冰冷的，耳边没有了艾茉的唠叨，枕头上没有艾茉常用的薰衣草香的洗发水味道，他很不习惯，婴儿床空空如也，床栏上搭着一件花生米的小裙子，屋里也没有了花生米的哭闹声和欢笑声，安静，祥和，舒适，适合睡眠，老向却怎么也睡不着。

母亲推门进来，脸色冷峻，开门见山：“我想孙女了，你给我找回来。”

老向起身，上前扶妈妈回屋，口中答应得很干脆：“放心吧！你孙女好好的。”

老太太被糊弄回自己屋里躺回床上，才忽然想起，儿子并没有答应什么时候接花生米回来啊！她又想去问个究竟的时候，楼上的夫妻又打起来了，八点档肥皂剧没看过瘾，这深夜档的家庭剧看看也不错。深夜有了聊赖，可缓解对孙女的想念，咦，伴随着楼上夫妻吵架声，哪里传来隐隐的婴儿哭声？他们什么时候添了孩子？剧情越来越过瘾了。

夏令营的报名很快办好了。乐乐第一次出远门，穿着统一的队服，背着统一的书包，和一群刚刚认识的小朋友在一起叽叽喳喳好不开心。老向回来到总公司办了点儿事第二天就走了，向华昕亲自送儿子到集合地点。她平日里大大咧咧，可还从来没有和儿子分开超过两天，这一次竟很感伤地落了泪，嘱咐乐乐：“不在妈妈身边，一定要听带队老师的话，和小朋友好好相处，不要打架，还有，无论到了什么地方，一定跟着队伍，千万别走丢了。”

乐乐很男子汉地伸手帮妈妈抹去了眼泪，嘲笑她：“妈妈羞羞，这么大的人还哭鼻子。放心吧！我是男人了，不光会照顾自己，以后还要照顾妈妈！看，我可以自己拿行李。”

向华昕破涕为笑："呵呵！还男人，你这个小男人，赶快上车吧！"

儿子走了，艾茉和花生米不在，家里就剩下向华昕母女二人，屋里显得特别冷清，两人除了做饭吃饭，看电视，偶尔讨论下剧情，日子过得无聊透顶。三天后，向华昕坐不住了，手痒痒了，趁着母亲午睡，偷偷地出了门。

艾莉又打来电话，说要把上次给花生米买的衣服送过来，艾茉想了想答应了，她挂电话的时候不忘补充了一句："到楼下给我打个电话，有门禁你进不来，我得给你开门。"

该来的终究会来，她和妹妹现在生活在一个城市，从家里搬出来的事根本瞒不住，她决定坦白。

刚挂完电话，周小荻的电话打进来，一接通却没有人说话，艾茉"喂喂喂"地追问了好半天，那边才忽然爆发一声凄厉的哭音。

艾茉吃了一惊："出什么事了？小荻，你别哭啊，慢慢说，你在哪儿？回来了吗？到底发生了什么事你说话啊！"

艾茉急得上火，周小荻却只是哭，许久终于伴随着哭声冒出一句撕心裂肺的哭喊："爸爸，我爸没了，没了。"

"什么意思？你爸？怎么了？慢慢说。"

周小荻情绪失控，语无伦次，前言不搭后语，但艾茉最后终于听明白了，周小荻的父亲心脏病发去世了。老人本来就有心脏病，常年吃药，这次周小荻是和谢晖吵架闹离婚回了娘家，父亲听了女儿的遭遇，动气住进了医院，昨天夜里忽然病发，没抢救过来。

人常说世间事除了生死，一切都是小事。最亲的人忽然离世，这种痛苦艾茉曾体会过。高三那年，艾茉的奶奶被查出胃癌晚期，家里一直积极治疗，可依然无力回天，奶奶去世那天正值高考，艾茉住在离考点较近的舅舅家，等她三天后回来，等待她的是家中的灵堂和一张黑白定格的遗像。生命就是这样脆弱，不管你是否愿意，它会在某日不容商榷地离开你的身体，那具身体渐渐冰冷，长出尸斑，被称为尸体，最后化为一捧灰白，变成一块冰冷的墓碑。无论是辉煌，还是惨淡，这一生，就这样过去了。那一天，艾茉对着灵堂前的遗像哭得死去活来，可奶奶再不会应她一声。她常埋怨妈妈没有及时通知她赶去见奶奶最后一面，至今常常在梦里见到奶奶，梦到她上学去，奶奶追出来，偷偷塞给她一个煮鸡蛋，那鸡蛋握在手里，热乎乎的，冬天的早晨走在上学的路上，心里也暖暖的。可那种独有的专属的暖，随着奶奶的离开，从此再不会有。

艾茉在周小荻家见过她父亲好几次，大三那年的寒假还和姜黎黎一起随她回四川老家待过一个星期。那是一位和蔼的父亲，爱讲笑话，怕老婆，会做饭，给艾茉她们做火锅吃，风趣地问，你们知道四川哪家火锅最好吃吗？大家摇头，他笑道，紫金龙火锅。姜黎黎还问紫金龙在哪里，赶回去之前撮一顿，周父笑，用普通话正色道，紫金龙，就是自己弄啊！上一次周小荻闹自杀惊动父母来，周父还对艾茉悄悄说，有空多劝和劝和他们，叔信得过你。就是这样一位善良风趣的老人，才六十出头，就这样毫无预兆地离开了，怎能不令人叹息。

艾茉不知道该怎样安慰周小荻，此刻说什么都是苍白，如果现在在身边，她会走过去握着周小荻的手轻轻抱住她什么也不说，可现在什么也做不了，只能空洞无力地说："小荻，你别哭，别哭，我，我能做点儿什么？"

周小荻仿佛已经患了失心疯，根本没听到艾茉在说什么，只是不停地重复道："都怪我，都怪我，我不回去向爸妈诉苦就好了，我长这么大了，还让爸爸操心生气，我不孝，如果不是我的事，爸爸就不会，不会，我恨谢晖，我恨他。"

"小荻！"艾茉抓着电话的手在颤抖，声音也在颤抖，"小荻，你们到底发生了什么事？上次问你，你又不肯说。这样吧，我安顿好花生米，去看你。"

一听艾茉要来，周小荻从神思恍惚悲痛欲绝中清醒了，吸吸鼻子连忙制止："不用不用，真的不用，我们这儿山高路远的不好走，我就是，就是心里难受，找个人说说。家里的事我哥在呢，你别为我操心了，有什么事我回去再说。"

也只能如此了。

挂了电话艾茉还有一点儿恍惚，艾莉的电话把她一惊。艾茉忽然改变主意，不能让妹妹上来，不能让她知道现状，周小荻的事给她提了个醒，儿女自有儿女福，长大了，不能再让父母跟着操心操肺了。

"莉莉，你到小区外的XX蛋糕店等我吧，我婆婆午睡了，咱俩在那儿聊。"她随口撒了个谎。

艾莉嘲讽她："哟！跟个低眉顺眼的受气小媳妇一样。"

到了蛋糕店，艾茉才发现，原来艾莉是和周逸辰一起来的。艾茉暗呼完蛋了，一走近先把周逸辰拉到一边，小声嘀咕："你都告诉她了？"

"我发誓，绝对没有。这两个星期我一直忙，有好几台大手术，根本就没时间见面，就算我想说也没机会说啊！"周逸辰辩解。

艾茉却一下子抓住话柄："你说这两个星期你们根本没见面？"

周逸辰连忙改口："呃不对，上个周末，和莉莉在银泰吃了个饭，看了场电影！"

艾莉从姐姐怀中抱过孩子，逗弄起来。艾茉满腹狐疑地坐下，一副审问的架势："你说上周末你和莉莉去了银泰，你穿了什么颜色的衣服还记得吗？"

周逸辰不会说谎，额头冒汗，目光躲闪："我穿了蓝格子？哦不，白T恤！"转念一想又不对，回头犹疑地问艾莉："我那天穿什么颜色的衣服了？"

"姐！"艾莉抗议，"别像TVB的法官审犯人一样，我就纳了闷了，怎么TVB里的嫌疑人一个个都跟黄蓉她妈一样，记忆力那么好，某年某月某日，星期几，干了什么，记得一清二楚。我忘记了怎么了？"

她知道艾莉今天故意带周逸辰来，是为了自证清白的，可艾茉其实正心烦意乱，无心追究也无心争辩，小声道："做贼心虚。"

艾莉翻翻白眼。

略坐了坐，闲聊了几句，艾莉临时有工作要走了，花生米也闹觉了。三个人走出蛋糕店，周逸辰别有深意地问："你需不需要去超市或菜场购物什么的？我今天恰好休息，可以代劳。"

艾茉知道他是好意，可又怕他的关心在艾莉面前露出马脚，于是瞪眼："我去超市做什么？买菜也不用我买，花生米的姑姑管买菜做饭，我只要带好花生米，别让外婆外公操心就行。"

周逸辰听懂了，歉然地笑笑，噤声不语了。艾莉丝毫没品出话味，大大咧咧地说："姐你别客气，他以后就是咱们家的免费劳工，不用白不用。"

艾茉笑了："咱们家的？怎么，这么快就想嫁给人家了？这可得好好想想。"她温柔地伸出手，替艾莉拿掉沾在头发上的一片小碎叶。

她抱着孩子往回走。刚出了电梯，忽然听到旁边那部电梯传来绝望恐惧的呼救声："有没有人啊！救命啊！华昕，华昕啊，你去哪儿了？"这声音再熟悉不过，是婆婆的。

第四十二章　授之以渔

艾茉大吃一惊，拍了拍电梯门，焦灼地喊：“妈！是你吗？是我，艾茉。”

婆婆听到有人应声，心情平复了一些，问：“花生米呢？花生米现在你抱着吗？”

“在呢！我抱着。”花生米听到自己的名字，又听到奶奶熟悉的声音，欢快地发出咿咿呀呀的声音回应了一下。婆婆听到花生米的声音，心情放松下来，声音里漫溢着欢喜：“花生米，米米，有没有想奶奶啊！”

“哦！啊！”花生米手舞足蹈。婆孙俩热烈地“交谈”起来。艾茉给物业打了电话。

过了一会儿，物业的人来了，电梯门很快打开，婆婆被拉了上来。老人受了点儿惊吓，又在电梯里闷了半天有点儿胸闷，并无大碍。一见到艾茉，她的脸拉得比马拉松的跑道还长，伸手就要抱孩子：“给我。”

艾茉本能地躲了一下，婆婆马上怒了：“你还回来干什么？你不是出去自在去了吗？要走你自己走，把孩子给我。”

艾茉看了看在旁边修电梯的那几个工作人员，脸上讪讪的。敢情婆婆以为艾茉离家出走没人去接，便自觉无趣灰溜溜地回来了，这样回来的人是没有台阶没有底气矮人一截的，可艾茉总不能说我不是回这个家我是回那个家，她又不想在楼道里上演抢娃大战，既怕别人笑话，又怕伤到孩子，于是松了手。

婆婆抱着孩子，掏钥匙开门，径直进了屋，腿脚已经很灵便了。

艾茉无奈，只好跟着进了屋，这才后知后觉地回答婆婆刚才的问题，说：“我，我回来拿点儿东西。”

婆婆拿眼皮翻了翻，一副大度的样子：“拿吧！”

艾茉其实真的有好些东西需要拿，其中最重要的就是她的画具。这些日子她认真想过了，从这个家走出那一刻，她已经预知了各种结局，做好了最坏的打算，如果最后真的选择了离婚，她必须从现在开始做好做单亲妈妈的准备，她要工作，她要挣钱，她要给花生米提供一个至少不比现在差的成长环境。

在阳台上找到了自己的画具，又在卧室拿了几件自己和花生米的换洗衣服，来到客厅。

婆婆正和花生米逗乐，婆孙俩玩得很开心，不待艾茉开口，婆婆抬头，语重心长地说："一家人过日子，怎能没有磕磕绊绊，华昕和乐乐都是华晟的亲人，你也应该把他们当亲人，要能容人，乐乐毕竟是个孩子，发生那样的事，谁也不想啊！"

老向"出轨"的事压在艾茉的心头，至今没对任何人说过，对婆婆也不能，即使这件事的罪魁祸首是她的儿子。他向华晟不要脸，可艾茉要。爱面子是处女座的致命弱点。她没办法向婆婆解释，其实乐乐闯祸，只是一个导火索而已，在那之前，她的婚姻里就已经藏了一个巨大的炸药包。

她走过去，把包放在地上，俯身去抱孩子。花生米一见妈妈，马上张手要抱，婆婆却一把搂过去，紧紧地箍在怀里，脸上是剑拔弩张的戒备表情："干什么？要走你一个人走，孩子是我们向家的后，你别想抱走。"

艾茉心平气和地坐下来，想起婆婆以前在医院劝她生二胎的话，心里冷笑了一下，还是说出来了："您以前不是说女孩不算后人，没有儿子就断了香火，香火是个啥玩意儿？怎么现在你承认花生米是向家的后了？"

婆婆无言以对，强词夺理："别和我玩文字游戏，我玩不过你。反正孩子你不能带走。"

孩子被婆婆箍得太紧，在她怀里挣扎着哭起来，她稍一松手，花生米就手脚并用扑到妈妈怀里。婆婆不甘心，噌地站起来，三步并作两步走到门口，挡住门："你今天别想把她抱走。"

艾茉没有马上站起来，还是气定神闲地抱着花生米在那里玩，但心里却很着急，如果向华昕马上回来，婆婆和大姑姐联手阻拦，她今天就走不掉了。她知道，婆婆阻止她抱走花生米其实只是借口，她一向也并不怎么宝贝孙女，她这样做，只是挟天子以令诸侯，挟孩子以令孩娘，当然婆婆也不是舍不得艾茉走，艾茉知道她的症结所在，那就是，钱。

老向和龚贝贝分手，人财两空，老太太是一朝被蛇咬十年怕井绳，她怕艾茉是第二个龚贝贝。想到这里，艾茉调整了语气，从随身的钱包里掏出一张银行卡来，谦卑地说："妈，这是老向的工资卡，我暂时住在外面，带在身上不方便，就先放你这儿吧！"

婆婆一见到银行卡，备战状态的表情果然放松了许多，但仍然半信半疑。

艾茉又说："我出去住，是有别的原因，是我和华晟之间的事，我只是希望彼此冷静冷静，希望你能尊重我。"

艾茉说得很真诚，婆婆再也不好意思撒泼耍横地阻拦了。艾茉抱着孩子出了家门，在门口听了一会儿，婆婆的脚步声渐渐小了，确定她已经回卧室了，她才快速回到对面的"家"。

至于刚才给婆婆的那张卡，当然是真的，那确实是老向的工资卡，上面也有不少钱，但不是全部。艾茉并不善理财，只有三张卡，一张是自己的工资卡，也是私房钱；一张是老向的工资卡，平日吃喝拉撒取用都是这张卡；剩下的钱积累到一个较大的整数时，她会取出来存到另一张卡上，那张卡是他们夫妻共有的存款，倒不是艾茉心眼多故意把数目不大的工资卡给婆婆，而是恰好身边带着这一张。退一万步想，即使和老向走到了离婚这一步，她也不会多要一分不属于自己的钱。男人的钱，是烧好了摆在桌上的鱼，这顿吃了，下顿不知道还有没有，她要有"渔"，要有钓鱼的鱼竿，而她从落满灰尘的阳台上拿出的画具，就是她的渔。

第六卷　下班不回家

第四十三章　浪子回头

谢晖在岳父的灵上跪了三天三夜。大家心里都憋着一口怨气，没人叫他起来。在灵堂前有个不成文的讲究，来跪拜和吊唁的孝子孝孙女儿儿媳们，没有亲戚来扶，自己不好起身，没人来扶，就一直跪着。这一招用来惩罚生前对老人不太孝顺的人，特别解气。

出殡那天，是个大暑天，烈日当空，墓地在离家五里的半山坡上，谢晖三天粒米未进，跟着送葬的队伍一路走，看着灵柩下葬，木偶一样跟着吆喝声跪拜，再跪拜，不知磕了多少个头，抬头时发现太阳变成一个小小的白点，眼前白茫茫一片，他眼睛一闭，天地黑了。

醒来时周小荻抱着兜兜坐在病床旁，周小荻正伸手去调点滴的速度，小护士给调得太快了。她心里已经恨死他了吧，可在这种时候，潜意识里仍关心他。谢晖心里动容，伸出另一只手，轻轻地握住了她的手，周小荻的手猛地往回一缩，目光里立刻升腾出一片肃杀。

病房里空气像一团凝固的冰，谁都没有说话，兜兜抬眼看看妈妈，又转头看看爸爸，他不知道这些天大人们都怎么了，大家都在哭，妈妈也哭，他也不敢调皮了。

过了许久，兜兜怯生生地说："爸爸，兜兜要回家。"

只这一句，周小荻的眼泪唰地落下来。

谢晖到底年轻，输完液吃了医院的饭，又没事人一个。

晚上住在周小荻家，谢晖低眉顺眼，不敢造次，话也不敢多说一句，大舅子的目光像两把刀，随时准备砍了他。

母亲把周小荻叫到一边，抹了一把眼泪，说："你爸临走时说了，有孩子了，不能轻易离婚，有了后妈就有了后爹。"

周小荻不说话。

母亲目光投向屋外，看了看正给兜兜削苹果的谢晖，又补充道："我看他这次也受到了教训，也像是真心悔改了。人生多少坎，熬一熬就过来了，都一样。说实话你爸当年也……"母亲顿了顿，"那时叫搞破鞋，你爸是车间主任，和他那女徒弟……我也哭过，也闹过，他最后还不是老老实实回家来，过后照样一个锅里吃饭，要不然，也不会有你。"

周小荻内心波动，没想到父母之间还有这样一段陈年旧事。

母亲一脸平静，又看看穿堂里父亲的遗照，若有所思："看，一辈子很快的，这就是尽头了，想一想中间那些苦啊泪啊，那就都不是事儿了。"

周小荻木呆呆的，无言以对。她惊诧于母亲那种通透达观，可又不能苟同，那种淡然，与其说是一种豁达和通透，不如说是对生活的无奈和妥协。

从母亲房里出来，经过穿堂，哥哥正坐在八仙桌旁抽烟。周小荻坐下来。哥哥看了看不远处的谢晖，对妹妹说："对那小子，我是打也打了，骂也骂了，你做什么决定，哥都支持你。你回去跟他过日子，哥就是你的后盾，你和他不过了，这里就还是你的家。"哥哥故意说得很大声让谢晖听见，谢晖回过头来很谦卑地挤出一个似笑非笑的表情，又转头和儿子玩变形金刚了。

晚上，住在周小荻少女时代的房间里。房间只有一张一米二的小床，周小荻和兜兜睡了，谢晖主动睡沙发。天气闷热，屋里只有一个落地风扇在吹，根本不管用，大家都各怀心事，谁也睡不着。

午夜时分，温度终于慢慢凉下来，谢晖三天三夜没合眼，实在太困了，终于迷迷糊糊地睡去。一觉醒来，发现周小荻不见了。

他迷迷糊糊地出门去找，在岳父的灵堂前看到了她。她保持着一个姿势，一直那样站着，像一尊沉默的雕塑，他走近，才发现她在默默地流泪。

他不知该说什么，慌慌张张地拿了一张纸巾给她擦眼泪，这一擦，哭得更凶。

这种万籁俱寂的时候，他想起很多往事。那一年他们大三的暑假，她带他第一次来家里拜会父母，就是在这间穿堂里，接受未来岳父母的审视，那时他信誓旦旦地说，以后一定会对小荻好，一辈子对小荻好；他们的第一次欢爱也是在这里，周小荻是乖乖女，保守，和他在一起很长时间，也仅限于拥抱和亲吻，毕业那年的暑假，她又带他回家，那天，父母都不在家，周小荻在院子里的水池旁洗头发，头低着，垂着一把乌发，水浸湿了上衣，一对玉兔般的乳房在半透明的小衫里随着身体的幅度晃动着，他耳红脸热，从背后抱住了她，那时的她好瘦啊！躺在他身下绷得像一张弓，他一吻她，她马上变成了柔润的奶油，温软的春水，开天辟地，在她身上想生想死的那一刻，他在心里暗暗发誓，这个女人，他要将她像自己的生命一样去珍惜。

可他怎么会有一天嫌弃她胖了，怎么会嘲讽她腰上的赘肉？怎么会和别的女人滚上了床？怎么也会真真假假地对别的女人说爱？这一刻他悔得几乎想拿一把刀在周小荻面前以死谢罪，他真是太浑蛋了。

周小荻仍在默默无声地流泪。他从背后抱住她，才发现她的身子很凉，并且一直在发抖。他听到自己也哭了，那种哭腔就像在水里浸泡过的生锈的弦，颤颤地沙哑地说："小荻，我错了，我真的错了，我再也不会了，再也不那样了。"

周小荻转过身，两人抱头哭，他又说："相信我，真的。"

过了头七，周小荻和谢晖回了家。兜兜第一次坐飞机，特别开心，他好像意识到行为诡异的父母终于和好，不会分开了，一路上叽叽喳喳，笑得特别甜。回来的第二日，谢晖如常去上班，他为处理这件事已经请了太长的假，耽误了太多的工作。临出门的时候，他很亲昵地在老婆和孩子的屁股上各亲了一口，说："大乖乖，小乖乖，好好睡觉，爸爸去给你们挣钱咯！"历史翻篇，云开雾散。

第四十四章 被迫成长

艾茉和姜黎黎摆了接风宴。

正好婆婆也想兜兜了，周小荻把孩子送去了婆婆那里，去赴她们的闺蜜之约。

这一次，她是真的把脸抹下来装进了口袋里。每次搞得满城风雨，要死要活，别人还没反应过来，他们却已经和好了。这就是所谓的“床头打架床尾和”吧！

等会儿她们问起，该怎么说呢？

这一次也活该谢晖倒霉，左拥右抱的齐人之福还没享多久，就又被老婆发现了，确切地说，这一次是儿子兜兜发现的。

有句话叫不作死就不会死。那天，周小荻正在收拾屋子，兜兜在客厅玩积木，电视开着，卫视正在播放地方新闻，兜兜忽然指着电视屏幕喊道：“爸爸，爸爸！”

周小荻正在拖地，口中有怨气：“你爸爸还不知道什么时候回来呢！”谢晖自从升职后，下班回家的时间越来越晚了，周小荻说过几次，他都说有应酬身不由己，后来越来越晚，她懒得争吵，也就不问了。

兜兜却指着电视又喊起来：“爸爸，爸爸！”

周小荻抬头一看，电视里正在播送一条交通违章的新闻，可不就是谢晖吗？他正怒气冲冲地伸手挡镜头，气急败坏地对记者喊着：“别拍了别拍了。”而他身边的那个女的，正张扬舞爪和人吵架那个，怎么看着有点儿眼熟？周小荻正要近前一看究竟，电视画面一转，开始播放下一条新闻了。周小荻心里咯噔一下，一向迷迷糊糊的她这回脑子灵光了，马上打开电脑上网搜索刚才那条新闻，点开，默默地看完，她坐在床边，突然觉得身体一阵虚软，胸口剧烈起伏着，像有一团棉花堵在那里，她忽然一阵恶心，剧烈地干呕起来。兜兜跑进来，奶声奶气地说："妈妈，饿，宝宝饿了！"

周小荻声音干涩，说："好，妈妈给宝宝冲奶！"

冲奶的时候被开水烫到了手，她吃痛地叫出了声，兜兜跌跌撞撞地走过来，懂事地说："宝宝吹吹，妈妈不疼！"

周小荻终于忍不住哭了。

视频画面里那个女人正是王雨欣。现在的新闻标题都很会抓眼球，标题叫"奥迪女怒骂交警"，奥迪女指的就是王雨欣，追尾事故发生时，正是她开着车，那辆车周小荻认得，是谢晖单位的车，她还坐过几次。大概是王雨欣车技生疏导致追尾，本来只是轻微的事故，警察开了罚单，好像是说了句蔑视女司机的话，王雨欣就不乐意了，和交警争吵起来。这都不是重点，重点是，在吵得不可开交气急败坏的时刻，王雨欣一把拉住谢晖，嚣张而又亲昵地说："老公，你不是认识交警队的人吗？打电话，给这小交警点儿颜色。"谢晖面露难色，那点儿脸面和理智他还有，王雨欣脸上挂不住，嗔怪地喊："老公！你说话啊……"

"老公"这两个字刺耳，也刺心。周小荻在心里悲凉地想，难道"老公"这个词和在街上逮着一个女人就喊"美女"一样廉价了吗？

这天谢晖倒是按时回家了，脸色很不好，一反多日来志得意满的神态，显得很落寞，从厨房经过时看了一眼，问周小荻："有饭吗？"

周小荻心里憋着气，没吭声。

没吭声就代表她在生气，她生气就证明她也知道了，不知道才怪，那个节目的收视率还是蛮高的，连谢晖的领导都看到了，这件事影响很坏，领导狠狠地批评了他，最后又语重心长地劝他："你和小王怎么回事？你家周老师我见过，人很不错，你可别被美女蛇迷惑了。"谢晖尴尬地笑笑。

现在谢晖轻描淡写地撇清自己："新闻你看了吗？昨儿去接领导，那小王非要开车，驾照还没拿到呢！出事了吧！小荻，你不会生气了吧？她那是被吓得心里发虚，虚张声势壮胆瞎胡叫呢！我和她，真的，现在一点儿关系也没有。"

周小荻轻轻勾起嘴角，冷笑了一下："上次你不是说她会调到别的科室吗？"

“我只是个小科长，人事上的事又不是我说了算，我给人事科刘科长打过招呼了，他会找机会办的。”谢晖赔着笑脸。

可现在无论怎样的理由，在周小荻这里都不被信任了，谢晖是有前科的人，有前科的人，动一下贼心那都是犯了罪。那一声“老公”，经过了多少甜蜜的铺垫，滚了多少回酒店的床单，才能那么顺口地叫出来。这一次没有捉奸在床，可比捉奸在床更让她绝望，如果说上次谢晖是一时头脑发热精虫上脑犯了错，他绝不会放下这个家和孩子，那么这一次呢？她可以想象，在王雨欣称呼他“老公”的同时，他一定也喊过她“老婆”，他们就是奔婚姻来的，他们认真了。

周小荻整个人虚飘着，再没有说一句话。谢晖自觉理亏，亲自下厨下了面条，端到她面前，兜兜过来缠着妈妈讲故事，周小荻强撑着起身，带孩子回了卧室。谢晖听到周小荻又语气愉悦地分角色有感情地给儿子讲故事，以为她没事了。

夜深了，面凉掉了，人心也慢慢变凉了。

第二日，谢晖，一如即往地去上班，晚上回来，发现老婆儿子都不在。打周小荻电话，她接了，声音是有气无力的，说自己带兜兜回了四川老家，也没哭没闹，只是说：“大家都冷静一下，有些问题才能想清楚。”

可没待她想清楚，父母就看清楚了，两人一追问，周小荻就哭了，把事情的原委一说，母亲直骂谢晖没良心，父亲不说话只是叹气，夜里，父亲就犯了病。虽然父亲的心脏病已是老毛病，可大家都将这次发病的罪魁祸首指向谢晖，周小荻也恨他恨得要死，可她最后还是和他回来了，她知道，所有的亲戚肯定都在背后骂她是个包子，不孝女，贱，艾茉和姜黎黎听了，也会这样说吧！

果然，听完周小荻不带感情色彩的叙述后，姜黎黎的火简直要掀翻屋顶，怒骂：“谢晖这个王八蛋，还没怎么样呢，小人得志，还学人家彩旗飘飘，也就你这个包子，苦水一吞听他几句好话，就傻了吧唧地回来跟他过日子，我看你就是贱。”

周小荻淡淡地苦笑一下，也没有眼泪了，整个人虚飘飘地坐在那里。

艾茉从桌底踢了踢姜黎黎，提醒她别乱说话惹周小荻伤心，可她也气得够呛：“谢晖上次不是答应和那女的断了吗？怎么又搅和在一起了？他承认了吗？”

周小荻脸色蜡黄着，目光无神，茫然地摇摇头。

艾茉也不知道说什么好了。恰好服务员上菜，她夹了一块红烧蹄髈到周小荻的碗里，柔声安慰：“先吃点儿吧！吃饱了，才有力气想问题。”

姜黎黎还是管不住她的嘴，气呼呼地说：“吃饱了才有力气斗小三，对抗拆迁队。”

周小荻面对眼前的蹄髈，忽然剧烈地干呕起来。姜黎黎倒了水给她喝，又帮着捶背抚胸。周小荻平静下来，呕出了眼泪，眼圈红红地说：“我怀孕了。”

这个消息像一枚轻型炸弹扔到空中，艾茉和姜黎黎心里是四方惊动，久久不能平静。她们都不说话了，说什么都是错。发生老公出轨这种事，其实每个女人心中最想说的是，不过了，离婚算了。可思绪回到现实中，却不得不考虑各种现实的问题——父母是否会理解你的选择？别人会怎样议论？孩子怎么办？那么可爱的兜兜，从此就没有亲生父亲的疼爱，或者没有亲生母亲的日日陪伴，对孩子的影响是难以想象的。

周小荻的心里也是左右权衡，矛盾了许久。

她没有勇气破釜沉舟，却也不愿就这样不清不楚毫无尊严地重新走入婚姻的泥潭里。可现在这个孩子来了，一切就变得顺理成章起来。兜兜需要一个父亲，肚子里那团卵泡也需要一个父亲。也许婆婆说得对，多一个孩子，肩上多一份责任，谢晖说不定就收心了，这叫被迫成长。

艾茉犹疑了半天，问：“查过了吗？你打算生下来？”

周小荻目光空茫地点点头。

姜黎黎脸上怒气未消，问：“他怎么说？”

“他也让我生下来。他和他父母一直想让我再生个女孩，他说，以后会改，让我再相信他一次。”周小荻似乎在极力证明这个孩子需要生下来的必要性，又补充了一句，“他在我爸灵前跪了三天三夜。”

姜黎黎也不知道说什么好了，只是转头小声嘟囔了一句：“狗改不了吃屎。”

艾茉心里五味杂陈，她不免想到自己和老向，谢晖屡犯不改，周小荻也算一哭二闹三上吊过了，可最终还是选择回到他的身边，那自己呢？如果老向也像谢晖这样低声下气地道歉，甚至跪地乞求原谅，她是不是会心软？可老向根本没给她这个选择的机会，想一想，她比周小荻的境遇更加悲凉。

尽管如此，她还是安慰鼓励周小荻：“既然决定原谅他，以后就学聪明一点儿。”

周小荻凄然一笑：“你是想劝我睁一只眼闭一只眼？”

“怎么会？我是说，咱们女人也要学会用智慧捍卫我们的婚姻。我妈说，婚姻就像一间毛坯房，没有哪一段婚姻不是千疮百孔的，女人一生就在为这些疮孔刮腻子抹灰，贴墙纸挂装饰画，女人对这间房子装修的好坏，也就是这段婚姻的品质。小三猖獗，就像拆迁队，我们应该做最牛钉子户，就不挪窝，死死地插在敌人的心脏上，给敌人点儿颜色看看。”

姜黎黎讥讽她：“你呀，也就旁观者清，讲起道理一套一套，轮到自己，还不是先乱了阵脚，敌人还没进攻呢，自己先撤了。”

艾茉反驳：“我这叫以退为守，你读过孙子兵法吗？”

周小荻喝了一口水，一脸哀伤：“捍卫婚姻？还插在敌人心脏？什么以退为守？这话听起来怎么这么视死如归硝烟弥漫的？婚姻是打仗吗？婚姻需要捍卫？”

姜黎黎白她一眼：“婚姻可不就是打仗吗？小三，二奶，七年之痒，审美疲劳，性功能障碍，这些都是敌人，一个个前仆后继地扑上来，女人一辈子就和这些敌人做斗争了。不然你以为婚姻是什么？”

周小荻目光远远地望向窗外，这里是一家私房菜馆，窗外是一个小小的花园，夏花簇簇，绿荫亭亭，她那颗少女心这一刻又泛滥如灾，充满期冀地说：“我曾经以为，婚姻是一座花园，我种下种子，培土，施肥，除草，捉虫。春天云生雨，它悄悄生长；秋天叶随风，它长成参天大树。就像那首诗里写的，根紧握在地下，叶相融在云里。”

姜黎黎不以为然，万事都勘破：“其实都一回事，除草捉虫，不就是斗小三吗，如今小三可是四害之首。”

“总之以后，你多长点儿心眼，也别因为带孩子忙，就对他整天不闻不问，多留意他动向，有什么苗头，及时掐灭在摇篮里，总比后院起火了自己着急伤心强。”艾茉说。

第四十五章　陌生身体

艾茉的忠告，周小荻还是听进去了。

接下来的日子，谢晖很是老实，每天六点半准点到家，吃完饭会主动刷碗，然后陪兜兜玩一会儿，临睡前带兜兜洗澡，父子俩在浴室里打闹，声音浸着水传出来，特别清亮开心。她也问过他和王雨欣断了没有？怎么断的？谢晖很老实，实话实说。

他的交代很简单，只说约王雨欣吃了顿饭，提了分手，王雨欣很有骨气地说好，也没哭闹没纠缠。随后他们在街口告别，各回各家。

周小荻从他平静的叙述中，脑补出很多情意绵绵的情节来。比如王雨欣那双杏眼委屈地含着眼泪，谢晖心疼地揽她入怀，说着类似“恨不相逢未娶时”的话。谢晖很会说情话，只要他愿意，出口就是情诗。

可无论周小荻怎样浮想联翩，事实的结果是，谢晖恳请了他的领导，又拜托了人事科的刘科长，把王雨欣调到档案室去了。为此，周小荻特别到他们单位视察了一番。

新闻视频的事闹得人尽皆知，让周小荻很没脸，这一次上谢晖单位，有宣示主权的意思。那天她把兜兜放到奶奶家，自己特意回家洗脸，敷面膜，化妆，穿了一件新买的粉色纱裙，虽说有装嫩嫌疑，不过周小荻秀气，娃娃脸，倒很适合那样的衣服。

她是以丢了家门钥匙来找谢晖拿钥匙为借口来的，投资科是一套很大的格子间，普通的科员在外面格子间，一个有眼色的小姑娘认识周小荻，善意真诚地赞美道：“周老师，您穿这条裙子好漂亮，很显气质。”这话让周小荻很受用。

谢晖升了科长，在里面有一间单属自己的办公室。周小荻去时，他正在电脑前忙碌，见周小荻来，忙起身让座倒茶，很是殷勤。周小荻没坐，拿了钥匙就走。

档案室在二楼一上楼梯正对的那间屋子，周小荻刚才一上楼就经过那里，特意朝里面看了看——门敞开着，王雨欣正站在一个椅子上找资料，旁边有一个领导模样的人很不耐烦地催促，王雨欣唯唯诺诺。这一幕让周小荻心里舒坦了一些，她确信谢晖远离了“火”源，他们的婚姻还有救。

此行让周小荻神清气爽，她走出谢晖的办公室后又折了回去，尽量用四平八稳的语气对他说：“下午我做排骨，你早点儿回来。”

谢晖忙不迭地答应：“一定一定，老婆大人做的排骨，我怎么能错过？”

他下午果然按时回家了，还特意带了路口那家周小荻爱吃的卤味，吃完饭，谢晖主动洗碗，给兜兜洗澡，讲故事，哄睡觉，像一个合格的丈夫和父亲那样。

周小荻又是一个孕妇了，孕吐很厉害，又嗜睡，谢晖又回了趟四川，主动把岳母请来照顾妻子。父亲去世了，母亲来得无牵无挂，有了妈妈在身旁，周小荻的心情好了许多。

婆婆这一次也表现不错，刚知道周小荻怀孕就乐得屁颠屁颠地跑来，塞给她五千块钱，让买营养品补身体，还给亲家母送了一个很高档的肩颈按摩器。亲家母推辞了一下，婆婆连忙表示：“这是我和他爸今天早上特意到商场选的，听小荻说过，你颈椎不好，用这个效果特别好。”周母只好笑纳了。周小荻知道，那玩意儿肯定是公公单位发的，但为了老人们都高高兴兴，她也没说什么。

婆婆走后，周母和外孙玩。老人难免都有点儿私心，故意问兜兜：“兜兜喜欢外婆，还是喜欢奶奶？”

小孩子不会说谎：“喜欢外婆。”

“为什么呀！”

“外婆喜欢兜兜，兜兜喜欢外婆，奶奶不喜欢兜兜。”

周小荻觉得不太好，纠正他：“不许瞎说，奶奶很喜欢兜兜的，瞧，那个旺仔不是奶奶给兜兜买的吗？”

兜兜把小嘴一噘：“奶奶不喜欢兜兜，奶奶喜欢小妹妹。”

“哪有小妹妹？”

兜兜指指妈妈的肚子："小妹妹在这里。"

周母眉心舒展，说："都说小孩子有天眼未关，兴许这一胎真是个妹妹。儿女双全凑个'好'字，你就是他们家的功臣，谢晖能不跟你好好过日子？他再有二心，有公婆给你撑腰呢！人一辈子，就是这么回事，忍一忍，天大的事都过去了。"

虽说是给周小荻宽心的话，可听在耳里，周小荻忽然觉得意兴阑珊，人生无趣得很。

她觉得谢晖还是不对劲儿，可到底哪里不对劲儿，她也说不清楚。以前谢晖心情好的时候，还会和她打情骂俏说俏皮话，现在在她和母亲面前，毕恭毕敬地就像个外人，甚至仆人。他越是这样，她越觉得他在掩饰什么。现在兜兜和外婆睡，夫妻俩有了更多的二人时光，但随着她的怀孕，他们的夫妻生活名正言顺地终止了。刚结婚那会儿，几乎是夜夜笙歌，即使在周小荻不方便的那几天，谢晖也会温柔地搂着她睡去。现在这种待遇没有了，一则是周小荻的身体也在抗拒他，二则他似乎也对她的身体不感兴趣了。晚上睡觉，两米大床，他远远地侧睡到一边，理由是堂而皇之的："我睡觉不老实，别压到你肚子。"

这些疑虑，她和艾茉聊过，艾茉劝她："凡事都往好的地方想，既然决定好好在一起，就不要疑神疑鬼，我上次说的是要用智慧经营婚姻，捍卫婚姻，可不是说让你吹毛求疵，疑神疑鬼。"末了，艾茉又一叹气，"其实，我也是一个婚姻失败者，有什么资格说你呢？"

周小荻就反问艾茉最近怎么样，艾茉口气意兴阑珊："还能怎样？像个弃妇一样，像个单亲妈妈一样，独自带孩子呗！"

周小荻说："老向还真是沉得住气。"女人之间难免攀比，在这一点上，她觉得自己是强过艾茉的，谢晖至少每次的道歉都是非常及时和恳切的，很给她面子。这样一想，她在心里又原谅了谢晖几分。孕妇不宜多思，那些烦心事，不想也罢。

第四十六章　艾莉的话

夏天渐行渐远，一场雨后，暑气散去，空气里有了寒意。

老向沉得住气，可艾莉沉不住气了，她发现姐姐最近神神秘秘，说话言辞闪烁，总觉得哪里不对劲儿。这一天，她搞了个突然袭击，带着周逸辰，说带他去一个好地方，到了艾茉家楼下，周逸辰才觉大事不妙。

想给艾茉通风报信已经来不及了。艾莉在门禁的对讲机里按着姐姐家的门牌号，响了好久，那头响起一个苍老疲倦的女人声音："谁啊？"是艾茉的婆婆。艾莉清脆乖巧地叫了声："阿姨，我是艾莉，我来看花生米，我姐姐和花生米都在家吧？"

那头愣了几秒，清了清嗓子，疑惑地问："你还不知道？"

"知道什么？"

"她没回你家？你不知道她在哪儿？"

艾莉一头雾水："什么意思？回我家？什么时候？"

"什么意思你问你姐吧！"

接到艾莉质问的电话那一刻，艾茉忽然坦然了，她告知了新的门牌号，三十秒后，艾莉和周逸辰出现在她的门口。

艾莉一进门就叫嚷："这是几个意思？住他家对面是什么意思？你们吵架了？我姐夫呢？不管你们了？"

艾茉决定坦白了，说："好吧，如你所见，我，离家出走了，虽然走得不太远。没错，我和你姐夫之间出了点儿问题，也许还会离婚，之前不告诉你是怕你这个大嘴巴转身告诉爸妈，让他们又替我操心，现在你既然知道了，我也不需要再隐瞒了，躲他们一家人就够累的了，我不想再躲你了。不过我希望你暂时还是能替我保守秘密，爸妈年纪大了，在我还没有做什么决定之前，犯不着让他们替我操心。你还想知道什么？”

艾莉的嘴巴张得鸭蛋一样大，追问：“你和姐夫怎么了？闹这么僵？他不找你，也不找孩子吗？”

周逸辰在侧，艾茉不想把老向说得太不堪让自己丢脸，轻描淡写道：“别八卦了，闲了再告诉你。说说吧，你和周医生怎么样了？”

艾莉见将矛头指向自己，调皮地头一歪，靠在周逸辰肩上：“很好啊！甜甜蜜蜜，如胶似漆。以后你有什么活儿，就交给我俩，不必客气。”

艾茉笑了一下，揶揄道：“还甜甜蜜蜜，如胶似漆，那我看这胶和漆也太劣质了，黏合得一点儿不紧密嘛！”

“谁说的，我们可好了。”为证“不清白”，艾莉还主动侧脸亲了周逸辰的脸颊，周逸辰的脸登时红了，坐立不安。

艾茉正色道：“行了，别装了，我早都知道了！你，也别投怀送抱了，再这样下去便宜被人家占光了。”

艾莉又吃了一惊：“你怎么知道的？难道是我演技不好？”

周逸辰也好奇，他觉得自己演技不错呢！

艾茉嗤之以鼻：“再好的演技，没有真情实感支撑，总会穿帮的。”

“到底哪里穿帮了？”艾莉追问。

“上次在蛋糕店见你俩，坐下来的时候，我就发现你头发上有根小树叶，他就在你旁边坐着，可始终都没有发现，最后还是我帮你拿掉的，你记得吗？”

艾莉亲昵地搂住姐姐，小女孩一般撒娇：“这么说还是姐姐最爱我啊！好吧，我承认，我和周医生骗了你。”

“为什么这么做？谁的主意？”

“我。”事到如今，周逸辰只能坦白从宽了。他皱皱眉，不好意思地笑笑，“我，只是，只是……”

艾莉是个急性子，替他说了：“就是想多关心关心你，多帮助帮助你，又怕你有顾虑，怕姐夫误会，所以才出此下策。”

谈话忽然陷入一个尴尬的空当，艾茉沉默了几秒，一丝淡淡的感动涌在心底，她抬起头，说：“我以前，就是太在乎别人的感受，太在乎别人的看法，所以活得很累。你说得对，女人，首先是一个女人，其次才是母亲，妻子。周逸辰，我们曾经是很好的朋友，以后也会是。”

周逸辰像得到奖赏的孩子一般，忙不迭地点头。

轮到艾莉对艾茉责难：“那你呢？你为什么有事要瞒着我？在这个城市里，我可是你的娘家人啊！你受了委屈，难道不应该最先告诉我吗？至少，我可以做一下情绪垃圾桶嘛！”

艾茉叹气：“我是怕你转身就告诉爸妈让他们担心，也怕你受我的影响，你们这些小孩，见人家明星分个手离个婚，就喊‘再也不相信爱情了’，我想让你相信爱情。”

说话间，医院来了电话，有急诊手术，周逸辰被叫走了。剩下姐妹俩，正好说体己话。

艾莉接着姐姐刚才的话，说：“别说，我还真的受你们刺激，有点儿不相信爱情了。以前你和姐夫多好啊，多让人羡慕啊！郎才女貌，姐夫待人豪爽大方，你不开心了就带你吃吃吃，你逛街喜欢什么东西就让你买买买，多实惠的男人和爱情啊！这可都是你的原话。”

“是啊！我也没想到，我们有一天会走到今天这步。不过好男人还是很多，你别受我影响胡思乱想了。”

“算了，还是做个‘齐天大剩’得了，结婚真没意思。本来还说把正牌男友带给你们瞧瞧呢！”艾莉懒洋洋地半躺在床上，拿着花生米的毛绒玩具揉搓着。

艾茉的眼睛亮了一下，惊喜地凑过来：“什么正牌男友？怎么没听你说过？哪里人？什么样？多久了？”

艾莉卖起关子，挑挑眉神秘地笑笑：“你想知道？那你先告诉我，姐夫到底怎么惹你了？”

这一问，艾茉的脸又拉到地上：“好吧！我告诉你，可是你必须保证不能告诉爸妈。”

“我保证。”

“他啊，犯了天底下男人都会犯的错误。”说出这句话时，艾茉的心里还是忍不住一阵针扎般的刺痛，那晚“救风尘”的场景在脑海里一闪而过。

“啊？”艾莉吃了一惊，“我还以为有你那个笑面虎婆婆和赌鬼大姑姐什么事呢！”

“也都有点儿。”

艾莉长叹口气：“唉，这可是原则性问题啊！狗改不了吃屎，男人免不了偷腥，可狗吃屎还光明正大呢，怪不得说男人猪狗不如！”

搬出来这么久，艾茉每天都充实而忙碌，一有空还能画上几笔，她尽量不让自己回想发生的那些事，可此时不得不和艾莉提及，就仿佛伤口又被生生扒开，撕心裂肺地疼。她无言以对，只能苦笑。

“是个什么样的女人？”艾莉追问。

“什么？”

“向华晟的出轨对象啊！”艾莉也不称“姐夫”了，变成直呼其名。

“行了别说我了，说点儿开心的。你的男朋友，什么时候带来姐先看看吧！有照片吗？”艾茉转移话题。

艾莉打开手机找出照片，扔给艾茉：“自己看吧！”

照片里是一个长得颇像王力宏的阳光男孩，只是眉宇间更多一份阳刚。艾莉虽然刚才嘴里说不相信爱情了，可脸上仍一副娇羞，得意扬扬地问：“怎么样？觉不觉得长得像吴尊？”

“吴尊是谁？我觉得有点儿像王力宏。”

艾莉作晕倒状，抱怨：“和你代沟越来越深了。”

艾茉觉得不错，像个事儿妈一样追问：“说说，叫什么名字？哪里人？父母是做什么的？兄妹几个？”

“秦宇，本地人，他爸是工程师，妈妈是会计，还有一个奶奶，他是独生子，家里房子一百平米，结婚我们单住，父母付首付，还有什么问题？”

“你们谈多久了？肯定不是刚刚认识的吧！”

“实不相瞒，我们是大四的黄昏恋，快两年了，现在他父母催他结婚，他也希望彼此见见双方的家长，把结婚的事定下来。”

“好事啊，见呗！带回家给爸妈看看，看能过咱妈那挑剔的法眼不？”

艾莉却撇撇嘴：“我不想结婚，现在这样挺好的。”

“你不想结婚？不想结婚你和人家谈什么恋爱？”

“也不是不想结婚，是不想这么早结婚。这一结婚，公婆就免不了唠叨让生小孩，一生孩子，啧！瞧瞧你就知道了。”

艾茉有点儿生气：“我怎么了？”

“为了孩子，为了家庭，放弃一份自己喜欢且很有升职空间的工作，听说你本来要升设计部总监吧？好，到头来，落个两头空，工作没了，家里一团糟，婆婆不爱老公嫌，你现在肯定心理很不平衡吧！肯定特后悔当初辞职回家做全职妈妈吧！我为什么要做这种出力不讨好的事情？”

艾莉说得针针见血，毫不留情。艾茉沉默了，觉得仿佛有一记闷拳打在了心口，她无力反驳，因为艾莉说得句句在理。她是不平衡了，她太不平衡了。

可她还是嘴硬：“没错，我是不平衡，可我一点儿也不后悔。”

艾莉今天仿佛是故意来跟她作对的，不仅不好言安慰姐姐，反而句句戳心窝，依然头头是道地分析：“你别嘴硬。这么说吧，其实再漂亮再聪明的女人，也是没有办法阻止男人出轨的，男人的动物属性决定了这一点，同样我们也没有良策来防止一段感情不僵化。可是，如果女人能有一份热爱的事业，有自己的生活圈和朋友圈，那么，这种伤害至少可以降低一些，你说是吧？”

艾茉底气不足地辩解：“我也有自己的生活圈和朋友圈啊！我的事业，瞧，我现在也没扔下画笔啊！”

艾莉嗤笑了一下：“你的朋友圈？你现在肯定已经不大和以前的同事朋友联系了吧？她们逛街聚会做美容，也不叫你了吧？你的朋友圈，说白了就是妈妈圈，你那俩闺蜜？还有楼底下那些和你一样带宝宝的妈妈们。妈妈圈，除了吐槽婆婆，抱怨老公，掰扯宝宝，还会干什么？”

听艾莉这么一说，好像还真是那么回事。她一时间被艾莉打击得非常沮丧，以前，她会觉得是自己和艾莉有代沟，现在她才恍然大悟，艾莉步入了社会，已经在迅速成长，变得成熟，成熟得甚至有些世故了，陌生得她似乎都不认识了。她玩味而茫然地看着艾莉，苍白无力地说：“别这样，还是要相信爱，相信婚姻。”

艾莉不置可否。

下午艾莉离开了。艾茉的心情沮丧极了，她和老向的婚姻出现裂痕，她小心翼翼地隐瞒着艾莉，就是怕她受到影响，可隐瞒来隐瞒去，最终还是影响了她，艾莉在婚姻面前害怕了，退缩了。

第四十七章　前任来袭

老向也沉不住气了。很少玩微信的他，特意开通了朋友圈，关注着艾茉的一举一动，在她发的晚餐图片、新画作图片下面殷勤点赞，在她发的心情感悟下面嘘寒问暖。艾茉看了，也不理会，他打电话来，艾茉也接，问花生米的吃喝拉撒，她都一一作答，谁让他是孩子的爸爸呢！可问到她，她就避而不谈匆匆挂掉。艾茉在朋友圈写了一段话："不要逢人说忙，忙是因为你统筹兼顾、管理时间的能力不够。我，不忙，一点儿也不忙！"

朋友们纷纷点赞，这一次，老向没有点赞，她默默地对着手机名目看了很久。

说不忙是假的，可时间管理好了，有些忙就叫充实，管理不好，忙的近义词就是乱。艾茉觉得现在很充实。她趁着花生米午睡的时候，每天能画上两笔，画了许多花生米的睡姿和憨态，还心有感触，写了一篇《统筹兼顾，科学育儿》的文章，配上她那些用色大胆明艳、构图精妙童趣的画，发给了一个叫《妈咪宝贝》的育儿杂志，没想到，不到两周，编辑就告诉她发表了。艾茉受到鼓舞，画得更用心了。

乐乐从夏令营回来了。瘦了，也变黑了。一进家门，看到艾茉和花生米仍不在家，乐乐犯了嘀咕，问外婆："舅妈和小妹妹怎么还没回来？"

一提艾茉，外婆就生气，她回答："不知道。"

乐乐一屁股坐在沙发上，本来余兴未了的他瞬间沮丧地耷拉下脑袋，他小声嘟囔道："其实，是舅妈生我的气，带着小妹妹走了吧？"

外婆也没否认，阴沉着脸："你还知道啊！"

乐乐手撑着下巴，若有所思。

晚上吃饭的时候，乐乐对向华昕说："妈妈，舅妈带小妹妹去哪里了？

我们把她找回来吧！我要向舅妈道歉。”

外婆和妈妈都用惊讶的眼神看他。向华昕笑着摸摸乐乐的头：“哟，夏令个营回来，一下子脱胎换骨长大了。”

“带我们的王老师说了，你把阳光洒向别人，他的内心就会充满温暖，这温暖也会照耀到你自己。老师还说，我是一棵香椿树。”

“香椿树？什么意思？”

“老师说，香椿树要摘掉顶芽，其他的侧芽才会茂密地生长出来，我的坏毛病就是那些顶芽，王老师说了，她就是砍树杈修树枝的。”

“嘿！看来这夏令营还真不错，我儿子有长进啊！明年让舅舅再给你报名去。”向华昕乐不可支。

乐乐义正词严道：“我是小男子汉了，我不要老花舅舅的钱，我要自己赚钱去。”

外婆和向华昕都笑了。外婆用筷子点点他：“你个小人精，你怎么赚钱？”

“快告诉我，舅妈和花生米到底去哪里了？”

外婆和向华昕都摇头。

母亲李敏英吃完饭回到屋里，一脸愁容，满腹心事。向华昕看出母亲最近有心事，可问了好几次，她都说没事。

李敏英有心事，还是大事。人命关天的大事，有一个女人，怀孕了。

在乐乐没回来之前的某天中午，向华昕出去打牌也不在家，已经三年多未见面的龚贝贝忽然登门造访。

在李敏英心里，龚贝贝一度是她不共戴天的仇人，骗得她儿子人财两失，向华晟失恋伤心喝酒喝到胃出血差点儿挂了，不是仇人是什么。她曾经想挖地三尺把她找出来，问问她为什么不辞而别，问问她的良心是不是被狗吃了，如今时过境迁，儿子早已娶妻生子，李敏英虽然和艾茉偶有摩擦，可一家人还算和和美美，她已经很少想起龚贝贝这个人了。可这个愚蠢的女人，竟然自己冒了出来。打开门看到那张尖尖的狐狸脸时，李敏英本能地关门，却被龚贝贝死死挡住了，硬挤进来，张口就叫：“妈，妈！您听我说。”

如此做小伏低低声下气，李敏英倒想看看她葫芦里卖的什么药。想当初，龚贝贝就是个自来熟，嘴甜，向华晟领回家没多久，就对着李敏英妈长妈短地叫，听得李敏英心颤颤地甜，轻易地就获得了她的信任，不过这种自来熟的人，翻脸也快，后来竟能一声不吭，走得那么决绝。

“叫阿姨吧！别叫妈。我有儿媳妇了。”李敏英冷冷地说。

龚贝贝环顾四周，试探性地问：“她不在吧？”

“有事说事。”

龚贝贝忽然扑通一声跪下来，泪水像开闸的水库，哗啦就下来了：“妈！我还得叫你妈！妈，你要帮我。”

李敏英吓了一跳，身子一躲：“做什么？”

“妈！我怀孕了。”她眼泪汪汪满含期待地望着李敏英。

李敏英没听明白：“怀孕了你告诉你老公，带你上医院，你找我干什么啊？”

“是华晟的。”

空气停滞了几秒，李敏英倒吸一口凉气，反问一句：“你说什么？再说一遍。”

“我怀了华晟的孩子，男孩，三个月了，我去香港查的，特别准。”

李敏英有点儿懵，半天没吭声，这消息是个重磅炸弹，把她本来清晰的思路炸得一团乱麻。她狐疑地看着眼前这个女人，问道：“你不是已经结婚了吗？怎么会有了华晟的孩子？可别把屎盆子往我儿子身上扣，我儿子不是那种人。”

龚贝贝低下头，小声说：“我离婚了。”

李敏英在鼻子里哼哼了两声，心里骂活该，可口中依然义正词严：“你离婚了，就该好好过自己的日子，怎么又回头招惹我儿子？我们华晟也不是垃圾回收站。”

话说得难听，龚贝贝的脸上挂不住，可仍硬着头皮说：“妈，我知道你恨我，当初是我不对，是我鬼迷心窍贪图富贵伤害了华晟，你怎么骂我都应该，可是我现在知道错了，我也受到惩罚了，当我再遇到华晟，我发现我心里对他的那份牵挂从来都没有断过，我们能有这个孩子，说明他对我也还有感情不是吗？”

“瞎说！华晟结婚了，也有孩子了，夫妻俩感情好着呢！你赶紧走吧！别以为我老太太还像以前一样好骗。”李敏英站起来，把跪地不起的龚贝贝拖起来要往外撵，龚贝贝要赖不走，两人撕扯着。

这时，龚贝贝忽然从随身的包里掏出一张银行卡，放在了茶几上，说："妈，我知道你还对那件事耿耿于怀，不能原谅我，我以前不懂事，自私，那时我爸生了场大病做手术，我就把你和华晟给我的钱用了。我现在离婚了手里也没多少钱，那个浑蛋生意破产赔得精光，离婚后我连住的地方都没有，我就这几万块钱，都还给你，你不要生我的气了，让我生了这孩子吧！这是华晟的孩子，是个男孩，那时候你不是就整天念叨让我们快点儿结婚，让我一定要生个儿子吗？妈，我查过了，真的是个男孩。"

本来对于龚贝贝这种信誉破产的人说的话，李敏英是半句也不信的，可听她说得有鼻子有眼，她有点儿动摇了，再想想艾茉上次说她离家是因为和向华晟之间出了问题，那么，龚贝贝说的话可信度就很高了，可她不能让这个女人牵着鼻子走，又问："你说是我儿子的就是啊？"

"您不相信我，到时生下来做亲子鉴定。"龚贝贝豁出去了。

"既然是华晟的，你怎么不找他？他怎么说？"

这么一问，龚贝贝又哭了："华晟说他酒后失德，让我做了去，他说不能让他老婆知道，他不能离婚。"

李敏英叹了口气，语重心长道："既然他不想要，那你就……"

老太太的意思很明显了，龚贝贝听到这话，哭喊道："不行，不能做掉，医生说我不能再做掉了。你也知道，我以前和华晟在一起做过一次，我身体不好，医生说再做了以后恐怕不能再有了。"

说起那一次人流，李敏英自觉也有些对不起龚贝贝。那是龚贝贝和向华晟打算结婚的前夕，龚贝贝意外怀孕，可因为重感冒吃过很多药，最后权衡之下决定不要了。当时向华晟人在外地，手术还是李敏英陪着龚贝贝去做的，小月子也是李敏英伺候的。

话说到这份儿上，李敏英也乱了阵脚，不知道该怎么办了。这事太大，她根本从儿子那里连半个字也没听过，她要先找儿子问问清楚再说。眼前这个女人也得稳住，万一她说的是真的，她可不想和一个大胖孙子失之交臂。于是，李敏英清清嗓子，正色道："这样吧，这事等我问了华晟再说，这关于感情的事，我做不了他的主。既然你说怀孕了，不管是谁的，你现在孤苦伶仃的一个人，先找个地方住下了，吃好点儿，这钱你拿走吧！当初我要报警，华晟拦了我，说让我只当丢了，既丢了，就没想着能找回来。”

这一次龚贝贝是感激涕零地扑到了李敏英的怀里：“妈，我就知道你不会不管我，我一定养好身体，把你孙子养得壮壮的。”

孙子还只是个小肉球吧！这话说得李敏英有些尴尬：“那，就，就这样吧！”

这事过去好几天了，可李敏英迟迟没打电话问儿子，她的心情很复杂，现在乐乐提起艾茉提醒了她，这事得做个了断了。她拿起手机，拨通了儿子的电话，那头传来儿子疲倦的声音：”妈，这么晚了，有事吗？”

“有事，你明天回来一趟吧！”

“什么事，电话里说不行吗？我这边忙走不开。”

“电话里说不清楚，你明天必须回来，就这样，挂了。”

老向是个孝子，母亲那样的口气，他以为有什么大事，第二天就回来了，不过他回来依然是没有先进家门，而是在上次的咖啡厅给艾茉打了个电话，说想见见她和孩子。艾茉拒绝了，理由是孩子正在午睡，下午再见。老向笑笑：“也好，下午我去找你们。”

一进家门，李敏英就作势要用自己的那根拐杖打他，老向躲了一下，叫屈道：“好好的怎么了？我这不是回来了吗？专门把我叫回来就为了打我？”

李敏英压低声音怒斥：“什么好好的？好好的我能叫你回来？想想你干了什么好事？”

老向一头雾水：“我干什么了？”

乐乐从屋里跑出来，问道：“舅舅，你怎么一个人回来了？怎么还不把花生米接回来？我都有点儿想她了呢！”

“想她？是想欺负她了吧？”老向一边换鞋一边在乐乐鼻子上勾了一下。

乐乐噘嘴：“别瞧不起人，我再不会欺负妹妹了，我告诉你们，从今以后，我脱熊了。”

“脱熊？什么意思？零零后新人类的新词？”老向扶着怒气未消的母亲，在沙发上坐下来。

“就是我以后不做熊孩子了。”乐乐大声喊了一句，跑回了屋里。

老向疲倦地靠在沙发上，问：“妈，到底怎么了把我叫回来？”

李敏英一言不发，拉着儿子往自己屋里走，关上门来审问。

“说吧！你和龚贝贝怎么回事？”

一听到龚贝贝这三个字，老向马上坐直了：“她又闹什么幺蛾子？她找你了？跟你说什么了？”

“你做了什么怕她说？”

“别听她胡说，我什么也没做。”

“你什么都没做怎么孩子都有了？”

“听她胡说八道，不可能，我和她根本就什么事都没有，怎么可能有孩子了？”老向气得额头青筋暴突，连声否认。

“她说你喝多了。”

“没错，我是喝多了，也不知道怎么就遇见她了，可是我知道，我俩没事。”

“真没事？”

“真的。”

“那就好。”母亲松了口气，心里又隐隐有些失望，意兴阑珊地说，“没事就好。花生米和她妈妈出去这么长时间了，你也不赶紧找回来，有你这么当爸的吗？”

“我心里有数。”老向长吁口气，瘫倒在床两眼直直地望着天花板。

晚饭，向华昕为迎接弟弟特意做了几个拿手的菜，乐乐吃得津津有味，不忘送上赞美：“老妈做菜的水平，那是电线杆上挂暖壶——高水平！”

外婆和妈妈笑了，舅舅却没笑。老向吃了一口菜，眉头拧着，叹气道：“也不知道艾茉和花生米吃了没？”

向华昕满不在乎地轻笑：“她那人多讲究啊！口味多刁啊！鱼香肉丝必须笋丝，用黄瓜丝就不行，一根虾线忘取了唠叨半天，蒸鱼非要用李锦记不能用海天。洗个衣服也是，好好的洗衣机不用，非要手洗，一个小屁孩的衣服，分好几个盆，深色的一个盆，浅色的一个盆，还要整天说她忙，我看她就是闲的。”

母亲李敏英瞪了一眼女儿，老向叹口气：“她是处女座就这样，哪像你白羊座大大咧咧，互相理解一下。”

乐乐一边吃一边叹气：“唉！老妈这么好的手艺，就只能在这个小厨房里施展，太可惜了。”

向华昕白他一眼：“那还去哪儿施展，难不成去大马路上施展？”

“我们班林子萱的妈妈在东新街开夜市，你有没有兴趣去施展一下？”说着，乐乐还用拇指和食指搓搓做了一个数钱的动作，眉毛一挑，“听说毛爷爷大大的有。”

向华昕头也没抬地说：“我还要照顾姥姥呢！”

“姥姥现在都可以跑马拉松了，再说你也就是下午去一下。”

外婆被乐乐逗笑，用筷子敲了敲他的头：“熊孩子，你咋不说姥姥比刘翔跑得还快呢！”

向华昕这才抬头看了看母亲，又看了看弟弟，然后又夹菜，装作漫不经心地问：“哪天见到林子萱妈妈，我问问她。”

说了半天，母亲和弟弟都没发表意见，向华昕有点儿悻悻的。

吃完饭，老向说有个应酬出去了。

出了门，他没坐电梯，在旁边无人的楼梯间抽了根烟，又走出来，径直走向家对面的905号，敲了敲门，过了一会儿，里面传出一个熟悉的女声：“谁啊？”

“物业的。”

“什么事？”

“查水表。”说着他暗自笑了一下。

艾茉打开了门镜，看到了那张熟悉的脸，她心里一惊，知道住在家对面迟早会被发现，可没想到这么快就被发现了。她有些慌乱，抱着花生米定了定神，心想既来之则安之，看他向华晟想干什么。

第四十八章　狡兔三窟

打开门，老向一点儿也没觉得惊讶，什么也没说，先四下里参观，然后说："装修简单了点儿，不过还不错，你还挺会找地方。"

艾茉冷脸瞅一眼老向，没说话。

老向参观完，用艾茉的杯子给自己倒了一杯水，然后献宝似的从裤兜里掏出一只蓝色的小鞋子放在茶几上，伸手要抱花生米。花生米张手就往爸爸怀里扑。

花生米能和老向这样亲，都是艾茉的功劳。和老向走到了这一步，想到以后也许花生米不能生活在父亲的庇护下，心里就一阵阵泛酸，于是她仍然每天会指着老向的照片，告诉花生米，这是爸爸。所以花生米虽然不常见到爸爸，可一看到他，马上能认出来。

老向颇感欣慰，笑得皱纹咧到鬓角去了，说："好闺女，不愧是爸爸前世的小情人啊！"说到"情人"这个词，老向忽然敏感地噤声，看了看艾茉的脸。艾茉也同样敏感而嫌恶地皱了皱眉，"情人"这个词，现在像一把绵密的针，戳肉刺心。

"给她穿上吧！我就说怎么找不到了。你在哪儿找到的？"艾茉拿出另一只蓝色小鞋，让老向给孩子穿。

老向得意地笑笑："就在咱们这层的电梯门口。"

"我就说嘛！你还长了狗鼻子，能摸到这儿来。"

老向讪讪的，想活跃一下气氛缓解夫妻间这种尴尬的局面，说："你看你，总是夹枪带棒地骂人。汪汪汪！"他冲着女儿学了几声狗叫，花生米被逗得咯咯咯地笑。

艾茉想笑，却绷住了。如果这是以前夫妻间的耍花腔，逗乐子，那该是多么轻松愉悦的一刻。可现在艾茉不能笑，不仅不能笑，还要很生气，要生气得很明显，因为她离家出走了啊！

“其实我也不光是有狗的鼻子，还有鹰的眼睛，咻！猫的耳朵，喵！我就是福尔摩斯，柯南。”老向对着女儿自说自话，又像是对艾茉炫耀，“知道我怎么发现你们住这里的吗？除了那只鞋子，我还会观察你每天发的图片，窗帘是蓝底印小雏菊的，窗台上摆了一盆绿萝，阳台上挂的那件睡裙还是去年我给你买的。这些，站在走廊尽头的窗口，也能看到。我还会听声音，每次打电话，你说话时的背景音，有时是洒水车播放《真善美的小世界》，有时会听到那个四川女人推着车用扩音喇叭喊‘麻辣卤鸡蛋’的声音，有一次还听到楼下那个大嗓门老太太喊她儿子刘超的声音，这些声音都是我们这里特有的。艾茉，我的眼，我的耳，我的心，始终都关注着你和孩子，从无二心。”

艾茉没想到老向的忏悔是从这里开始的，她这才发现几年婚姻生活同床共枕同锅吃饭，但对老向的了解其实只是冰山一角，他这个理科男，不仅心思如此缜密，语言组织能力也很强，从顺着艾茉的话调侃自己是狗鼻子，到最后一句结案陈词表忠心，一切都水到渠成。他虽然平日性格急躁，可温柔深情起来却像奶油，甜软得不像话。艾茉耳根子软，差点儿就感动了，可她的理智告诉她不能就凭这几句话感动，谎言和誓言之间，通常是近义词。

“所以呢，你有什么诉求？”她反问。

正常的男人这时候就应该说诉求是恳求艾茉原谅然后请她回家，可老向没有，他愣了一下，说：“你把孩子照顾得很好，谢谢你。”

艾茉拿眼皮翻翻他，冷冷地说：“不用，我是孩子的亲妈，照顾她我应当应分。”

“这个工程竣工，我打算向领导申请，以后尽量留在本市工作，多陪陪你和孩子，我只是希望我来的时候，我们俩能和和气气的，像以前一样，让花生米感受到轻松快乐。人说婚姻是一所学校，可并没有人教我们怎样做父亲，怎样做母亲，一切都是摸索，自学，我这个学生很不合格，但希望你能看到我很努力。”

艾茉冷眼看着他，不发一言，心想，难道和前女友滚床单就是你努力的结果？

老向主动提起了那件事：“这些日子，我认真想过了，我现在可以肯定地告诉你，我和她，什么事都没有，根据她现在种种行为，我可以断定，那天的事，就是一个圈套，她是因为现在过得……”

“她现在种种行为？看来你们现在联系不少啊！姓向的，你给我滚，马上滚！”听话听音儿，艾茉怒不可遏，低声咬牙切齿。

“你听我把话说完好不好，她丈夫生意破产，又频频出轨，现在还因为经济问题进了看守所，她现在离婚了，心里不平衡，她来找我，想回头，想和好，这当然不可能，我拒绝了，她不甘心，于是又演了那么一出戏。艾茉，现在我们的婚姻遇到了一个难关，这是对我们的考验。说婚姻就像一场旅行，我觉得没错，夫妻二人，能不能走到最后，仅仅靠一个人的努力是不可能的。还记得我们结婚前那次旅行吗？自驾游，去西藏，在去林芝的路上，我以前那辆老爷车坏了，半夜，很冷，是一段坑坑洼洼的山路，我下车找工具修，你下车给我打手电筒，那时候你装文艺女青年，穿花裙子，下车就只裹了我的外套，冷得发抖，我让你上车去，可你不肯，说既然一起上路，没有袖手旁观坐享其成的道理，说无论是刮风下雨，还是抛锚掉链子，都应该一起应对，那时我手里沾着油，却不能自抑地将你搂在怀里，你知道我有多感动。说真的，以前和龚贝贝在一起，也遇到过类似的事，她都是坐在车里戴着耳机玩游戏等我搞定。那一刻我就在心里认定，你就是我要牵手到白头，驼背牙齿掉光还在一起的妻子了。那个晚上，我最后还是没能修好车，索性放弃了，我们相拥着坐在车顶，看到了这辈子见过的最美的星光，你还记得吗？你靠在我怀里，说人生就是这样，总是在最绝望的时候，看到最美的星光。你知道吗？你才是我的世界里最美的星光。”

老向说得声情并茂，他这样一个工科男，以前从来不会说这样的话，艾茉无法不感动，她的眼中盈满了泪水，却使劲仰起头不让它落下来，忍不住，又转头用手抹去了。

花生米好像看懂了妈妈的伤心，伸出小手试图抚摸艾茉的脸，老向也伸出一只手，用大拇指帮她抹眼泪，艾茉却倔强地躲开了。

“现在，就像是那最黑暗的夜，最绝望的井底，只要我们不放弃，相信依然会看到那片星光。我是不会离婚的。”老向恳切地说。

“我，我也没说现在离婚，为了孩子，做什么决定，我都会慎重考虑，就当现在是试离婚吧！”

老向无奈地苦笑一下："什么试离婚？说得那么悲观，为什么不是试和好呢？"

艾茉没再争辩，说："你怎么理解都行。我累了，花生米也该休息了。"她下了逐客令。

老向自觉起身，把孩子交给她，吻了吻花生米的小脸蛋，也想吻吻艾茉，可一看到她一脸冰霜的样子，便打消了这个念头。

老向一走，艾茉的眼泪就汹涌成两道江。

关于"试离婚"这个想法，艾茉事后和姜黎黎也说过，姜黎黎不敢苟同："试离婚？离婚前搞个彩排？这都是几年前的噱头了，你还信这个？婚姻有了距离，爱情哪里还有土壤？你以为这是挽救婚姻的救命稻草，其实是加剧婚姻解体的催化剂，你这不是给人家会情人找了个保护伞吗？你这不是要把老公往别的女人怀里推吗？再说，男人要真变心了，趁着这个机会转移财产怎么办？到时你人财两空，哭都没地方哭去。"

艾茉被说得心烦意乱，头脑发昏，她茫然了，忽然也怀疑自己这样做是不是错了？这样不对，到底怎样做才是对的？

无论对错与否，艾茉的离婚演习正式开始了。

老向负责的那个项目工期接近尾声，没那么忙了，他开始每周回来过周末。每次回来也不直接回家，而是先去一趟超市，买一堆东西，花生米的奶粉、米粉、婴儿磨牙饼干不能少，蔬菜、水果、面包、蛋奶也没忘记，连卫生纸、湿纸巾都没落下，临走的时候，又帮艾茉拿了两包卫生巾。回到小区停好车，提着大包小包上楼，也没进家门，转身敲905的门。

花生米睡着了。艾茉正要做炸酱面，肉酱已经炒好，水开了正要下面。

老向把东西归置好，很不客气地说："给我也来一碗，饿了。"

艾茉眼皮也没抬，说："没你的。"

老向略显尴尬，嘀咕道："小气。"

话虽如此，可她下面的时候还是犹豫了一下，多下了一把。煮好面捞出自己的，锅里还剩下很多。拌好炸酱，坐回沙发，老向正在帮忙收拾茶几。有了孩子，艾茉再不是以前那个完美主义者了，洁癖这毛病不药而愈，茶几上的杂志、玩具、购物袋子乱放一气，地板上也是。花生米现在喜欢扔东西，所有触手可及的东西都被她扔在地上，然后得逞一般咯咯笑着看妈妈捡起来。再扔，再捡，孩子乐此不疲，艾茉不耐烦了，有时转身忙其他事也顾不得捡了。

艾茉打开电视，津津有味地吃起来。

老向收拾完了，坐在旁边。电视里正在播放一个美食节目，看得人口水直流。

艾茉吃完，将碗放在茶几上。老向忙起身去收："你歇着，我去洗。"

艾茉这才悠悠地开口："想吃自己盛去，锅里还有。"

老向屁颠屁颠地跑去盛面了，心里一边美着，嘴里一边嘟囔着："早说嘛！面都坨了。"

盛好面坐回沙发，老向皱皱鼻子作深呼吸状："太香了！"一边又抱怨道，"要是有一头蒜就好了。"

一抬眼，艾茉摸了一颗蒜放在他面前，说："吃完记得漱口嚼口香糖，否则就别亲我的花生米。"

这话艾茉以前常说，不过台词稍有不同，那时说的是："吃完记得漱口嚼口香糖，否则就别亲我。"想到这里，老向不由自主地想起床上那点儿亲亲抱抱爱爱的事，一想到这事，身体某处就揭竿而起地抗议起来，在这种分居的状态下，光天化日，有这种邪恶的念头，老向的脸有点儿发烫，于是心虚地为自己找借口："你是不是没开空调？别为了省点儿电费让人受罪啊！"

"开了啊！"

"那怎么还这么热？"

老向这么一说，艾茉似乎也觉得有点儿热，她看看空调，拿着遥控器摆弄了一下，一脸茫然："我也不知道怎么回事，是不是空调有问题了？"

"等会儿我看看。"

吃完饭，老向自觉去查看空调，这一查看还真的查出点儿问题，防尘罩太脏了。他把防尘罩三下两下卸下来，拿到卫生间洗，转头对艾茉说："这防尘罩要经常清洗，上面聚集了大量霉菌、螨虫、灰尘，不及时清理，时间长了，随着空调风再吹到空气中，人很容易生病的。"

艾茉想也没想就随口回答："我怎么会拆那个玩意儿，这种事不都是你们男人做的吗？"

话一出口，她马上有点儿后悔，自己不是逞强还准备做独立坚强的单身妈妈吗？离开男人这点儿小事都搞不定？这一刻，她才发现自己潜意识里其实是一个依赖性很强的女人，她发现自己根本就没有做好离婚离开老向的准备。

老向只是讳莫如深地笑笑。

清洗防尘罩时，老向又发现水龙头有点儿漏水，于是又找工具修了修。

艾茉在一旁吃水果，用一种冷静迷茫的眼神看着他，心里升腾起一种奇异的感觉，那种感觉很陌生，却又仿佛似曾相识。虽然面对的还是这个人，可是和以前感觉不一样了，以前觉得理所当然的一切，现在变得格外温暖。老向也恪守着一个无言的约定，看望完孩子和艾茉就回到对面的家里，并不会纠缠她，打扰她。

第四十九章　玩火自焚

有一天，向华昕在饭桌上聊天说："咱们对面新搬来一家不知道什么人，特别爱网购，我看快递员一天跑那家有七八趟吧！这世上还有比艾茉更爱买东西的人？话说艾茉什么时候回来呢？我看上一条裙子想让她在网上帮我买呢！"

老向又气又笑，揶揄道："用人家了，就想起人家的好了？"

"我啥时候说她不好了，我不过就是爱瞎说大实话罢了。行了，我不用你们，我自己买，姐姐我现在可是个有钱人。"向华昕得意扬扬。

她受乐乐怂恿，已经去林子萱妈妈的夜市摊点打工了。向华昕本就是个性格大大咧咧爱说爱笑的人，到那种环境里，来来往往都是和人打交道，倒也不觉得工作太累。她爱说爱笑，干活又利索，和林子萱的妈妈都是单亲妈妈，两人很谈得来，夜深客人散去清扫的时候，两个人一起骂骂男人，觉得非常解气。说是打工挣钱，实则岔心慌，一举两得的好事，何乐而不为。

艾茉也觉得日子变得从容起来，没有争吵、辩解、埋怨、苛责，没有了慌乱、焦虑、怀疑、误解，可同时却多了许多怀念，她开始怀念起老向点点滴滴的好来。他有担当，当婆婆吵着要生二胎生男孩时，他一句"我就喜欢闺女"就挡了回去。他粗中有细，看似粗犷，常常忘记他们的结婚纪念、相识纪念、艾茉的生日这些在艾茉看来很重要的日子，但他每次做早餐会记得她喜欢吃溏心鸡蛋，每次去超市记得帮她买卫生巾，路过李记猪蹄总会记得买两只，因为艾茉喜欢吃。时间像溪流，沉淀了渣滓，最后流下的是一泓澄澈，倒映出生活真实的面容。她在夜深人静的时候，听到自己的心在擂鼓鸣金地呐喊，她爱老向，她还爱着他。可她不确定老向是否还爱她一如从前，这让她再次陷入焦虑之中。

九月十九是艾茉的生日，她即将步入三十岁了，具有划时代意义的生日。

老向一早就打了电话，说他已经订了蛋糕，下午会回来给她庆生。艾茉在电话里表现得冷冷淡淡无所谓，其实心里有点儿窃喜，这是老向第一次在她没提醒的情况下自己记起了她的生日，看来真是“爱哭的孩子有糖吃”，自己这一番离家出走试离婚，还是起了积极作用的。

挂了电话，艾茉觉得也应该做点儿什么。做几个拿手的菜？太费工夫，况且被花生米缠着，做一桌菜不太现实。可光吃蛋糕，多无趣。想来想去，还是叫外卖算了。要知道从小穿衣服要有花边、袜子要按赤橙黄绿色系摆放的处女座小作女，摆盘技术可是一流的。

楼下餐厅的菜品不错，清蒸鲟鱼、清炒芥蓝、家常豆腐、凉拌双耳，清淡营养，都是老向爱吃的菜，艾茉又趁着花生米坐在童车里认真地看《花园宝宝》的空儿，亲手做了两道简单的凉拌菜，一道是她自创的，叫青龙卧雪，就是将腌好的酱黄瓜摆在放了冰沙的盘子里。酱黄瓜是艾茉和娘家妈妈学腌的，从罐子里拿出来就行，冰块是冰箱里现成的，酱黄瓜经过冰镇，口感更加爽脆，老向以前特别爱吃。另一道菜就更简单了，糖拌西红柿，俗称火山飘雪。老向要是看到这两道菜，又会像以前一样笑她：还青龙卧雪，你忽悠，再忽悠！瞧，他们的婚姻里，还是快乐的时候比较多。

搞完这些，花生米忽然哼哼起来，指着电视机叫“唧唧唧唧”，艾茉一看，电视机黑了，原来是停电了。这一次停电不是小区大面积停电，而是电卡的电用完她忘买了。

她抱起花生米，拿着电卡下楼去物业，准备顺便在小超市里买一瓶红酒，回来的路上，艾茉的心里还美滋滋地想，美食、美酒、蛋糕，都有了，要是老向再送一束花，那就更完美了。

刚进单元门禁，身后一个女人冒冒失失着急慌忙地跑过来：“等一下，等一下，我忘带门禁卡了。”

艾茉正要扯开一个友好的笑容，脸却忽然僵住了。眼前这个女人，一身碎花宽松款式的裙子，头发看似随意其实很有心计地绾了一个慵懒松散的发髻，看上去颇有风情，肩上挎着大包，手里提着一袋东西，看样子是刚从超市回来。

是龚贝贝。她怎么会出现在这里？还是这样一副在自家小院里溜达了一圈的样子？艾茉的心里迅速冒出无数疑问，把她刚才关于烛光晚餐的遐想击个粉碎，她想起姜黎黎对于“试离婚”的残酷分析，她说试离婚或许是挽救婚姻的稻草，又或许是男人和情人幽会的温床呢？难道她是来找老向的？这个差点儿就成为老向妻子的女人，来这里可是熟门熟路啊！不对，她穿这裙子，不叫宽松款，这压根就是一条孕妇裙。

艾茉的脑子瞬间仿佛被重锤击中，有些发懵，可她不能让这个女人看出她发懵，她面无表情地瞥了她一眼，松开门，径直走向电梯。

没想到龚贝贝三步并作两步，挡住电梯门冲了进来。

艾茉心里一直秉承着一个原则，就是有朝一日婚姻遭遇小三，也绝不和小三交锋，无论是理论、谈判、恳求、辱骂还是厮打，这些有失身份的事，她都不会做。“管不好自己的男人，是你没本事，你找我做什么啊？”所有的小三，都可以轻易地用这句话把正牌老婆打击得体无完肤。最大的轻蔑就是无视，她要从战略上无视她。

可龚贝贝不这么想，她是有备而来的，没有不战而退的道理。她像电梯里任何一个可亲的邻居阿姨一样，对花生米亲切地笑着，赞道：“宝宝好乖啊！阿姨肚子里也有个小宝宝，你猜猜，是小弟弟还是小妹妹？”

花生米不知道这个女人是谁，于是毫无原则地对她笑。

艾茉心一惊，暗忖，龚贝贝怀孕了，真的假的？是和谁的？老向？

龚贝贝又瞅了瞅艾茉手里的酒，挑衅道：“过得挺滋润挺有情调嘛！还喝红酒？是老向要回来了吧！你俩和好了？比我想象的快了点儿。上次去家里听妈说你离家出走了，我就说嘛，你哪有那么傻把家就这样拱手相让呢！哦对了，我就住在你们家对面，妈说让我好好养身体把她的大孙子生下来。你猜，老向一会儿回来，是先回你们家，还是先来看我？”

她自说自话，说得眉飞色舞，艾茉始终保持克制，一声不吭，可心里早已翻起十二米巨浪，怒火就要把这二十层楼掀翻。

电梯到达，龚贝贝抢先一步走出去，竟打开了906的门，回头冲艾茉一笑，转身进去了。

她竟然住906，就在艾茉的隔壁。真好笑，分居的妻子，回头的前女友，全都来齐了，敢情这层楼被老向家承包了。艾茉和龚贝贝在选择房子的问题上达到空前一致，那就是，狠狠地插在敌人的心脏上。

龚贝贝这一招，是真的插在了艾茉的心脏上。她手足发颤，心口发凉，抱着花生米的手臂一阵虚软，大脑一片空白地进了屋。她的目光落在餐桌的菜上，虽是外卖，可被她摆在细瓷青花的盘子里，切了西蓝花、香菜叶、番茄片做点缀，看上去就像五星级酒店刚刚呈上的大餐，现在看来，就像一个笑话。什么青龙卧雪、火山飘雪，真是讽刺，她本以为这会是一个温馨浪漫的夜晚，她和老向坦诚相见，尽释前嫌，聊聊孩子，聊聊未来，老向会自责地再次请求原谅，她会扭捏地端着，他会赔着笑讲点儿俏皮话哄哄她，她再赏赐他一点儿笑容，如果老向表现得好，或者再厚颜无耻一点儿，或许她也会顺水推舟，在烛光晚餐后，为他安排一场身体盛宴。可现在，艾茉的心里现在就像飘起了铺天大雪，透心凉。

空调又坏掉了吗？屋里忽然沉闷得让人窒息，艾茉的胸口像堵了一团干棉花一样难受，她受不了了，再在这里待下去她就要疯掉了。就在这时，花生米也不知道哪里不舒服，开始哭闹起来，艾茉又烦躁又委屈，真想把孩子放到一边什么都不管索性大哭一场，可是她不能，她还要抹抹眼角的泪，好声好气地哄孩子：“宝宝乖乖，不哭！是不是饿了啊！不哭！”

让孩子别哭，她却哭得稀里哗啦。

这时，敲门声响了，这三重一轻的节奏，一听就是老向。

艾茉气汹汹地打开门。果然是老向，老向也果如期望地拿了一束花，像是不好意思，朝身后瞅瞅，才不好意思地拿出来，笑问：“喜欢吗？放哪里？”

艾茉瞟一眼，盯着老向的脸，咬牙切齿地说：“离婚吧！立刻，马上。”

老向一头雾水，马上乱了阵脚：“怎么了这是？早上打电话不是还好好的吗？”

艾茉根本不给他解释的机会，一脸决然：“周一带齐东西民政局门口见。现在你马上给我滚，否则我立刻打开窗户从这里跳下去。”

老向吓得脸都白了，他虽然不知道艾茉为什么这么喜怒无常，但他知道一个女人在气头上什么事都做得出，于是连连后退安抚她：“你别激动，别吓到孩子，我走，我马上走。行，周一见是吧！那就周一再说。”

关上门的那一刻，艾茉的眼泪汹涌而下。她一刻也不想在房间里待下去了，再这样她就要疯掉了，她必须出去透口气，让自己暂时忘掉这些烦恼。她拿起手机，打周小荻的电话，关机，再打姜黎黎的电话，才刚响了一声，她就接了。

艾茉声音在发抖："在家吗？我去找你。"

"好。"姜黎黎回答得很干脆，像是早早准备好的。

艾茉下楼，打车，直奔姜黎黎家。

老向被她赶走后并没有善罢甘休。他百思不得其解，回到对面的家后焦灼不安，一直对着门镜观察对面的情况。大约十五分钟后，艾茉抱着孩子出去了。老向连忙拿车钥匙出门，进了另一部电梯，下楼后一直尾随她，看她上了一辆出租后，他开车紧跟其后，然后看到那辆车进了姜黎黎家的那片别墅区，最后，在姜黎黎家门口停下。老向看着艾茉抱着孩子下车进了姜黎黎家门，终于松了口气。女人伤心绝望愤怒沮丧的时候，知道来找闺蜜吐吐苦水，是一种积极的自救行为，至少不会出什么大问题。他抽了一根烟，回家去了。

艾茉进了姜黎黎家，姜母热情地伸手抱花生米，和育儿嫂带着孩子们去花园玩了，艾茉接过保姆为她们准备的水果，上楼找姜黎黎，一直没看到小佟的影子。

姜黎黎正靠在贵妃榻上发呆，见艾茉来，也是一副懒洋洋的样子："坐。"

艾茉想把老向的恶行和自己的委屈一吐为快，一时竟语结，不知从何说起。坐下来才发现，姜黎黎脸色暗沉，眼袋浮肿，看上去非常憔悴。姜黎黎抬起眼，那双美丽的眼睛黯淡无光，浮现出一丝令人心疼的脆弱，又隐约闪过一丝焦虑，犹豫了几秒，她终于有气无力地说："林清远知道了。怎么办？"

"知道什么了？"问出这句话艾茉才意识到自己这个问题多傻，姜黎黎还有什么问题是最怕林清远知道的？艾茉恍然大悟，心里炸开一个惊雷，这远比她刚才看到龚贝贝还具毁灭性，毕竟龚贝贝在艾茉心里已经有了一段时间的铺垫，她已经做了最坏的打算，而姜黎黎的事，对于林清远来说，就是一个晴天霹雳，男人比女人更难以原谅对方的出轨。

"他怎么知道的？什么态度？"艾茉担忧地追问了一句，全然忘了自己来这里的初衷。

姜黎黎心烦意乱地拢拢头发，说："前天，小佟说带我去山里玩，我就骗我妈说有个初中同学结婚，晚上住在一个叫湖滨酒店的地方。我哪知道清远在那里开会啊，他整天早出晚归，也不会时时向我汇报行踪啊！然后，就在大堂遇到了，唉，那一刻，真是想死的心都有了。”

说起和小佟这次进山游玩，姜黎黎本以为会是一场甜蜜刺激的偷欢之旅，谁知却变成了她婚姻的滑铁卢。林清远和一行客户走进大厅时，她和小佟正在前台勾肩搭背你侬我侬，小佟正豪气冲天地对前台工作人员说：“开一间大床房。”姜黎黎不经意地转头看到林清远时，他也正一脸哀伤地看着她，失望，震惊，还有男人应有的愤怒，各种情绪在眼中聚集，但很快，他克制了自己，只是皱了皱眉，深吸口气，目光轻轻地扫过姜黎黎，又转头和身边的人谈笑风生了。他没在人前撕了她，他给她留了面子，更多的是顾全自己的面子，可姜黎黎却永远忘不了那种眼神，那种绝望到无视的眼神，比在人前抽她一个耳光还让她难过。

她一刻也待不下去了，打道回府。回来的路上，一直沉默不语，如坐针毡。她试图给林清远打个电话探探他的态度，只响了一声，那边就挂断了。

第五十章　劫后余生

小佟不知发生了什么，讲了一路笑话，她也不笑，中途堵车的时候，还试图凑过来亲她，被她厌恶地推开了：“烦不烦啊你！”

到家后她就回屋睡了，前半夜失眠，后半夜乱梦，于是，就成了现在这副鬼样子。林清远没有回来，也没有电话来。

就在艾茉给她打电话前，她终于等到了他的电话，听不出是悲是伤，他语气冷静平和，说：“黎黎，我回来了，你出来，我们谈一谈吧！”

看着姜黎黎无助的样子，艾茉试探性地为她支招儿：“你也别太担心了，那就去吧，看他怎么说，就静观其变，见招拆招吧！不管是狂风暴雨，还是天崩地裂，你都得面对啊！”

“他要离婚怎么办？”

“那你呢？”

“我从来没想过离婚，和小佟，你是知道的，就是那点儿事而已！”姜黎黎的声音里带了哭腔。

艾茉叹口气，说：“你啊，这就叫不作死就不会死，劝你多少次不要玩火自焚，你就是不听。既然不想离婚，就趁机回头是岸吧！之所以这样，他也有责任，你们好好谈谈，他或许会原谅你！”

“真的吗？他会原谅我吗？”一向天不怕地不怕的姜黎黎，这一刻，却像一个小女孩一样无助。

“看你自己咯！”

姜黎黎起身，跑到盥洗室的镜子前看了看自己的尊容，吓了一跳，连忙洗漱打扮起来，一边化妆，一边转头问艾茉：“对了，你来找我，有什么事吗？”

艾茉淡淡一笑，轻描淡写地说：“我能有什么事？找你聊聊天解解闷呗！”

两个小时前被龚贝贝点燃的怒火，此刻表面上已经熄灭了，而姜黎黎此刻正是自顾不暇，就算告诉她，她有心情听？能提出什么建设性的意见？索性独自消化吧！

化好了妆，姜黎黎又从衣柜里一件件拿出裙子来比画，请艾茉参谋：“这件好看吗？这件呢？清远喜欢我穿蓝色的，还是这件吧！”

艾茉就胡乱点头敷衍地给出意见。姜黎黎沉浸在自己的悲伤和忐忑中，全然没有看到艾茉眼中的复杂情绪。

“你带花生米和妙妙肖肖玩一会儿，一会儿就在这儿吃饭。我就不陪你了。”

“不了，我和你一块出去。”

姜黎黎也没挽留，开车顺路捎艾茉和孩子到小区门口。下了车，姜黎黎还可怜巴巴地伸出手求加油。艾茉腾出一只手握了握她的手，说：“态度好点儿，他很爱你，会没事的。加油！”

握到艾茉手的那刻，姜黎黎才有点儿后知后觉，惊叫：“你生病了？手怎么那么凉，还出那么多汗！”

艾茉虚弱地后退了一步，险些跌倒，却依然强颜欢笑：“我没事啊，是你车子的空调太凉了吧！快去吧！拜了！”

姜黎黎到达林清远约的地方，他已经等候多时了。他没有怪她迟到，反而哀伤地说：“我以为你不会来了。”姜黎黎脸上讪讪的，恨不得找个地缝钻进去，但她从那语气里寻到了一丝安慰，那就是，林清远对她还是有感情的，他是抱着积极态度的。姜黎黎心里有了底，连忙为自己找借口：“刚才孩子们闹，路上又堵了会儿车。”她将自己塑造成一个良母的形象，希望林清远能看在孩子的份儿上原谅她。

林清远并没打算和她计较迟到的事，温和地问：“喝点儿什么？”

“茶，菊花茶吧！”姜黎黎犹疑地选择了菊花茶。这种时候，大家都需要喝菊花降降火。

等待服务员上茶的空儿，姜黎黎一直如坐针毡，不敢看林清远的眼神，也不敢先开口说话。这时候她谨遵艾茉的教导，静观其变，见招拆招。

接下来，林清远说了一句让她无比吃惊的话。她来这里之前，想象了无数种林清远的反应，他或许会甩她一个耳光，他或许会言辞恶毒地辱骂她，他或许会一脸严肃，直接将离婚协议摆在她眼前，他也许会态度强硬地要求她和小佟马上分手回到他的身边，他甚至可能小心眼地要求她交代出轨的细节，无论他怎样做，都不过分，可他没有那样做。他的眉毛痛苦地拧在一起，神情凝重地看了她半天，喟然道："黎黎，出了这样的事，我知道，我有很大一部分责任。"

这句话一出口，姜黎黎马上崩溃了，她哇的一声，像个小孩一样哭起来："不，清远，都是我的错，是我错了。"听到那句话，她心里有了底，她知道林清远会原谅她。她哭只是为自己的无耻感到羞愧。

林清远依然像往日一样温柔地给她递过纸巾，冷静地问："我想知道，你和他多久了？发展到什么程度了？"

听到这个问题，正在哭泣的姜黎黎一愣，林清远是给气糊涂了吧？什么程度？都去开房了，那不明摆的吗？他终究也逃不过男人的劣根性，小心眼地想追问细节？还有点儿智商余额的姜黎黎心里很清楚，细节是绝对不能说的，否则如果和好，会成为日后他掌控她的七寸。她将中断的哭声又续接起来，在哭声里掺杂了娇嗔和楚楚可怜："你就别羞辱我了，你都看到了，还问我什么啊？给我留点儿尊严吧！我知道错了。"

"我是说，你和他，是认真的吗？你有想过以后吗？"

"不不不，没有，我，我只是一时糊涂，你整天不理我，我心情不好才……"姜黎黎一口否定了和小佟的这段"情"，她偷偷抬起泪眼，竟然看到林清远舒了口气。

他呷一口茶，沉默良久，抬起头，表情凝重而痛苦，说："黎黎，我们还有一对孩子，她们那么小，那么可爱。"

姜黎黎一听这话，仪态尽失地坐到了林清远的身边，搂住他的脖子，哭得不能自已："我不离婚，我错了，我真的错了。我马上和他断了，以后再也不和他见面了。我会好好带孩子，做一个好妈妈的。"

从来在人前四平八稳的林清远，也控制不住湿了眼眶，他哽咽道："别哭了，你哭，我心里更难受。我知道你苦，可我心里更苦。"

茶杯里，一杯茶已凉了，服务员进来给茶壶里添了热水，杯中的茶又沸腾滚烫起来。姜黎黎依偎在林清远的怀里，带着一种劫后余生的喜悦，百感交集地流下泪来。

第五十一章　后患无穷

对小佟，姜黎黎采取了冷处理的态度，好几天也没有理睬，林清远也没有马上辞退他，而是采用迂回的方式，让人事部给他暂时安排了别的工作。小佟每天负责接送一行外地来的客户，又当司机又当导游，每天回到宿舍累得半死，给姜黎黎打电话，永远是无法接通。

他坐不住了，他跑到林清远的办公室，宣示主权，对坐在大班椅上的男人说：“黎黎是我的女人，你放过她吧！”

这话说的，好像姜黎黎被绑架了一样。不错，小佟坚信姜黎黎最近疏远他就是被林清远道德绑架了——一个当了母亲的女人，出轨了简直是罪不容诛。孩子，是所有女人的软肋，只要林清远提一提孩子，再伟大的真爱都不值一提了。

林清远有点儿意外，所有的奸夫不是应该掩人耳目藏着掖着吗？他没想到小佟敢跳出来承认了，当然他更想不到，在湖滨酒店那次偶遇其实是小佟特意打听了他的行程而安排的。

但林清远并没有打算和小佟对话，他有自己的骄傲，他根本没有把这个小县城来的男孩放在眼里，更不会把他当作情敌，他知道自己婚姻的病灶在哪里。在他眼里，小佟充其量就是姜黎黎耐不住寂寞在网上买了一套情趣用品，和一个用品物件较什么劲儿。

林清远皱皱眉，站起来，说：“我还有个会，有什么事以后再说吧！”

这一次轮到小佟吃惊了。他被晾在办公室里，无所适从，茫然地站了一会儿，秘书进来拿资料，用奇怪的眼神打量他，他觉得无趣，只好离开了。回去的路上小佟一直在想，林清远城府太深了，他完全没想到一个男人在面对老婆出轨时能如此淡定，他甚至已经做好了被他暴打一顿的打算，他也做好了姜黎黎被净身出户他带着她远走高飞的准备，他甚至做好了做两个孩子继父的准备，可林清远压根不给他这个机会。

下午，小佟索性没去上班，在宿舍里蒙头大睡，他已经黔驴技穷，不知道接下来该怎么办了。一觉睡醒，他接到了人事部打来的电话，通知他去办理离职手续，他被辞退了，原因是他迟到早退违反了公司规定。

林清远从办公室出来，并没有开什么会，而是驱车回家，接了姜黎黎，直奔吴学敏医生的心理诊所。

那晚夫妻俩一番推心置腹的沟通之后，林清远决定不再回避，正视自己的问题，听从了姜黎黎的意见，去她介绍的这家据说更为专业的心理诊所看看。

每天在这里问诊的患者很多，但漂亮的女人总是让人过目不忘，吴医生记得姜黎黎之前在这里做过几次咨询，所以在看到这对夫妻的第一眼，他就明白了他们的症结所在。而这一次要做咨询的是姜黎黎的丈夫。

林清远坐在沙发上，再没有在公司里的意气风发，没有了平日里的自信满满，他甚至有点儿拘谨，两手交缠，并且不自觉地伸手搓鼻子，吴医生对他笑笑，他也对吴医生笑笑。吴医生启发道："有什么问题，尽可以畅所欲言，就当我是个情绪垃圾桶，或者是个秘密树洞。"可林清远还是笑笑，没有开口。

气氛有些尴尬，可专业的心理医师不会让气氛一直尴尬。一只猫咪溜进来，在窗下的阳光里打了个滚，又跑到吴医生的脚边卧下了。吴医生主动开口："我养了两只猫，这只叫琪比，另一只叫雪莉，猫是很有趣的动物。我这两只猫有个共同的特点，就是都讨厌自己的影子，以为影子是个怪物，总想打败它，只要它们一出现在阳光里，就会看到自己的影子，它们就会抓狂地追赶自己的影子，可那是影子啊，有什么好办法？后来我发现它们都找到了各自的解决方法，琪比的方法是干脆闭上眼睛，就像现在这样；雪莉呢，就是待在有阴影的地方，这样就再也看不到自己的影子了。呵呵！真是两只笨猫。"

吴医生说了半天，林清远觉得没一点儿反应不太礼貌，当然他也听懂了这个故事的深层含义，于是牵强地笑笑，依然企图转移话题："呵！小动物是很有趣的。"

"我们只看到可爱，可是它们的烦恼解决了吗？根本没有，反而变成了一个更大的烦恼。就像我们人类一样，有了心理问题，没能很好地疏解，最后演变成更大的问题。”

林清远终于搭腔：“我觉得，时间久了，再严重的心理问题，慢慢自己都会排解消化掉的，只是时间问题。”

“所以你并不相信心理医生。”吴医生一语中的，“恕我直言，您一定是其他的方法都试过了，实在没有办法才到我这里来。”

林清远只好实话实说：“说实话，我是不太相信聊聊天就能解决什么问题。”

吴医生自信地笑了：“请别怀疑我的专业水准。你们在饭桌上吃吃饭聊聊天就谈成了生意签了大单，所以，相信我们也可以。”

这么一说，林清远觉得吴医生颇有道理，便放松了一些。

“这么说吧，一切心理问题，源自对事实的扭曲，什么事实？就是那些令我们痛苦的负性事件。”

“令人痛苦的负性事件？”林清远的心一紧，针刺一般疼了一下。他的眼前仿佛忽然一盲，铺天盖地的血汹涌而来，淹没了视线。他仿佛又看到那条昏暗的医院走廊，幽暗，冰冷，隔着急救室的玻璃窗，她安静地躺在病床上，血洇红了白色尸布，她的一条胳膊无力地垂在床的一侧，她死了。死在产床上，一尸两命。谁会想到呢？他那样爱她，为她选择的是最好的产科医院，产前他每次陪她检查，一切都正常，谁知生产时胎位不正，产中大出血，医院组织了专家会诊，产房走廊的弹簧门开开合合，医生护士焦灼地进进出出，他大脑一片空白，木偶一样在护士拿来的各种单子上签字，可病势凶猛，专家也无力回天。他同时失去了老婆孩子，如同瞬间跌入万丈深渊，她离开后的很长时间里，他一直浑浑噩噩，无法从痛苦中自拔，公司的生意也一落千丈，失去了好几个大单。直到后来遇到姜黎黎，他那颗被痛苦碾压的心才仿佛慢慢苏醒过来。

思绪回转至现实中，吴医生探寻性地看看林清远的表情，继续侃侃而谈：“因为那种痛苦的体验，我们不愿意面对那个负性事件，但是，一旦发生过，这个负性事件将伴随我们一生，就像那令人抓狂的影子，一般人会怎么做呢？大部分人只是将它压抑到潜意识里，不去想，就是我们所谓的忘记。但是它在潜意识里依然会猝不及防地袭击我们，让你莫名其妙地伤心难过，而且无法抑制，为了抵抗这种痛苦，你只好再次努力去逃避。大部分人都会选择错误的方法，比如像琪比，选择视而不见，比如雪莉，干脆把自己放置在阴影里。但是，真正抵达健康的途径只有一个，那就是直面痛苦，你要知道，无论多么痛苦的事情，你都是逃不掉的，你只有面对它，化解它，超越它，最后和自己那颗矛盾的痛苦的心达成和解。”

“面对痛苦？”看医生说得有理有据，林清远更添了几分信任，不如，就对吴医生说说吧！

“吴医生，是这样，我曾经……”他刚开口，吴医生却打断了他，微笑着开了个玩笑说：“讲故事会很花时间的哦！我这里收费很贵的。我知道，每个人去面对自己内心的痛苦，都会缺乏勇气，所以我们要寻求帮助，你可以找专业机构，比如我，这是个很好的开始，你也可以寻找亲友的帮助，和你信任的人一起去面对那些痛苦的事情。记住，黑暗和光明一样，都是人生的财富。”

“信任的人”，会是谁呢？与自己同床共枕生儿育女的妻子？曾经以为最信任的人，现在却是最先背叛他的那个女人。他也是男人，不是没有愤怒，可他不是普通的市井男人，他受过高等教育，有留学经历，思想比较西化，并不是他能坦然接受妻子的出轨，而是他一开始就清楚地知道，这件事自己有不可推卸的责任。

这一次心理咨询结束了，起身道别的时候，吴医生又说：“林先生，你是金牛座。”

“你怎么知道？”林清远有些奇怪。

“呵呵！你妻子是天蝎座，金牛座和天蝎座相配指数高达百分之八十八，若是追求一种明朗的感情，那将是最佳星座情侣。”

“明朗的感情？什么意思？”

“就是有话都直说，有问题就摆在桌面上，别总憋在心里，哪怕偶尔吵吵架也好，没听说过吗？吵架是疯狂的沟通。简言之，多沟通。”

来之前姜黎黎就打过包票了，说吴医生非常专业，每次还会给患者开出三字真经的处方，林清远想，这“多沟通”，就是三字真经吧？

走出诊室，坐在走廊等待的姜黎黎迎上来，一脸担忧地问：“怎么样？吴医生怎么说？”

林清远轻松一笑：“走，我带你去吃好吃的。”

他带她去了一家很普通的餐馆。小餐馆就在姜黎黎母校财院旁边，他们初相识的时候常去吃。小餐馆最有名的是排骨饭，排骨酱汁浓郁，配一碟老板娘自制的腌萝卜用来解腻，真是回味无穷。姜黎黎常常为了那一碟腌萝卜，拉着他去吃排骨饭。

在小餐馆坐定，老板娘出来招呼，竟一眼认出来，笑道："好久不见你们来了。"

姜黎黎听完有些黯然，可不是嘛！自从结婚后，就再也没有来过了。林清远倒是经常带她应酬，参加一些酒会，可那种场合，食物是用来看的，她要举止优雅，吃相好看，随时与那些贵妇们虚与委蛇，所以从来没有吃饱过，每次都是饿着肚子回来，晚上让保姆下面条吃。想想真是有些可笑。

排骨饭和腌萝卜上来了，两个人都低头沉默吃饭。林清远尝过了排骨和萝卜，赞道："还是那个味道，一点儿也没变。"

"可是我们都变了。"

"不，我们没变，至少，我没变，你也没变，只是，我们的误解太深了。"

姜黎黎有些欣慰地看着他，看来吴医生的一番疏导起了作用，林清远的心门，正在一寸寸再次向她打开。她问："刚才医生和你聊得怎么样？"

"他也送了我三字真经。"

"什么？"

"多沟通。"

姜黎黎故意调侃："庸医，就会用大道理糊弄人，这道理谁不懂啊！"

林清远却说："不，他说得没错，我们是缺乏沟通。大道理谁都懂，可真正做起来却很难。黎黎，是我太懦弱了，才让我们之间走了弯路。"

姜黎黎吃惊地望着林清远灼灼的眼神，那是他初识她时的眼神，真诚，纯净，热烈，像一杯烈酒，看一眼，姜黎黎就想沉溺其中永不醒来，可他多久没有这样认真地凝视过她了？

"清远，你别这么说，你这样让我更无地自容了，一切都是我的错。"

"不，黎黎，你听我说，今天，你一定要认认真真听我说完。"

姜黎黎放下了汤匙，做出认真聆听的姿态。无论如何，林清远拿出了挽救婚姻的足够诚意，而她这个过错方，难道不应该全力配合吗？他要讲的，必定也是她想听的。等等！太懦弱了？这是什么意思，她忽然有点儿担心。

林清远先从前妻的死开始说起，这一直是他的情感禁区，从未向姜黎黎提起过。

他尽量平铺直叙，可姜黎黎还是从言语间，听出了深深的愧疚和追怀，可当听完，她愣住了。生命的脆弱，死亡的惨烈，通过他简单的言语呈现在眼前，让她的心紧紧地揪在了一起。她同情死者，更同情眼前这个男人，要怎样的力量，才能承受瞬间失去两个亲人的痛苦啊！她此刻多想抱抱他，可她知道她不配，她恨死自己了，恨死自己为那点儿虚无缥缈的床笫之欢，给他又平添一份痛苦。

林清远又说起了姜黎黎，说起了姜黎黎生孩子的场景。

鉴于第一次的血的教训，亡妻在产床上连一句遗言都没有留下就撒手离去，林清远自责而又后怕，加上岳母常说，女人生孩子，就是在鬼门关走一圈，所以在姜黎黎生产的时候，他要求了陪产，剖宫产本来是不允许陪产的，他还特意花钱托关系才办到。他目睹了整个产程，手术刀切开肚皮的一瞬间，血汩汩地往外冒，他的泪马上下来了，那一刻他发誓一定要一辈子对她好，无条件地好。手术进行中，她因为打了麻药没有痛感，还没心没肺地和他说笑，让他猜猜是男是女，可他握着她的手一直在发抖，心像被一只手用力揪住了提到嗓子眼儿，根本无法呼吸，双腿也虚软无力几乎要倒下。从手术室转回病房后，他一直紧紧地拉着她的手，连孩子也没有看一眼，在场的人无不羡慕："看人家老公多好！"

可那个在手术室暗暗发的誓，很快就破灭了。姜黎黎产后百天，伤口早已愈合，被月子餐调理得容光焕发，在晚上洗完澡穿着性感睡衣强烈的暗示下，他也跃跃欲试，可却沮丧地发现，他做不到了，只要一靠近她的身体，就想起那血淋淋的场面，他就呼吸困难手心出汗，恰好他的手机响了，这成了很好的借口，他起身去接电话，然后又去书房开电脑查什么资料。

姜黎黎被晾在那里，只沮丧了一小会儿，她想，来日方长嘛！来日是很长，可林清远床上那点儿事，却总也长不了了，不是草草了事，就是疲软无力，更多的时候是按兵不举，后来为了躲避尴尬，他索性在公司加班到很晚，回家了也是在书房电脑前忙碌到很晚。姜黎黎试图挑逗过他几次，均以失败告终，他总是委婉地找借口拒绝，她甚至有一次在那委婉中看到了一丝嘲讽。姜黎黎被伤到了，心渐渐灰了。灰暗的地带，一丝阳光都显得那么奢侈，小佟才得以乘虚而入。

不久前，林清远趁着在美国出差的几天，还特意去看了一位著名的心理医生。那位医生也说，这是典型的陪产陪出的性心理障碍和前妻死亡带给他的创痛和阴影，要冲破这种障碍，走出阴影，首先要做的就是脱敏。通俗点儿说叫以毒攻毒，再通俗点儿可以说是“哪壶不开提哪壶”，那些解不开的心理问题，那个负性事件，那种痛苦体验，需要不断地提及，不断地刺激，从而渐渐消除障碍。

“我终于说出来了。没错，医生说得没错，我现在感觉特别轻松。”林清远深深地呼了口气，“黎黎，你对我有信心吗？”

“当然。”姜黎黎隔着桌子，伸手握住了他的手，“还有更轻松的事，要不要去做？”

林清远心一紧，以为她又要说“晨跑”，他虽然现在信心百倍，可马上去做，是不是太心急了？只见姜黎黎俏皮地笑笑：“去泡温泉啊！咱们好久没去了。”然后他们驱车去了城郊山脚的一个温泉度假山庄。山庄里有各色温泉，还有私密的小院温泉，一泓泉水，水旁一块平坦的巨石，出浴后人可平躺在石头上，石头微微发热，据说有按摩保健的作用。

当他们全身赤裸在巨石上并排躺下时，已是晚上。星光如同黑丝绒里的碎钻，在头顶熠熠闪光，星光下赤裸的男女，如初生婴儿般纯净，他的身材依然健美挺拔，她的腰身也依旧窈窕有致，水汽氤氲，拥抱变成了虚景，亲吻打上了马赛克，天黑了，接下来的剧情发展成限制级。

他们在温泉小院住了一晚，清晨驱车回城。林清远表情严肃，仿佛是在犹豫，快到家的时候说：“我已经通知人事部辞退了他，也许你需要和他再见一面，说分手，道个别，这个我没意见。”

姜黎黎有点儿心虚，急于表明立场：“不，不用了，不会再见了。”她心虚还有一层原因，那就是面对小佟。在一起情深意浓的时候，甜蜜的情话也说了很多，助性的“我爱你”也没少说，到了分手的时候，这些话成了屎屁股上沾的屎，怎样才能擦干净啊！再说，分手的话她已经说过一次了，这一次她决定就冷处理，眼不见为净，大家都是成年人，冷一冷，他自然明白什么意思了。

姜黎黎犯了人生中最大的一个错误，就是冷处理了这个几乎已经做好当她孩子继父的男孩。她想得太简单了。她深深地伤害了他。

第五十二章　暗礁陷阱

周一很快就到了。

这一次，艾茉的愤怒并没有在这两天的痛定思痛中化解掉，反而愈演愈烈，就像一个充入太多氢气的气球，马上就要爆炸了。艾茉这一次是铁了心要离婚，要离婚的她就什么也顾不得了。早晨八点半，她就抱着孩子开始敲老向家的门。

是老向出来开的门，他一脸惺忪睡态的样子更是让艾茉气不打一处来，老婆要离婚了，他竟然一点儿不着急，还优哉游哉地睡懒觉？艾茉气呼呼地提醒他："今天是星期一了，赶紧收拾东西，别磨蹭。"

老向手足无措，回头看看屋里，又看看艾茉，说："你不隐蔽了？"

"小三都不隐蔽，我还隐蔽什么啊？看什么看？家里藏了什么猫腻？怎么，她就这么迫不及待住进去了？"

老向一头雾水："瞎说什么啊？谁迫不及待了？"

"少废话！赶紧去拿东西，九点钟民政局门口见。"艾茉不想和这个负心无情的男人多说一句废话了，说完转身回到自己的租屋开始找户口本身份证。

老向回到屋里，母亲在卧室里问："谁啊？"

"没谁，物业的。我等会儿出去一下。"

老向穿好衣服收拾停当，当然并没有去拿户口本，他根本没打算去离婚，只是想好好和艾茉谈一谈，了解她到底怎么了好对症下药。

出门走到905，正要敲门，旁边的906忽然门开了，龚贝贝穿着睡衣，探出半个身子倚靠在门口，似笑非笑："华晟，来看我啊？你敲错门了，我住这边。"

老向的头一下子懵了，只觉得一口闷气堵在胸口，上不去下不来，他有些恼火，这个阴魂不散的女人，唯恐天下不乱，到底想干什么啊？

艾茉就在隔壁，随时都可能出来，如果看到这一幕，他老向跳到黄河里也洗不清了。不对！龚贝贝是什么时候搬来的？艾茉已经知道了吧？她那天突然态度大变要离婚，一定事出有因，就是因为这个女人吧？

想到这里，老向更头大了，可现在在自家门口，左右都是邻居，他不想太丢脸，压制着发火的冲动，压低声音质问道："你什么时候搬这儿的？你住这儿什么意思？你到底想干什么？"

龚贝贝慵懒地抬抬眼皮，上下打量着老向，不慌不忙地说："妈让我住这儿的，你不知道？"

"我问你到底想干什么？"老向压低声音，咬牙切齿。

龚贝贝诡秘一笑，将腰身挺了挺，一手放在小腹上，眼睛往下瞄了瞄，轻描淡写地说："我能有什么意思啊，住得离你近点儿，你照顾我和孩子也方便点儿。"

"孩子？什么孩子？"他忽然想起不久前龚贝贝给他打电话说过这件事，狠狠地瞪了她一眼，斩钉截铁地否认道，"这不可能，我告诉你，你休想用这种事来要挟我。我再说一遍，龚贝贝，咱俩已经没有关系了，从你离开我的那天开始，就一丝一毫的关系也没有了，你不要企图用任何方式来搅乱我的生活，我不允许你打扰我的家人，包括我妈和我老婆，我希望你马上从我的生活中消失。"

老向的话虽说得绝情不留余地，龚贝贝却一点儿也不计较，忽然一头扎进老向怀里，双臂拢住他的腰，娇嗔地一噘嘴："别这么凶嘛！人家现在是孕妇，你得让着我。"

905 的门适时地打开了，老向想死的心都有了，龚贝贝一定是听到响动算计准了吧？艾茉早不出晚不出，偏偏在这种时候出来。老向脸色红涨，用力挣脱了龚贝贝，一脸慌乱地对艾茉解释道："不是这样的，艾茉，你别听她瞎说，这就是一个阴谋。"

艾茉表情木木的，心里已经感觉不到痛，盯着老向看了许久，冷静地说："走吧！不耽误你再续前缘，早办早了，米米中午要回来午睡的。"

说完，艾茉抱着孩子面无表情地朝电梯走，老向马上追上去抓住她的胳膊，急赤白脸："我不去，我不同意。"

龚贝贝双手抱肩，脸上带着得意的笑，一副看笑话的态度。

这时，电梯"叮"一声打开了，向华昕带着乐乐从早市买菜回来了，一见眼前艾茉和老向的架势，再看看那边门口站着的龚贝贝，一下子恍然大悟，这么久以来，她都以为艾茉负气出走是生乐乐和自己的气，没想到自己误会了，一切都是因为龚贝贝这个害人精啊！龚贝贝当年干的事，那可是人神共愤，相较之下，向华昕心里的天平自然倾向了艾茉。她瞬间笑脸相迎，对艾茉说："茉茉回来了啊！怎么回娘家去这么久？我和妈都想花生米和你了。正好我买了好多菜，走，快进屋，今天中午我给你们露一手。"说完还挑衅地乜斜了龚贝贝一眼，乐乐也知道来者不善，对龚贝贝龇龇牙。

老向在一旁向姐姐投去感激的目光，示意她再加把劲儿留住艾茉。

艾茉到底也没和向华昕发生过大的矛盾撕破脸，对方这么热情挽留，她不好给她难看，胡乱应付道："不，不了，我还有点儿事要出去。"

乐乐猴精，见状连忙拉住艾茉的一只胳膊，作可怜状："舅妈，你就回家吃饭吧！你是不是生我的气了啊？我以后保证不在家吵闹打扰小妹妹睡觉，保证不欺负妹妹还不行吗？走吧！"

老向也顺势低声下气："走吧，回家吧！"

艾茉左右为难，乐乐毕竟是个孩子，她能和他计较什么？

龚贝贝处了下风，脸上表情渐渐不那么轻松自然了，正觉得势单力薄的时候，老向的母亲李敏英开门出来了，探头问道："外面干什么啊这么吵？"

话音刚落，龚贝贝仿佛抓住了救命稻草一样，几步冲上去抓住老太太的手，声带哭腔："妈，你答应要替我做主的。"

一听这话，艾茉的心瞬间又凉了半截，她嘴角牵动，悲凉地冷笑了一下。

老向的气更不打一处来，冲母亲发了火："你答应她什么了？瞎答应什么啊？你能给她做什么主？"

李敏英面对儿子和艾茉，自知有些理亏，想洗白撇清自己，不耐烦地甩开了龚贝贝的手："我答应你什么了啊？别瞎说。"

一盆冷水兜头泼下，龚贝贝瞬间透心凉，可她不甘示弱，也不想就此功亏一篑，于是顺势伤心地抹起了眼泪："妈，你不能像华晟一样无情啊！你不管我可以，可你不能不心疼你的亲孙子啊！我现在每天吐得天昏地暗，是为什么啊？我怀的可是你们向家的骨肉，你们不能这么对我。”

向华昕一愣，没想到还有这一出，不分青红皂白就低声骂了老向一句：“你作死啊！你怎么能干这种事？”作为一个因老公出轨导致婚姻失败的离异女，她最恨小三，也最恨在外面花心乱搞的男人，这一次，她和艾茉完全站在同一战壕。

老向完全乱了阵脚，他是一个体面人，左邻右舍虽然不常照面，可也都认识，龚贝贝这样不顾脸面地喊起来闹起来，他的脸往哪儿搁？此时他也顾不上艾茉了，拉住龚贝贝就往906拖，恶声恶气：“来，你告诉我，你到底想干什么？”

906的门“砰”的一声，将老向和龚贝贝的争吵声关在了里面。

留在楼道里的人面面相觑。艾茉看着丈夫和那个女人一起进了房间关上了门，心里升起一种奇妙的感觉。虽然老向刚才句句都在否定龚贝贝所说的话，可她却觉得自己在一点点失去他，她觉得他们之间的那道门正在一点点关掉。她心里空茫一片，像荒原上的野草一般荒凉无着落。

此情此景，母亲李敏英再没有上一次艾茉回家时的架子了，眼前的事不是明摆的吗？你儿子惹了一身骚，做妻子拿出正室的姿态闹一闹，做婆婆的就得理亏替儿子赔笑脸。她低了低声，目光友好，态度和软：“外面热，别站着了，回家吧！”

后院起火，向华昕也替弟弟善后，笑眯眯地说：“是啊！别听那个龚贝贝瞎说，她那个人，我可是知道的，嘴里没一句实话，你放心，华晟要是真做了什么对不起你的事，我先上去大嘴巴抽他！姐绝对站在你这边。走，有什么事，回家再说，别把孩子吓着。”

“舅妈，回家吧！你看看我最近画的画有没有进步。”

艾茉凄然笑笑，轻轻地抽开自己的胳膊，说：“不了，我就住对面，麻烦你们告诉他，请他有空的时候，和我去把手续办一办。”当然是离婚手续，那两个字刺耳又刺心，她没有说出口。

艾茉转身，径直走向905，可刚进了屋，她又马上决定离开。隔壁老向和龚贝贝的争吵声虽然听不真切，但源源不断地冲击着她的耳膜，在屋里待下去她会发疯的。

楼道里的母女俩还在面面相觑，见艾茉又出来，婆婆可怜兮兮地叫了声以示挽留："艾茉！"

艾茉清冷地对婆婆报一个笑，像遇到一个邻居，然后进了电梯。

906 的房顶快要被老向的怒火掀翻了。往日的情分已被龚贝贝消费得一点儿不剩了，现在，老向只剩下了愤怒，厌恶，无奈。龚贝贝的疯狂举动和不顾尊严的行为，更让他坚信，他是被她设计陷害了，可是，她为什么陷害他？

"为什么？你为什么要这样做？"拳头攥在一起咯吱作响，最后一点儿理智克制着他。

一回到屋里，龚贝贝就一屁股坐在沙发上，不哭也不闹了，平静而理直气壮地说："我说了，我怀孕了。"

"你怀孕了跟我有什么关系？"

"向华晟你别装纯洁，你那天和我在酒店，你做什么了你别装不知道！"

老向气得咬牙切齿："根本就是你设计的圈套。这个城市那么大，这几年我和你怎么就再没遇见，我在街上喝酒就能那么巧碰上你？"

听到这话，龚贝贝的目光忽然柔软下来，眉眼含情一笑："这说明我们有缘啊！"

时过境迁的恋人，再说这种情意绵绵的话，让老向非常羞赧和无奈，他抓狂："好吧！就算是巧遇了，那警察是怎么回事？"

龚贝贝一脸委屈："人家恰好扫黄嘛！我也不想的。"

"别装了，你怎么就成了那什么……呸，我都说不出口，你不承认，他们能把你当黄扫了？你，你为了自己不可告人的目的，连脸面都不要了，那种屎盆子都往自己头上扣？你到底想干什么啊？"老向越说越气，一拳擂在茶几上。

龚贝贝吓得一抖，泪珠莹然，眼圈红红的，楚楚可怜，委屈地说："我想干什么你还不清楚吗？我后悔了，我想回到你身边，我想我们重新开始。"

老向觉得又好气又好笑，鼻孔里发出无奈的嗤笑，仿佛听到一个天大的笑话，说："这不可能，我不是傻瓜，可以招之则来挥之则去。"

"可是你说过，你是我的树。"龚贝贝忽然语态温柔低婉，含情脉脉地看着他。

老向的心不自觉地疼了一下，那是爱浓时的情话。老向工科生，不会说什么甜言蜜语，只好剽窃一些名家诗词，你侬我侬的时候，给龚贝贝抄了一段席慕蓉的诗句：如果有来生，我愿做一棵树，站成永恒，没有悲欢的姿势。一半在尘土安详，一半在风里飞扬……他告诉她，爱人是树，根紧握在地下，叶相融在云里，即使有一天她离开了，他还会站在那里。龚贝贝那时是一个可爱单纯的姑娘，对那时的小向同学无限依赖，娇娇地说："傻瓜，你是树，我当然也是树，我又没有长脚，走哪儿去啊！"可单纯的姑娘到了社会上，渐渐对一穷二白的老向不满意了，在他们谈婚论嫁的时候，她生了退意，那时她已经和一个一直追她的富二代暗度陈仓了一段时日，在富二代带她参观了他带花园的房子、会唱歌的马桶后，她这棵树，自己痛下决心，连根拔起。

龚贝贝目光灼灼地看定老向，动情地说："人挪活，树挪死，我现在才知道，只有你坚持的位置，足下的土地才是适合我生长的土壤，我以前太傻了。"

昨日重现，如同旧伤在阴天里隐隐作痛，老向冷着脸，不带一丝温情："我还是我，还是那棵树，可我坚持的位置，足下的土地，已经有了别的树，而不是你。"

"可是我有了你的孩子。"她终于使出了撒手锏。

老向突然提高音量："不，我不相信。龚贝贝，你听我说，如果你遇到了什么困难，即使出于老同学的情分，我也会帮你，但是，你不可以以此威胁我并介入我的婚姻，不可以。这孩子不可能是我的，你想生这个孩子养这个孩子，你经济有困难，你告诉我，我可以不计较以前的事，我可以帮你。"

"不，他就是你的孩子，我要给我们的孩子一个完整的家，我就是要你。"龚贝贝从老向的语气中听到一丝温情，看到了一丝希望，这一丝希望给了她勇气，她继续孩子气地任性叫嚷。

老向的最后一点儿好脾气被磨光了，怒不可遏地喊："你凭什么说这孩子就是我的？"

龚贝贝口无遮拦："因为你和我睡了。"

老向气结，表情狰狞地靠近她，指着她的手在颤抖，压抑着怒火低声从齿缝里迸出一句："就算是睡了，也不代表孩子就是我的。"

这一次轮到龚贝贝气结，尽管她已被男人伤得不轻，可她没想到老向无耻起来比她的前夫毫不逊色。龚贝贝豁出去了，一咬牙，话说得掷地有声：“好，你不相信我没关系，等孩子生了，咱们去做亲子鉴定。”

话说得这样笃定认真，看上去真有几分像真了，若是以前，老向肯定被她蒙住了，可现在的老向不同往日了，作为一个陪老婆产检次次都不落下的好父亲，他可是颇懂得一些医学知识的。老向也是脱困心切，被逼急了，脑子转得也快，脱口而出：“不用等孩子生了，现在就可以。你说你怀孕几个月了？快四个月了？没问题，现在医学很发达，四个月可以做亲子鉴定，明天，不，今天咱们就去做，做完如果是我的，你说怎么办就怎么办。”

空气仿佛凝滞了，龚贝贝愣住了，她很窝火，却不能表现出来，还要装作若无其事的样子，有点儿迟疑地说：“好，好啊！去就去！你以为我不敢去啊！今天啊？现在就去？”

老向斩钉截铁：“对，现在就去。”

可就在这时，他的电话响起来。老向气急败坏地拿出手机一看，是公司老总打来的。陈总在电话里笑呵呵地说，也没什么大事，有一个应酬，让老向和他一块去。老向想也没想就答应了。他只是人家手下一员大将，况且自己这次负责的项目出了人命捅了篓子，公司花了不少钱才摆平，自己也想趁此机会和老总套套近乎说说把他调回公司总部的事，后院起的火，可以先放一放。再说，他想调回总部，还不是为了艾茉和孩子，想到这里，老向也就坦然了一些。

听到老向临时有事要走，龚贝贝脸上闪过一丝狡黠，他指着龚贝贝，一脸严肃：“听着，你既然住在这儿了，就老老实实待着，在这件事没有结果之前，别上蹿下跳乱跑。明天我肯定和你去。”

这时龚贝贝倒显出一副懂事可人的样子，像贤惠的妻子一样温柔地说：“你有事就去忙你的吧！我等你。”

那一句暧昧的“我等你”，还是让老向皱了皱眉。

回家拿外套，母亲李敏英一副做错事听候发落的样子，小心翼翼地跟在他身后解释：“晟啊，妈还没老糊涂呢，妈妈可没答应她什么啊！她说她怀了你的孩子，还是个男孩，我也半信半疑。”

老向不忍对母亲发火，低声说：“有什么事我回来再说吧！你们不要去搭理她。”

“好好好，你放心，我再不搭理她。”李敏英忙不迭地答应。

“对了，我刚拉走了那个，艾茉现在人呢？”

乐乐抢答：“舅妈很生气，抱着妹妹下楼去了，我看她上了一辆出租车。”

“她说什么了？”老向把目光投向向华昕。

向华昕犹豫了一下，支支吾吾：“没，没说什么。”

乐乐又多嘴：“舅妈说，请你有空的时候，和她去把手续办一办。舅舅，你们是不是也要离婚啊？你要娶旧舅妈？我不喜欢贝贝舅妈，外婆说她是个骗子。”

老向正没好气，听乐乐这一番话更是恼火，低声呵斥：“一边去！废话真多。”

在路上堵车的空儿，老向给艾茉打了一个电话。虽说他相信她现在有了孩子且一向心高气傲，不会因此干什么傻事，但今天闹这么一出，他必须打电话解释一下，即使解释不清，暂时安抚一下也好。可她的手机竟然占线。绿灯亮了，车子启动，老向叹了口气，打电话解释安抚的事就暂时搁置一旁。

他不知道，就在他给艾茉打电话的这个时间，艾茉正好接了一个别的电话。

从小区出来后，她正发愁去哪里，姜黎黎那儿泥菩萨自身难保，她不想去叨扰她，权衡之下，她决定去找周小荻。两个同样遭遇了丈夫出轨却迟迟没有勇气离婚的女人，终于站在了同一条起跑线上，想必是很有共同语言的。可她刚刚上了出租车，手机就响了，是一个陌生来电，接起，也是一个陌生的声音，一个很纯净温和的男孩声音，亲热而礼貌地称呼：“姐姐，我是秦宇。”

“嗯？”艾茉有些犯迷糊，她不记得自己认识一个叫秦宇的人，于是把那个名字重复了一遍，“秦宇？我们，认识吗？”

男孩没有直接回答她的话，而是无比失望地说：“果然，你根本不知道我的存在。”

艾茉更迷糊了，问：“你是谁啊？有什么事啊？”

她以为有人打错了电话，正要挂电话时，男孩有点儿急了：“姐，我是艾莉的男朋友。”

一说艾莉的男朋友，艾茉马上想起来了，上次艾莉来说过，还给她看过照片，只是众事纷扰，加上秦宇这名字很大众，她一时没想起来。艾茉作恍然大悟状："哦！秦宇啊，我记得记得，艾莉说起过，一直说见见你，艾莉总忙。"

秦宇并无心听艾茉寒暄，而是语气焦灼："艾莉不见了，她在你那儿吗？"

艾茉被问得一头雾水："没有啊！不见了，是什么意思？"

"我们，她……唉电话里说不清，姐姐你现在方便吗？我过去找你。"秦宇说。

十分钟后，艾茉在路边的露天茶座见到了秦宇。很英俊的大男孩，比照片上更阳刚一些，只是此刻表情严肃冷峻，看上去更成熟一点儿。大概听艾莉说过姐姐，秦宇在几位零散的客人中很快认出了艾茉，没有过多的寒暄，一坐下来，秦宇就不停自责："都怪我，我要是不逼她就好了，都怪我！"

艾茉紧张起来："你逼她做什么了？"

"姐，你说我是不是做错了？我们谈恋爱快两年了，感情一直很好，几乎从来没吵过架，为了和我在一起，莉莉也选择和我回这边找了工作。我现在在电力局，我们俩工作都相对稳定，父母就催我们赶快把婚事办了，婚房都选好了。可到现在，我向她求婚，她拒绝，她也不肯去我家见见我爸妈，更别提让我去拜见一下未来的岳父母，连你她也不肯介绍我认识。因为这个问题，我俩都吵好几次了，我真不知道她是怎么想的，每次都推三阻四。这在别的情侣那里顺理成章的事，到她这儿，怎么就这么难？那天都说好了去我家吃个便饭见见我爸妈，我妈做了一大桌菜，谁知道她临时变卦说单位有事，我一生气，和她吵起来，话也说得难听了点儿，莉莉一生气挂了我电话，我们都堵着气，好几天没联系。这两天我也想通了，莉莉年纪小，可能不想这么早结婚，我就想和她道个歉，昨天打电话过去无法接通，再打，关机，现在打，干脆停机了。"

"去她单位找了吗？"艾茉也有些担心了。艾莉任性，小时候和姐姐吵了架，惯会用离家出走吓唬人。

"去了，同事说她请了两个星期的假，也没回宿舍，没告诉谁去哪儿了，急死我了。还好我以前偷偷从她电话里记下了你的电话。姐，莉莉是不是在你那里，故意躲着不见我？我想见见她，当面向她道歉。"

“没有啊！我也有一两个星期没见她了，怪不得这几天也没见她打电话来。你等等，我打电话试试。”艾茉拨通艾莉的电话，果然是停机，冰冷的女声重复着，让艾茉的心渐渐慌起来。

“怎么办啊？”秦宇拧着眉毛快后悔死了，又补充道，“我把几个和她关系好的同学朋友都问过了，都不知道。”

“别急！她那么大的人，不会走丢的。”艾茉空洞地安慰了他一句，脑里的搜索引擎迅速运转着，回想艾莉都可能去哪些地方。她先给周逸辰打了个电话。周逸辰和艾莉虽然在她面前假装情侣被拆穿，不过之后却真的成了很好的朋友，艾莉工作上有什么烦心事，不告诉她这个姐姐，却愿意找周逸辰诉苦。用艾莉的话说，艾茉已经远离了职场，无法给出她理性客观的建设性意见，对此艾茉只有苦笑的份儿。

周逸辰刚刚结束一台手术，声音中透着疲倦，但接艾茉的电话却永远含着一丝惊喜：“艾茉？有事吗？你最近怎么样？”

艾茉开门见山：“你知道艾莉去哪儿了吗？”

“不知道啊！我最近比较忙，有两个星期没和她联系了。怎么了？出什么事了？”

“没什么大事，就是打不通她的电话。没事，你忙吧！”

周逸辰却有点儿急了：“到底发生了什么事？要我帮忙吗？”

“没事，有什么事我再打电话给你。”

周逸辰还想问候几句，艾茉已匆匆地挂断了电话。

她又拨通了娘家父母家里的电话。

是妈妈接的电话。这种时候，爸爸可能刚遛弯儿回来，妈妈已经开始择菜准备做中午饭了。女儿们一个个长大离开身边，老两口做饭很凑合，通常就是青菜鸡蛋面，可给外孙女包红包却很舍得，满月酒，新年压岁钱，每次都是最大份，如果知道艾茉要离婚，他们还不知道怎样伤心。

所以，艾茉和妈妈说话，尽量语气轻松愉悦，不让她听出来一丝不开心。

“妈，吃饭了吗？”

“这不正做嘛！”

“准备做什么好吃的？”

“我和你爸两个人，还能做满汉全席啊！就下点儿汤面条呗！”

听这话的意思，艾莉并没有回去，家里还是老两口两人。艾茉忍不住埋怨母亲：“就算只有你们两个，吃饭也别凑合啊！整天青菜豆腐怎么行？炒俩菜，煲点汤，年纪大了骨质疏松，多喝点儿排骨汤。”

母亲不以为然：“做多又吃不完，第二顿吃剩饭，你不是常劝我少吃剩饭吗？再说青菜豆腐怎么了？俗话说，青菜豆腐保平安，我身体好着呢！”

艾茉说不过母亲，无奈道：“你总是有理，我说不过你。”

说话间，父亲的声音老远传来，凑到话筒旁喊道：“是我的花生米吗？让花生米叫声外公听听。”

怀里的花生米仿佛听到了外公的话似的，咿咿呀呀地喊着，父亲在那头开怀地笑。

母亲也操心女儿，问：“带孩子很累吧！你大姑姐还在你那儿？多少能帮点儿忙吧！你也别太挑剔。”

艾茉故作轻松，只是模棱两可地说：“我和花生米挺好的，你放心。”

“国庆节和莉莉一块回来吧，你住几天，妈给你做好吃的。莉莉上次也说，想吃我做的排骨了呢！”

这句话可以确定，艾莉确实没有回家去。那她会去哪里呢？艾茉心里越来越担心。

父亲又凑近喊话：“是啊，带着我的乖外孙女一块回来，让我也沾沾你的光吃点儿好的，你妈都好几天没让我沾荤腥了。”

母亲和父亲在电话那头又拌起嘴来：“医生说让你少吃肉你忘了？老药罐子，你那病全都是你吃出来的。”

艾茉心里乱乱的，也无心和父母唠家常了，她黯然地说：“妈，爸，你们照顾好自己，我有时间带花生米回去看你们。”

匆匆挂断电话，她抬起头，和秦宇面面相觑，轻声说：“没回去。”

秦宇已经如热锅上的蚂蚁，急得六神无主，不停地念叨：“怎么办啊？她会去哪儿啊？”

艾茉望着对面这张青春的脸，有些怔怔的，她忽然无端地有些羡慕艾莉，被人这样牵挂着，担心着，却身在福中不知福。对照自己，已离家数月，还孤身带着孩子，却被婆家和丈夫冷漠至此，可悲可叹。眼下却没空伤感，找到艾莉才是最重要的。秦宇忽然想起在这个城市还有他们一个共同的同学没去问过，起身告辞匆匆离开了。两人约定晚上再通电话。

艾茉再也无心理会自己的悲伤了，和艾莉失踪相比，离婚啊小三啊都显得那么微不足道，她也不想再去找谁诉苦了，原路返回。

出了电梯，楼道里一个人也没有，已恢复了往日的平静，想想早上发生在这里的一切，还真是有点儿可笑。回到屋里，哄睡了花生米，艾茉却不知道该做些什么。

她只好一遍遍拨打妹妹停机的电话，不停地在她已许久未更新的微博和微信上私信留言，希望她能看到。

晚上七点，艾茉的电话忽然响起来，她惊喜得几乎跳过去接手机。艾茉对着电话劈头就是一顿骂："要死啊！你去哪里了一声招呼不打？还电话停机，你知不知道我们会担心你啊？你在哪里，赶紧给我滚过来。"

艾莉却一副怡然自得的口气："恐怕一时半会儿滚不回去哦！我现在在离天空最近的地方，体验手可摘星辰的感觉。"

艾茉暗暗松了一口气，现在至少知道艾莉是安全的了。她追问："你到底去哪里了啊？"

"西藏啊！人的一生，就得有一次说走就走的旅行。"

"光顾着旅行了，还有奋不顾身的爱情你不管了？"

"爱情？我什么时候也不会奋不顾身啊！我就是因为顾身，才逃了出来。"艾莉说得理直气壮。

"人家秦宇都快急疯了，你还有心情开玩笑。你们俩到底怎么回事？"

"他去找你了？别理他。整天婆婆妈妈的，结婚结婚，快烦死我了。"看来艾莉的火气还是没消。

艾茉耐着性子劝她："人家奔着结婚去，说明对你是认真的，再说，各方面条件都成熟了，也可以考虑结婚了，即使不急着结婚，彼此见见双方家长，让老人们心里都有个底，这也是人之常情啊！你是不是和秦宇之间感情出了问题？"

艾莉一听这话连忙辩解："没有，我俩感情很好，他对我很好，可是……"

艾茉有点儿急了："可是什么啊？你到底抗拒什么？"

艾莉忽然沉默了几秒，听筒里刺刺拉拉，似乎有风声灌进来，她像是自言自语，又像是问艾茉："我们现在这样挺好的，为什么要结婚啊？人和人的感情如此脆弱，我也想呵护我们的爱情，可是爱情维稳的方式不是婚姻，人们不是还常说婚姻是爱情的坟墓吗？你那么优秀，事事力求完美，可到头来呢？我不认为自己在面对婆媳问题、小三来袭、丈夫出轨时，能比你处理得好，我不想我们的爱情最终被这些问题消耗殆尽。我们最初走入婚姻殿堂时，都以为拥有了一座宝藏，谁能知道念了芝麻开门后，看到的是森森白骨呢？"

艾茉被艾莉这一通话说得也沉默了。她望着熟睡的花生米，心里一阵酸楚。她没有再责备艾莉，只是无奈地说："无论如何，你也该给秦宇打个电话，别让他担心了。"

"放心吧！行程已经要结束了，明天就飞回来了。"

挂完电话，艾茉睡不着。她望着窗外的万家灯火，不知又是几家欢乐几家愁，从前她以为灯光的含义就是温暖和陪伴，现在她才知道，灯光也是黑暗中的坚守，孤独中的无言。而她，不必再坚守了。

她伸手关掉了灯，忽然想起一句歌词来："不爱我的我不爱，不是我的我不要，把灯关上，连背影都不存在。"

第五十三章 亲子鉴定

遇到了天大的事，遛娃都不能耽误。老向和龚贝贝那边没有动静，艾茉只好若无其事强忍悲痛，照例带花生米去遛弯儿。没想到回来的时候，在电梯里又遇到龚贝贝。

龚贝贝同样夜不能寐，熬了一双黑眼圈，不过这并不影响她堆出一脸甜笑，像遇到关系不错的熟人似的，赞美道："这孩子长得真可爱！"

赞就赞吧！艾茉白她一眼，只当闻到一个屁，可不料龚贝贝竟然伸出手来，想摸孩子一把，艾茉警觉而本能地一躲，护住孩子，厉声斥责："你想干什么？"

龚贝贝笑笑，收回手，不以为然地说："别那么紧张，联络一下感情，说不定我就成了这孩子后妈呢！"说完又挑衅地笑。

"我告诉你，我的孩子现在，以后，永远，都不会和你有半毛钱关系，离她远点儿。"

"这话就不对了，你再怎么撇清，也已经无法改变，她会和我肚子里的孩子是同父异母的姐妹，哦不，是姐弟。"

"无耻！"艾茉气得牙齿打战，身体发虚，不屑再和龚贝贝多说一个字，电梯门一开，抢先一步走了出去。

龚贝贝也在装若无其事，其实她身体发虚，心里更虚，因为她心里很清楚，这个孩子不是老向的，如果去做了亲子鉴定，那她全盘皆输。现在，她只能狗急跳墙，病急乱投医了。刚才摸花生米，就是想能不能趁机揪一根头发下来，去做鉴定的时候冒充自己孩子的，可她忘了她要做的是羊水穿刺。之所以会这样做，完全是因为电视剧看多了和没脑子。

老向晚上和陈总应酬喝了酒，醒来时头痛欲裂，可想起还有更重要的事做，只好起床去找龚贝贝。龚贝贝找借口磨磨蹭蹭："我今天有点儿头疼，要不明天吧！"

"我已经预约好了。"老向没有一点儿商量的余地。

坐在了车上，龚贝贝还不死心："华晟，听说做羊水穿刺，对胎儿不好。"

"我不管。"

"那是你的孩子。"

"不做怎么知道是不是？"

龚贝贝只好闭嘴了。

到了手术室的床上，屋里只剩下两个医生，一个操作下针，一个做B超。瞅准机会，B超医生起身去里屋擦手，龚贝贝下床了，一把抓住那个下针医生的手，往他口袋里塞了一沓钱，低声恳求："医生，帮帮忙，帮忙想想办法，要是查出来孩子不是他的，我就完蛋了。抽我的血行不？代替他的血，证明有亲子关系，帮帮我吧！"龚贝贝眼泪汪汪，楚楚可怜地望着医生。

医生抽离了自己的手，轻蔑地笑了笑："你以为拍宫斗戏啊！还收买太医？可惜我不是太医，昧良心的事我不干。"

从手术室出来的时候，老向也刚刚从采血室出来，龚贝贝冲着他努力笑了一下，掩饰自己的心虚。老向冷冰冰地说："走吧！"

就在这时，龚贝贝却皱起了眉："哎哟，我得先去个卫生间，你在车里等我吧！"

老向也没多想，便出去取车了。

龚贝贝看着老向进了电梯，才探头探脑地朝采血室走去。就在刚才，老向从采血室出来的一刹那，她看到一个熟悉的身影一闪而过，如果没有看错的话，那应该是她的高中同学李莎。

隔着玻璃，她看到正在里面忙碌的李莎。十来年没见，李莎面容变化并不大，龚贝贝试探地叫了声："李莎。"

李莎抬起头，让龚贝贝有些失望的是，李莎辨认了半天，才惊喜地叫道："贝贝，是贝贝吗？"

不管怎样，认出了就好。龚贝贝暗松口气，心里暗暗祈祷：老天保佑！老天保佑！

第五十四章　聊天记录

亲子鉴定的结果还要等待一个星期，龚贝贝从最初的慌张心虚，到做完穿刺后的胸有成竹，甚至开始底气十足地对老向发号施令起来：“华晟，我恶心，想吃橘子，你能帮我买吗？”“华晟，明天产检，你陪我去吧！”这期间的变化让老向越发糊涂了，他甚至怀疑，自己是不是真的那晚喝醉之后做了苟且之事？如果是真的，他该怎么处理？他又怎么向艾茉交代？想想就头大。

当然老向没心情理会龚贝贝的号令，总是敷衍两句就无情地挂了电话。在家待了不足一个星期，又要回工地了。

和老总的近乎没白套，陈总同意老向调回本市，负责市内的一个工程项目，正好那边的项目也已接近尾声，老向过去处理一些交接事宜，就可以回来了。

临走的晚上，老向给艾茉发了一个信息：“相信我，我会处理好这些事，给你一个答复。另，我绝对不会离婚。”

艾茉心里木木的，无论是有情无情的话，在她心里再也掀不起一丝波澜。她手指翻动，迅速删除了那条短信。她已经做好了做单亲妈妈的准备，甚至已经开始在网上寻找新的租房信息。如果说上一次将房子故意租在家对面是为了赌气，这一次她要认真考虑离婚后的问题了，为了避免不必要的麻烦，当然要离他们远一点儿。

每每望着花生米可爱的模样，艾茉在心酸的同时，又会涌出浓浓的幸福和满足。

与其说是她带孩子，不如说是孩子在陪伴她。她从内心感谢孩子的陪伴，如果没有花生米在身边，她不知道自己在遭遇这样的感情重创时，一个人是否能撑下去。然而有了花生米每天在身边，无邪一笑天地宽，所有人间苦痛都显得微不足道了。

所幸，糟糕的生活总还是有好事发生。“人生总是在最黑暗最绝望的时候，抬头看到最美的星光。”这句话真的没错。其实艾茉现在更加忙碌了，根本没有太多时间伤感。因为她在育儿杂志上发表的那些憨态可掬的插图和妙趣横生的文字，一家少儿出版社的编辑联系到她，想为她出一本绘本。现在，花生米一睡着，她就拿起画笔在画纸上涂抹挥洒，想象力像插上了翅膀，落在笔下皆是趣。绘本和艾茉往日所有的绘画作品都不一样，既要有统一的强烈的个人风格，又要有很强的文学性，语言要非常精练，这对于艾茉是一次机遇，更是一次挑战。她现在觉得每天都过得兴兴头头，非常充实。

周小荻来找她。小荻灰头土脸，双目无神。有老妈在家坐镇帮忙照顾孩子，她现在的日子应该很滋润才是，可周小荻脸上愁云惨雾，看不出一点儿孕妇该有的幸福满足。

“快三个月了吧？”艾茉摸摸她的小腹，其实只是一种礼貌。现在她根本不愿谈及胎儿，一提起怀孕，心里就不由自主想起隔壁那个孕妇来。

周小荻也无心谈论腹中的胎儿，她痛苦地用手拢拢凌乱的头发，仿佛自言自语般喃喃地说：“他们还在一起，他和她又在一起了。”

“谢晖和那个女人？”艾茉不可置信。

“我该怎么办？”

艾茉试图为谢晖开脱：“你怎么知道的？是不是你胡乱猜测？还是看错了？你现在是个孕妇，不要胡思乱想，平平安安生下孩子才是最重要的。”

周小荻失魂落魄地摇摇头：“不会的，我看得清清楚楚，白纸黑字的，不，白底黑字，写得清清楚楚。我真傻啊！怎么会相信他。我真傻。”周小荻如祥林嫂一样六神无主地重复着。

艾茉听得更迷糊了：“什么白纸黑字？白底黑字？”

“聊天记录。”周小荻有气无力地说。

第七卷　生日当密码

第五十五章　暗度陈仓

因为周小荻怀孕了，需要好的睡眠，谢晖特意从孕婴店买了孕妇用的U形枕给她，四百多，周小荻埋怨道："乱花钱，这种枕头网上一百多就能买到。"谢晖豪爽地说："咱不差钱。"

周小荻嘴上虽然埋怨，心里还是美滋滋的。不过一个人的时候，心里还是会时不时像被钩子钩了一下，揪着疼。她不快乐，她能感觉到，谢晖也不快乐。家里表面上是风平浪静的，晚饭后，谢晖会陪兜兜玩一会儿，或者一家人围着电视聊聊天，其乐融融的样子；有时应酬晚归了，为不打扰她，他就直接到书房去睡，更多时候，他一吃完饭就在书房电脑前玩游戏。岳母来了，他乐得自在。

那天，她没有打招呼，在谢晖快下班的时候去找他，想等他下班后一起逛逛他们单位附近的银泰。换季了，商场在打折，她是想给母亲和兜兜买几件衣服，谢晖换洗的衬衫也该买几件。搞突然袭击，也是周小荻乐此不疲打击敌人的一种方式。

去他办公室，又要经过那该死的档案室，周小荻下意识地朝里面瞥了一眼，那个小妖精果然在，不过她没有认真工作，而是正在玩手机，一根手指对着屏幕欢快地戳着，脸上露出甜蜜的笑，看样子是在和人聊天。

在走廊遇到他的同事，每个人都用友好但有些奇怪的眼神看她，和她打招呼："嫂子来了。"

周小荻心里很不爽，她能想象这些人背后怎样嘲笑她。

谢晖的办公室门虚掩着，她敲了门，谢晖懒洋洋地回了声："请进！"

她进去的时候，谢晖倒好像正在电脑前工作，但一见到她，马上按动鼠标扭头去关，然后有点儿不耐烦地说："你怎么来了？"

“我怎么不能来？”周小荻一屁股在沙发上坐下来，没好气地提高了音量，挑衅地说，“怎么了？你这藏着什么猫腻见不得人？

谢晖赶紧赔笑：“你看你，你看你，我是说你现在是个孕妇，要多休息静养，瞎跑什么啊？”

周小荻坐的位置斜对着谢晖的电脑，桌面有什么一览无余，可现在上面干干净净，是普通的蓝天草地，周小荻能看到右下角的小企鹅在闪，可谢晖没有点开。

她忽然哪儿都不想去了，有气无力地说：“我出来买东西，顺路来坐坐。”

谢晖抬头看看墙上的表，说：“我下午还有个饭局，要不，我让小李送你回去吧！”

周小荻站起来，脸色平静，说：“不用了，两步路，就当散步了。”谢晖也没有强留。

回到家，周小荻做的第一件事就是打开电脑。家里有两台电脑，笔记本电脑周小荻整天抱着上网淘宝，顺带打理她的腊肉淘宝店，还有一台台式电脑，放在书房，差不多是谢晖专用了。

她的身体里有个邪恶的小人在不停地教唆她，于是她登录了谢晖的QQ号。不是他加她常用的那个，是她点击了账号输入栏里自动跳出来的那一串。这就是传说中的小号吗？小号通常都是用来干一些见不得光的坏事的，他竟然有一个她不知道的小号，他想干什么？

密码试了好几次，谢晖的生日，谢晖的手机号，兜兜的生日，都不对。就在她准备放弃的时候，她随手输入了自己的生日，竟然登录进去了。这一刻，她心里微微一暖，可下一秒，她的心很快碎成了片。

所谓的第六感，就是疑神疑鬼正好猜着了。在单位看到王雨欣猛戳手机貌似聊天那么开心，又看到谢晖电脑桌面干干净净和QQ一直在闪，她那颗心如惊弓之鸟，展开了丰富的联想，事实证明，她的联想一点儿也不出格，也不丰富，她所看到的，比她想象的还要不堪。

谢晖在小号上，昵称叫“上善若水”，周小荻正在心里暗讽他装深沉装有文化，再往下一看，在好友栏里，他只加了唯一的一位好友，这位好友的昵称叫“善若水”。叫“善若水”的人，正是王雨欣，因为她的头像用了自己的照片，戴了美瞳贴了苍蝇腿假睫毛，用美颜相机拍出来的照片虽然有些失真，但周小荻还是一眼就认出了她。

周小荻的肺快要被气炸了，被恶心得胃液上涌，握着鼠标的手在发抖。

还能再下流一点儿吗？还能再无耻一点儿吗？

整整十多页的聊天记录，词严露骨，语气肉麻。在这里，谢晖变身情圣，嘘寒问暖关怀备至，而王雨欣，就是那传说中典型的绿茶婊。从聊天记录来看，他们有一段时间确实断了，却因为王雨欣一次偶然的求助又藕断丝连，谢晖也经过了一段时间的挣扎，最终还是沦陷了。一个欲罢不能，一个欲拒还迎，很快发展为一对下流无耻的狗男女。

狗男女！周小荻在心里咬牙切齿地骂了一句。小婊子，找谁修马桶管道不好？大街电线杆上、楼梯口贴的小广告上随便打个电话就能招一个通下水道的师傅来，还装什么白莲花，说自己不图什么，不要婚姻，不会逼他，只爱他这个人，只求他偶尔能来陪陪她就好了。

原来那些所谓的“饭局”，是赴情人的“床局”去了；原来周小荻拖着被孕吐折磨得虚弱的身体昏沉沉睡去的时候，他在电脑前度过了一个个销魂的良宵！她真是一个大傻瓜啊！周小荻忍不住骂了自己。

周小荻努力使自己平静，因为母亲在这里，她不想再次让母亲伤心。她给王雨欣打了电话，平静地说：“我是周老师，见一面吧！”

王雨欣先是一怔，然后很快答应了。

可就在要去赴这个约的时候，她却犹豫退缩了。她从来没想过这种约见谈判的场景会发生在自己身上，她也没想好该说什么怎么说，她甚至不知道自己见她到底想要做什么。是打一架？这不是周小荻的风格；还是盛气凌人地让她退出，自信满满地说他爱我多过爱你？周小荻没有这样的底气了；或者痛哭流涕地恳求她将丈夫还给她？不，她还有一点儿仅存的骄傲。

于是，她来找艾茉。

艾茉也犯了难。这种场合，应该找姜黎黎啊！无论是干仗还是骂人，她都在行啊！

周小荻看出艾茉为难，有点儿不好意思：“我知道你一个人带着孩子不方便，可我打过黎黎电话，他们一家去香港玩了。茉茉你去不用做什么，就远远地坐着，就当给我壮胆了。”

艾茉气笑了："瞧你！怕她做什么？她是小三儿，她应该理亏才对。走，我陪你去。"

花生米以为又要出门遛弯儿，可高兴了。坐在车上周小荻一直沉默不语，走到半道，她忽然反悔："算了，不去了，我还没想好说什么。"

周小荻现在是一个受伤神志不清的女人，艾茉只好事事都顺着她。下了车，又无处可去，周小荻不肯回自己家去，也不肯回艾茉的住处，她在街边买了一个冰冷的甜筒大口吃着，说忽然好想回她们大学的操场跑十圈啊！她说感觉自己现在像是一只在沙漠中不停奔跑的母鹿，虽然饥渴，却无法停下来。

艾茉用背带兜着花生米，被拖着在外面瞎转悠快一个小时了，花生米从开始的兴致盎然，已经变得有点儿烦躁了，她的午睡时间也快到了。艾茉心里暗暗有些怨周小荻不体谅她，可又隐隐有些担心，她如此单薄、脆弱，却在这么短的时间里遭遇接二连三的重创，怎么承受得来?

初秋的风里有了凉意，她看到周小荻的身子在风中一抖。艾茉心疼地说："走吧！我带你去一个地方。"

第五十六章　心理处方

“我没病，看什么心理医生？艾茉你什么意思啊？”

艾茉暗呼“完了”，酒鬼都说自己没醉，精神病都说自己正常着呢！看来周小荻病得不轻啊！

“人人都有病。”吴学敏医生声音平静，透着权威，“如果发现自己情绪不对，连续两个星期都无法自我调节，向心理医生咨询，早治早好。”

周小荻讳疾忌医地笑笑：“心情不好就是有病？那满大街都是病人了。走了走了！”

“没错，焦虑、睡眠障碍、抑郁、莫名流泪、乱发脾气，这都是心理疾病的具体表现。我们要善待疾病，把这些看作生活中不可分割的一部分，积极治疗，才不至于使病情扩散，影响生活。”

吴学敏医生的诊所，周小荻在艾茉和姜黎黎那里早有耳闻，关于三字真经的诊断处方也被传得神乎其神，又见这吴学敏医生说得头头是道，周小荻一脸“既来之则安之”的妥协，在沙发上坐下来。

“我们这里有放松催眠、冥想减压、秘密树洞等不同的服务项目，您可以选择最适合自己的一种。”导医小姐微笑着问。

听说艾茉和姜黎黎都在这里做过催眠，而且效果不错，周小荻也想一试。这几天她睡眠很差，要么整晚失眠，要么睡着后噩梦不断，要是被催眠后什么不快乐的事都不记得，她真的愿意长睡不复醒啊！

花生米睡着了，艾茉则被导医小姐带到一旁的房间休息。

周小荻被留在催眠室接受“催眠术”，二十分钟后，对周小荻的催眠宣告失败。

吴学敏医生沮丧无奈地摇了摇头。

“医生，我是不是病得比较厉害？为什么其他人都可以被催眠，而我不可以？”

“百分之九十的人对催眠都有相当的敏感度，百分之五的人非常容易被催眠，还有百分之五的人，很难被催眠。也就是说，你是那百分之五中的一个。一般来说，有以下特质的人很难被催眠。精神紧张，对催眠术缺乏信赖，没有安全感，想象力匮乏，注意力不集中，缺乏好奇心。”

周小荻垂头丧气地将身子陷入沙发里，说：“百分之五？看吧！我是一个很无趣的女人，没有想象力，缺乏好奇心，容易嫉妒，记仇，小心眼，很招人讨厌，是吧？”

听周小荻这样顾影自怜，吴医生已猜出了几分，笑道：“不过不用担心，催眠只是辅助疗法，就像感冒了医生会给你开一些药，同时也会叮嘱你多喝水，多喝水就是辅助疗法。”

“那我的药呢？”

“有些病，不需要开药。”

“我无药可治了？”

“不，关键看个人体质了，小感冒，有的人吃药打针才见好，有的人喝点儿热水盖着被子睡一觉扛几天就过去了。”

“我能扛过去吗？”

“看你自己了。生病并不可怕，可怕的是胆怯和回避，要从战略上重视它。”吴医生认真地凝视着她。眼前这个女病人，苍白，脆弱，瞳孔湿黑，眼神迷茫，陷入沙发里，单薄得仿佛随时会消失一般。这样的病人他每天都会见到，相由心生，唯心所现，只观其貌他便了然于胸。女人嘛，困境无外乎婚姻，女人的隐疾，全关乎感情。

“医生，我不知道怎么说。”周小荻咬了咬牙，终于决定说出来。

“你喜欢看电影吗？”吴医生没头没脑地问了句。

“还好！”

“从前，当一个人心里有了不可告人的秘密，他会跑到深山里，找一棵树，在树上挖个洞，将秘密告诉那个洞，再用泥土封起来，这秘密就没有人知道了。”

“呵呵，《花样年华》的台词，王家卫的电影。”

“想不想试试？”

“什么？”

“秘密树洞。”

“好啊！收费吗？贵吗？”

“您是熟人介绍，打七折。”

“你会偷听吗？”

吴医生正色道：“我是一个有职业道德的医生。”话锋一转，下一秒又狡黠地笑笑，“但同时我又是一个有八卦之心的普通人，所以，有时候，好奇心和道德感就像两个小人在心里打架，好奇心常常就赢了。”

周小荻笑了，这是这几天她第一次笑。她说：“现在，像你这么诚实的男人不多了。诚实的人值得信赖，所以，听听也无妨。”她怀着一点儿好奇，走进了被叫作秘密树洞的房间。

秘密树洞其实是一间被布置得如同童话森林的房子，黑得恰到好处，不至太阴森，耳边有流水声，头顶竟然是一片闪烁的星空，周小荻找到一个花瓣形的沙发坐下来。沙发真舒服啊！周小荻蜷缩起来，抱着膝盖，感觉自己变成了一个小小的胎儿。她能感觉到头顶的星光，像妈妈的眼睛，亮亮的，使劲地闪，却让人觉得安心。她对着妈妈的眼睛，嫣然地笑了，笑着笑着，只觉得眼睛涩涩的，开始流泪。谢晖的罪恶真是罄竹难书啊！说三天三夜也说不完，她一边说一边流泪，她狠狠地骂脏话，骂狗男女，她觉得自己像一块冰，化开了，凝固在心里的苦水都流了出来。骂累了，她停下来歇一歇，头顶的星星眨啊眨，不知不觉就睡着了。

醒来时她发现自己又身处吴医生的咨询室里，眼睛涩涩的，是刚才流了太多眼泪的缘故。手边的茶几上有一杯水，应该是给她的，她端起来一饮而尽。外面响起花生米的哭声。让艾茉带着孩子陪她出来这么久，她觉得很内疚。她准备走了。

吴医生正低头在纸上写着什么。

周小荻站起来，虚飘飘地说：“谢谢你医生。”

吴医生将写好的处方单递给她，那是一张干净的便笺纸，上面的三个字龙飞凤舞，堪比书法。

周小荻问：“三字真经？”

“请谨遵医嘱，才会更见疗效。”

周小荻有点儿生气，对他的医术很是怀疑：“为什么？为什么她们都是一些建设性的处方，什么‘放轻松’‘面对它’，为什么我是这三个字，这意思不是让我放弃治疗吗？”

吴医生好脾气地笑笑：“我只是对症下药。”

周小荻拿着处方单气呼呼地出去了，出门还要交费，真是有一种上当受骗的感觉。艾茉抱着孩子迎面走来，看到周小荻一扫近日的倦容，春风满面，换了个人似的。艾茉关切地问：“和医生聊了聊天，是不是好多了？”

她不买账，口中颇有微词：“什么嘛！被你们传得神乎其神的，我花那么多钱，就买这几个字。”

她把那张纸摊开给艾茉看，艾茉看完，一怔，半晌无话。

那张处方单上写着：“放下吧！”

第五十七章　二女相争

周小荻不傻，虽然对医生的处方持怀疑态度，可心里还是认真琢磨了那三个字的含义。放下吧！放下仇恨？放下压力？放下痛苦？还是放下这段千疮百孔的婚姻？在周小荻努力吃透这三个字的几天里，她按兵不动，什么也没做。她恍惚记得那天在秘密树洞睡着了，有一个声音在耳边问她，当你跌入枯井想爬上来，绝望中你忽然抓住了一根绳子，这时你要看清楚，你抓住的是一根救你命的草绳，还是一条让你更快毙命的毒蛇。

这是个问题，她要好好想一想。

可就在她想一想的过程中，王雨欣坐不住了。她那日信心满满从头武装到脚一身昂贵战袍去赴约，却被莫名其妙地放了鸽子。怀着点儿莫名其妙的小骄傲，她忍了两天，第三天，她终于忍不住了，给周小荻发了条短信。短信没有字，只是一张照片，那张照片叫“上善若水”。周小荻如同被人泼了粪一样闭上了眼，她的火被点得有三层楼那么高。

这一次她谁也没叫，单刀赴会。

老远她就看到王雨欣衣着光鲜妆容精致地坐在靠窗的座位，还时不时用右手拢一拢左耳边的头发，看上去娇羞妩媚。听说这是绿茶婊的经典动作。

骚货！周小荻在心里恶狠狠地骂了一句，大步流星地走上前。虽说她是个孕妇，可不到三个月根本看不出来，她的动作依然敏捷得很。

周小荻打架也敏捷。这是她这辈子第一次打架，可招招稳准狠，直击要害——狐狸精的要害是脸。王雨欣的脸上毫无防备地吃了几巴掌，很快泛起几道醒目的血痕，火烧一样痛起来。她捂着脸还没回过神来，又很快被周小荻一脚踹翻在地，周小荻饿狼扑食一样，扑上去抓起她的头发，王雨欣终于狼狈地哭喊起来，手脚并用，开始反击。

一开始周小荻是凭着一腔怒火和蛮劲一鼓作气取胜，可敌人有了防备开始反击，她很快处了下风，人被绊倒在地，头磕在桌角，脖子上也留下了几道抓痕。

两个女人打架，比动物世界好看多了。人们兴奋地观望着，八卦地小声分析，这两个女人，哪个是正室，哪个是二奶。有一个单纯的服务员试图拉架，被王雨欣误打到下巴，也吓得畏畏缩缩不敢上前了。

直到周小荻躺在地上捂着肚子面如死灰开始痛苦地呻吟，人们才意识到了问题的严重性。有人报了警。

王雨欣见势不妙，趁乱溜走了。

周小荻是被警察送到医院的。

胎儿流产了。

通知家人，谢晖很快到了。办案警察用奇怪的表情看着他，问："你是她丈夫？"

谢晖点头。

警察把现场"热心"围观群众拍下的两女肉搏的视频给他看，问："你认识这个女人吗？"

谢晖一下子慌了。视频里，正好是两女打架的后半段，王雨欣的奋起反抗看起来就是主动出击，他简直不敢相信，这就是他那乖巧懂事口口声声说只爱他这个人不会破坏他家庭的可爱的小情人。他对警察点点头，又摇摇头，最后模棱两可地说："误会，都是误会。警察同志，今天辛苦你了，谢谢你。"

什么奇情虐恋的事办案民警没见过？从谢晖躲闪的目光里，也不难猜出这两个女人和他的关系，既然家属说是误会不予追究，他也乐得清闲。

谢晖走进病房，心里发虚，脸臊得慌。周小荻躺在白色的病床上，小腹的隐痛阵阵袭来，她木然望着天花板，心一点点灰了。他握了握她的手，张了张嘴，不知道该说什么。现在他说什么都不合适。

周小荻皱皱眉，闭上眼，一大颗眼泪从眼角流下来。她轻轻地抽离了自己的手。流掉也好，他（她）本就不该来，不该成为她挽救婚姻的筹码。周小荻万念俱灰。

谢晖以为她失去孩子太伤心了，避重就轻地安慰道："别难过了，这是我们和这个孩子的缘分太浅。咱们还年轻，你好好养身体，以后再要一个。"

周小荻直直地躺在那里，不哭，也不说话，像一根木头。

孩子没了，看不出谢晖有多难过。毕竟不足三个月的胎儿，和活蹦乱跳的兜兜是两个概念，在男人心里，这大概和流月经血没什么区别。

当天晚上就出了院。母亲不知道发生了什么事，在床边握着她的手，轻声说："怎么这么不小心？"

母亲说小月子也要好好养，小心翼翼地炖了鸡汤，周小荻听话地喝了，一滴不剩。

谢晖如常上班，每天回家灰溜溜的，买了许多营养品，也不再晚归。周小荻从那晚之后再没有同他说过一句话，两个人的时候，她总是沉默地盯着他，盯得他心里发虚。她的悲伤和绝望，像一把刀，无声地凌迟着谢晖的灵魂，如果他还有灵魂的话。

养了两天，她就下床出了门，母亲怎么拦也拦不住。

周小荻去了律师事务所，咨询了离婚事宜，并请律师起草了一份离婚协议书。她在孩子没有了的那一刻，才明白了那句"放下吧"的真正含义。有些病灶无药可医，只有整个切除了，才会保全性命。在一场婚姻里，破皮见血，伤筋动骨，都是小事，要紧的是别丢了性命。她的命是父母给的，她还有兜兜，还有妈妈，她已经经历过一次生死了，她丢不起。

谢晖见到离婚协议，竟大发雷霆。

"周小荻你别闹了。你能不能懂事点儿，你整天不出门脑子都锈掉了，你出去看看，现在社会风气都什么样了？我们处长的情人都换三茬了，现在还同时两个，他老婆也没怎么样。男人在外面逢场作戏而已，别太认真了。你记住你是我老婆，你和兜兜永远都是我的亲人，我从来没有想过离开你，这就够了。"说完，谢晖也没看周小荻的脸，而是急慌慌翻箱倒柜地找什么东西，还若无其事地问了句："我上次给你那张银行卡呢？"

周小荻吃惊地望着这个和自己认识了近十年同床共枕了六七年的男人，不相信这么无耻的话是从当年那个对爱情充满幻想的少年口中说出来的。她忽然冒出一个可怖的念头，当年那个单纯直率的谢晖，可能早已死了，至于死在哪个瞬间，她竟浑然不觉，真可怕！

"我问你那张银行卡放哪儿了？"他又急躁地问了句。

周小荻从梳妆台抽屉里拿出他要的卡，谢晖拿了卡，急匆匆地出门了。

谢晖出门后没回单位，他去找王雨欣。当他知道周小荻流产后，他第一反应是找王雨欣质问，可她竟然失踪了。电话打不通，连续三四天没来上班，听办公室人说她请了病假。谢晖只当她是畏罪不敢露面。他始终没敢问周小荻，她们是谁约的谁，谁先动的手，这事无论是谁约的谁，谁先动的手，王雨欣都不占理。

这天早上他接到一个陌生的电话，是一个叫薇薇的女孩打来的，薇薇是王雨欣的闺蜜，谢晖和她有一面之缘。那还是他和王雨欣如胶似漆的时候，王雨欣总嘟着嘴怨他，说他们的爱情见不得光，她不能大方地将他介绍给朋友，他也从来不带她进入自己的圈子。为了安抚她，他带她出席了一次和高中哥们儿的小型聚会，又以男朋友身份和她一起参加了闺蜜薇薇的生日聚会。薇薇是个泼辣的女孩，不像王雨欣那样表面上柔柔弱弱，她开口就有火气："姓谢的，你还是不是男人？雨欣快死了，你管不管？"

谢晖的心"咯噔"一下。他只听办公室说王雨欣请了病假，只道是小感冒，听薇薇的口气，虽然是夸张，可一定很严重。

"她怎么了？什么病？"

"宫外孕，右侧输卵管切除。"

谢晖只觉脑子轰的一声，仿佛炸了一个惊雷，耳边嗡嗡作响，一时不知身在何处。

怀的自然是谢晖的孩子，做手术了自然要花钱，谢晖没想推卸责任。欠下的风流债，不干净的屎屁股，他想拿钱摆平，女人没有不爱钱的。事实上周小荻不知道，谢晖一直都很痛苦，他长久以来一直在做一场激烈的心理斗争，他一直在说服自己远离和放弃王雨欣，可情欲就像一个旋涡，越挣扎越深陷。谢晖想，趁此机会做个了断也好，她拿了钱，就知道怎么回事了。摆平了，他就可以回归到他平淡的有些无趣的婚姻生活里去，对周小荻有个交代，对王雨欣不至于太内疚。回家拿钱，心里正着急，没想到周小荻闹离婚，情急之下才说了那些混账话。他现在顾此失彼，顾不得那么多了。

王雨欣已经出院，躺在薇薇的租住房里，小脸苍白，双目无神。一见到谢晖进来，马上怨薇薇："为什么告诉他？谁让你告诉他的？"

薇薇撇撇嘴，转头对谢晖："我还得上班，你们聊吧！"

谢晖踌躇地走到床边，还没想好怎么说，王雨欣红着眼握住了他的手，自责道："都怪我，周老师生气，也是情理之中，她动手，我不应该还手的，她没事吧？"

要不谢晖怎么会喜欢王雨欣，王雨欣聪明，会说话，几句话就把事情交代清楚了——是周小荻先动的手，她只是自卫，即便如此，她还良心未泯地自责着。她自己也流产差点儿死掉了，可她竟然不怪他，也不怪周小荻。

相比之下，周小荻就太不懂事了。谢晖被感动了。他坐下来，面无表情："她流产了。"

王雨欣又攀住他的胳膊，自责道："我真的不是故意的，我也不想这样。"

"别说了，这不怪你。"

王雨欣下意识抚了抚自己的小腹，幽幽地说："我们的孩子，也没有了。"

谢晖用力握了握她的手，没有松开，说："对不起！"

这个"对不起"，具体是指的什么他也不清楚。对不起，我不小心让你有了孩子？对不起，我没能保护好你让孩子没了？反正这一刻谢晖的心情糟透了，他特别想抽自己一巴掌。虽然这两个孩子的到来都非他所愿，可两个小生命因这种方式终结，让他无地自容，尤其是王雨欣怀的这个孩子，他刚刚得知它的存在，又马上听到的是他（她）已死亡的事实。宫外孕很危险，谢晖知道，以前邻居家的儿媳就是因为宫外孕突然死亡的。无论如何，他都对不起王雨欣，此刻，他无法说出分手的话。

王雨欣轻轻地将头贴在他的胸口："不怪你，这孩子本就不该来，我本来就打算自己去做掉的。"

他动情地吻了吻她的额头："你真傻！"

"只是，一侧输卵管切除了，医生说，以后的生育会受一些影响。我啊，看来这辈子是注定孤生了。"王雨欣不合时宜地开了个玩笑，谢晖的心却仿佛忽地被一双手揪住，呼吸都痛，紧紧地将她抱在怀里，胡乱在她的发间吻着，动情地说："不会的，不会的，我，我会一辈子照顾你。"

他到底还是没能说出我会娶你。可王雨欣一点儿也不恼，她享受地闭着眼睛泗在他的怀里，淡色的瞳孔里闪着光点，然后微微蹙起眉尖，娇娇地指使他："老公，帮我倒杯水。"

她躺在床上不动，以示自己是个病人。

谢晖倒了水递给她，皱了皱眉："薇薇住这什么地方啊？"

"我住的咱们单位宿舍，人多眼杂，我做了手术，不方便的。"

"我帮你租个房子吧！"

“现在房租多贵，白白给房东，太不划算了，顶一套房子月供呢！”王雨欣闲闲聊着天，看似随口那么一说，谢晖听出来了，这是向他提要求呢！她想要一套房子。一套房子，是她对自己这段青春的定价。若是平时，谢晖是鄙视这样的女孩的，内心有定价的女人，不值得花金钱和时间，真要物化自己，也就一钱不值了。可现在，他很愿意她提要求，她提了要求，他对她的愧疚就不那么强烈了，但是，他现在并没有能力满足她的要求。

他用商量的语气说：“是应该有个像样的地方住。买房子的事，先缓一缓行不行？我手头的钱没那么多。你别急，我以后不会让你受委屈的。”

“手术费和住院费，都是薇薇帮我交的。”王雨欣又说。

谢晖是有备而来的，适时拿出了那张银行卡：“这个你先拿着，不多，女孩子有点儿钱在身边，总是好的。”

王雨欣像接受丈夫上缴的工资卡一样自然地接受了那张卡，并且娇俏地在他的额头亲了一下，说：“谢谢老公！”

王雨欣很快从单身宿舍搬到了离单位较远的一处精装修的小公寓里，她的试用期也过了，顺利地转正了。当然，这一切都是谢晖的功劳。王雨欣也开始像单位那些家境优渥的白富美一样，买起了成套的雅诗兰黛，用迪奥的口红，时不时像个有钱有闲的小少妇一样和同事去美容院、汗蒸馆。在更衣室里褪去衣服，小腹上那道刀疤若隐若现，有个女孩好奇地问那是什么，王雨欣轻描淡写：“阑尾炎手术。”

有这么懂事的情人很难得，王雨欣不逼宫，他当然就更不会想到离婚。周小荻的离婚协议，他不肯签，她一见到他就拿出离婚协议让他签，要拖着他去民政局。

离婚协议他还真的看了，写的什么啊！财产各半就不说了，兜兜归她，怎么可能？所以他不可能离婚。于是他开始躲着她，早出晚归让她见不到，她闹得紧了，若岳母在外面，他就做出和她吵架的样子，她便忍气吞声地缄口不提了。岳母是周小荻的软肋，谢晖早看出来了，所以这招屡试不爽。有一次她眼泪汪汪地将他堵在了书房，问他：“这样下去有意思吗？”

没意思，谢晖也觉得没意思极了。可一边是懂事乖巧他亏欠良多的情人，一边是相爱相亲的妻子，叫他如何割舍？这日子才叫骑虎难下，只能闭着眼睛朝前走了。

第五十八章　山穷水尽

老向回来了，亲子鉴定的结果也出来了，龚贝贝拿在手里，掩不住眉眼里的得意扬扬，挑衅地看着老向，好像在问："你还有什么话说？"

老向无话可说，就什么也不说，沉默地开车。

到了楼下，他并不同龚贝贝一起上去，而是瓮声瓮气地说："你先回吧！我抽根烟。"

龚贝贝现在胜券在握，不急这一会儿了，撇嘴哼了一声，自己上楼去了。

是得抽根烟冷静一下。这件事太大了，像一记闷棍，老向完全被打蒙了。他摇下车窗，点了一根烟。

远远地，他看到一个女人推着童车朝这边走过来。那粉色的童车很眼熟，那个身姿挺拔即使去菜场买菜也总穿得一丝不苟的女人也很眼熟，她越走越近，可这一刻老向无语凝咽，竟不知该对她说些什么。

他不说话，艾茉主动靠近搭腔："回来了，不抱抱你闺女？"

老向受宠若惊地下了车，捻熄了烟，搓搓手，有点儿局促："我，我刚抽烟了，我没洗手。

艾茉从随身的包里拿出纸巾："擦擦吧！"

他顺从地擦了擦手，抱起了张着手臂的花生米，他亲爱的小肉肉，看到孩子，他的心就揪得疼。他知道接下来艾茉该说"什么时候有空去民政局把婚离了吧"这种话了，一想到他的生活中还存在和女儿长久分开的可能性，他就难过得想死。可艾茉竟然没提，而是心情很好地对孩子做鬼脸，藏猫猫，看上去他们依然是幸福的一家三口。

不提离婚，那么肯定会问他和龚贝贝的事该如何交代吧？

他诚惶诚恐地抱了花生米半天，她还是没问。老向心一横，主动坦白："我带她去做了亲子鉴定。"

艾茉正给孩子擦口水，眼睛也没抬，问："然后呢？"

"我没想到会是这样的结果，我想可能是医院搞错了，我打算再找一家更权威的地方去做。"

"如果还是呢？"艾茉反问。

老向把问题抛给了她："是啊，我也想知道，如果还是，你会怎么想？"

"我怎么想有用吗？"

"不，你怎么想，这很重要。"老向急切地追问。

"我的心理医生告诉我，遇到问题，应该面对它，接受它，解决它。"

"你的意思是？"老向难以置信。

艾茉温柔地凝望着花生米，说："自从做了妈妈，我的很多想法和以前不一样了。以前觉得是黑的东西，我会觉得，也许是白的，是灰的；以前觉得错的事错的人，我觉得或许她也有难言之隐，应该被宽宥。孩子是无辜的。"

"那你，和花生米？"老向嗫嚅着，不敢问出口。

艾茉莞尔一笑，从他怀里抱过孩子："那就要看你怎么想了。"

老向在身后追问："什么意思啊？"

艾茉回头："想知道？上楼聊。"

老向一听，如闻纶音，赶紧关好车门屁颠屁颠地跟了上去。

出电梯，正好看到艾莉在905门口打电话。

艾莉回来了，电话里说给艾茉带了礼物，艾茉万万没想到，她果然带了一份"大礼"。

艾莉一见到老向就没好气，替姐姐鸣不平，阴阳怪气地揶揄："哟，这谁啊？这不是姐夫吗？哦不对！应该很快就是姐姐的前夫了。是吧姐？"

老向很尴尬，可碍于自己现在有罪在身不敢反驳。

艾茉没接艾莉的话茬儿，反过来教训她："你还知道回来？还回来干什么？你说走就走，说不回就别回啊！"

艾莉一脸讨好，上前拢住姐姐，嬉皮笑脸："不回来怎么行？我想你了，想你的萌娃娃了。"

也合该龚贝贝倒霉，在这时冒尖出头。从门镜里看到老向和艾茉在一起，她就心里不是滋味。此时的龚贝贝底气十足，直接打开门，一手扶腰，孕态十足地站在门口，嗔怪道："华晟，你怎么才上来？我腰疼，你帮我按按。"

老向没动。艾莉一听顿时火大，指着龚贝贝的鼻子不客气："你就是那不要脸的三儿？做三儿做得够理直气壮的啊，戏台都搭到家门口了啊？"

"三儿"怎么会承认自己是三儿？三儿怎么甘心被人骂是三儿？所有的三儿都认为自己真爱无敌。龚贝贝不甘示弱："你骂谁呢？你谁啊？你算哪根葱？管天管地还管老娘唱什么戏。"

空气莫名地紧张起来，像烈日下晒化的沥青公路，让人不敢下脚。老向的脸烧得像块红布，金刚怒目地盯住龚贝贝。艾莉先笑了，是那种嗤之以鼻的嘲笑，转头说老向："姓向的，这就是你找小三的品位，你知道不知道你这样间接拉低了我姐的品位？"

可不知死活的龚贝贝还不知闭嘴，非要往艾莉的枪口上撞，轻佻地笑："哟，是小姨子？你姐还没说什么呢，你蹦跶什么？管好自己吧！男人婆小心嫁不出去！"

艾莉跑新闻风吹日晒的，又去西藏溜达了一圈，是黑得明显了点儿，又剪了短发，看上去像个男孩，可被人骂男人婆，还是头一遭。艾莉的暴脾气，直接一个巴掌呼了上去，龚贝贝毫无防备，一个趔趄跌后退了几步，然后重重地跌倒在地。老向这时才反应过来马上去拉艾莉，龚贝贝是个孕妇，即使是一个和他毫无关系的孕妇，遇到这种事，他也该制止。

可暴怒的艾莉不这样认为，她把老向的挺身而出看作了是他对小三儿的真情流露，所以老向这个普通的动作对艾莉来说无异于火上浇油，于是本就对老向怀着一腔怒火的艾莉一甩手挣脱了老向，一脚朝龚贝贝踹了上去。惨案就这样发生了。

如果龚贝贝不躲，艾莉可能只是踢到她的腿上留点儿红肿淤青，可她偏偏本能地一躲，只是躲开的时候判断失误，艾莉的脚，不偏不倚，踢中了她的肚子。

龚贝贝的脸，顿时煞白，捂着小腹表情痛苦地呻吟起来。

艾茉的表现有点儿不尽如人意。原谅一个做了母亲的女人，她在看到这打斗场面时的第一反应，不是制止艾莉，竟然是后退了两步转身护住了花生米，即便如此，花生米还是吓得大哭起来。等她反应过来，艾莉已经被老向控制，而龚贝贝蜷缩成一团，像一只被炙烤的大虾，暗红的血洇湿了裙子的下摆。这不是装的。

“你疯了吗艾莉！”老向怒不可遏。

“快送她去医院。”艾茉惊慌失措。

向华昕闻讯打开门跑出来，看到眼前的一切，顿时方寸大乱，惊呼：“怎么了怎么了？发生什么事了？”

老向已抱起半昏迷的龚贝贝朝电梯里冲，艾莉被吓懵了，艾茉一边手忙脚乱地安抚着哭闹的花生米，一边低声呵斥艾莉：“就你逞能，她是个孕妇，你闯大祸了你知道不知道？”

艾莉嘴硬，仍为自己辩解：“流掉才好，活该！”

人命关天，什么背叛出轨不忠都见鬼去吧！艾茉已顾不得许多，把孩子塞给向华昕：“大姐，帮我照看一下孩子，我去看看。”

临危受命，让向华昕有点儿受宠若惊，这证明艾茉还是把她当作可信赖的亲人。

向华昕忙不迭地答应：“你放心你放心，我肯定把米米看好。你赶紧去吧！”

艾茉冲进电梯去追老向。艾莉这才意识到问题的严重性，声带哭腔地跟上去：“我也去。”

医院抢救了半天，虽然有先兆流产迹象，但所幸有惊无险，胎儿平安无事。

老向一脸阴郁，到走廊尽头抽烟。隔着玻璃望去，龚贝贝睡着了，手臂正在输液。

这就是艾莉送给艾茉的大礼。她以为为她出气，清除路障是帮姐姐，却没想到险些残害了一个无辜的小生命。这份礼太大了，艾茉承受不起。

孩子是龚贝贝手中唯一的底牌，虽然这底牌不是那么硬，可只要她握在手中，就有获胜的机会。她醒过来，得知胎儿无恙，转忧为喜，轻轻地哼起了歌。

艾茉走进来，手里提着刚刚从外面餐馆买的食物，一样样摆出来，心怀愧疚："先吃点儿东西吧！"

龚贝贝凄然冷笑："别猫哭耗子了，你这会儿心里说不定还埋怨你妹妹没有再狠一点儿呢！"

艾茉放下手中的餐盒，语气诚恳："同是女人，我是做了妈妈的人，怎么会不理解一个母亲的心呢？无论大人有什么矛盾，孩子是无辜的，艾莉年轻鲁莽不懂事，我替她向你赔罪，对不起！"

"别装了，别说这么好听，我看根本就是你们姐妹俩串通商量好的。我告诉你，我不会善罢甘休。"仇恨在发酵，龚贝贝咬牙切齿。

一直忐忑不安地跟在艾茉身后的艾莉终于忍不住站出来，不甘示弱道："那你还想怎么样？事是我做的，孩子又没事，你说吧，医药费啊赔偿什么的，大不了我赔你。"

"你赔我？"龚贝贝挑衅地笑起来，直起身子，小腹隐隐痛起来，又无力地躺下了，"这笔账，我会找你姐夫赔的，哦不对，他大概很快就不是你姐夫了。"

艾莉还要还嘴，被艾茉低声呵斥了："这里没你的事，出去！"

艾莉一脸委屈出去了。

艾茉倒了一杯水递给龚贝贝，她没接，将脸转到一边。

"无论大人之间发生了什么，那个小生命都是无辜的，不管他的父亲是谁，我都希望他平安生下来。相信我。"

"你这话什么意思？孩子的父亲就是老向，老向就得负责。"龚贝贝又激动起来。

"你想让他怎么负责？"艾茉冷静地问。

龚贝贝的目光遥遥望向窗外，仿佛沉溺于一片回忆之海，她幽幽地说："当年，我们本来都要结婚了，后来，发生了一些误会，才分开的。"

这个误会，地球人都知道，不就是她贪图富贵移情别恋吗？从她口中说出来，倒好似她受了多大委屈似的。艾茉觉得有些好笑，说："你们都是成年人，过去的事，也都是自己的选择，每个人都要为自己的选择负责。"

"你知道什么啊？"龚贝贝反唇相讥，"我犯不着跟你说这么多，这是我和老向之间的事，日后怎样，我也都听他的。"

艾茉见她执迷不悟，又体谅她是病躯和孕妇，多说无益，只好叹气作罢。

从病房出来，远远看见老向正从外面回来，手里提着两个超市的袋子。艾茉瞥了一眼，水果袋子里是新鲜刚刚上市的山竹，另一个袋子里，竟然是一包女士内裤和卫生巾。老向顿时有些尴尬，不自觉地解释道："医生说孕妇要多吃点儿水果，她喜欢吃这个。"

艾茉木木的，轻轻地说："你照顾好她，我先回去了。"

老向一低头，看到女裤和卫生巾，再看看艾茉阴郁的脸色，知道她心里不是滋味，忙解释："你别误会，这个是医生让买的，你懂的。"

"我懂。"她淡然一笑，脚步虚软地朝楼梯口走去。

风不知从哪里吹来，直灌心底，缕缕生凉。她本已经找了无数理由说服自己，接受了老向和前女友出轨并致使其怀孕的事实，她甚至已经做好了接纳那个陌生的和自己并没有关系的小生命的准备，只要能挽回她的婚姻，让花生米有一个完整的家。可是，现在看来，一切只是她痴心妄想，老向对龚贝贝，并没有那么简单，他仍记得她的口味喜好，他也会体贴入微地关心她，他们曾肌肤相亲，心心相印，那是他的生命里自己不曾参与的一部分，或许，他以后的生命，她也该退出了。

不知不觉，已到了家门口，她正打算敲902的门，抱花生米回来，没想到刚抬手，门就打开了，婆婆一手拄着拐杖，一手提着保温杯要往出走，向华昕抱着花生米追出来，在身后抗议："妈你就别添乱了，这里头没你的事，你给她送鸡汤，是几个意思啊？是学雷锋呢，还是认她这个儿媳？"

两人一抬头，看到艾茉，都有些尴尬。婆婆忙为自己的行为开脱，小声解释道："我认她？我认我的孙子，那不是华晟的孩子吗？"

向华昕挤眉使眼色，老太太全然看不到，她只好气急败坏地叹气："瞎认什么啊？你儿子还没认呢！这老太太，真是老糊涂了。艾茉，快进来。"向华昕话锋一转，忙请艾茉进屋里。

艾茉却只是定定地站在门外，脸色无悲无喜，看不出表情，说："我过来抱孩子，姐，谢谢你！"

这疏离的客气，让向华昕不自在，她尴尬地笑了笑："谢什么，我是孩子姑妈不是，这么久了，我都想我们花生米了。"

婆婆回头看了一眼，自顾自走了。

艾茉抱过花生米，乐乐从屋里拿着小飞机冲出来，在妹妹面前逗乐，花生米乐得咯咯笑，嗲声嗲气地叫哥哥，艾茉有些心酸，可还是对向华昕说："你陪妈去吧！她一个人，腿还没好，别万一出点儿事。"

向华昕忙不迭点头，抓上包包拉着乐乐就追了上去。

回到屋里，花生米喝了奶，很快睡着了。艾茉瘫软在沙发上，浑身散架了一般，窗外，已是华灯初上，她累极了却睡不着。

登录微信，她们三人有一个小群叫"铿锵三人组"，她也不知道那两人是不是在线，闷头发了一句："这一次，看来我是真的要离婚了。"

不料两人马上有了回应。姜黎黎和林清远和好如初，正你侬我侬呢！此刻心情大好，于是满怀着"宁拆十座庙，不毁一门亲"的慈悲，先是发来几个抱抱的表情，然后说："别急着做决定，和老向多沟通。"

"离，必须离，这种渣男，有多远滚多远。"这是周小荻的答复。

几秒后，姜黎黎意识到艾茉话里有话，追问："发生了什么事？让你觉得这次非离不可？"

艾茉正要回复，责编一个微信消息发过来。她点开一看，原来是编辑部责编的催稿消息，她回复过去，和责编聊了几句，再回到铿锵三人组，刚才那种想倾诉的欲望却没有了。她想说什么？说妹妹为她出头对龚贝贝大打出手，反而致使老向和婆婆的天平倒向龚贝贝？她无法埋怨艾莉，如果说她的婚姻必须走到这一步，并不是艾莉推波助澜，而是他们婚姻的痼疾所在。艾莉只是撕开了血痂，让她更早看到里面的白骨。

她想了想，应付地回复了一句："没什么，只是忽然想通了。"

那两人又安慰了几句，各有各的心事，各自忙碌了。她们的聊天，就这样结束了。

第五十九章　峰回路转

当真正做出决定，她的心里反而平静了许多，这一夜睡得特别踏实，花生米也特别乖，一觉到天亮。

外面响起敲门声，打开门一看，是老向和大姐。艾茉一愣。

老向接过孩子逗了逗，转手交给大姐，对艾茉说：“走吧！咱俩一起去医院看她。”

艾茉想了想，回屋拿了包包，和花生米告别，跟老向下了楼，一路沉默。上车后，她只是忍不住阴阳怪气地揶揄：“你一个人去，不是更方便更自在吗？”

老向认真开车，双目定定地看着前方，说：“夫妻是利益共同体。她受伤住院，无论责任在谁，我们都要一起面对。错在艾莉，我和你一起面对；错在我，你和我一起承担。”

艾茉一时心里五味杂陈，无言相对，轻轻地骂了句：“无赖！”

到医院进了病房区，正好遇到护士，老向接了缴费单去下楼缴费。艾茉一个人来到龚贝贝病房门口。

门虚掩着，那个瘦削的身影正站在窗口，舒展着胳膊，轻轻地哼着歌。艾茉听了听，是邓丽君的《绿岛小夜曲》：“这绿岛像一只船，在月夜里摇啊摇，姑娘啊，你也在我的心里摇啊摇……”

她的声音虽然很轻，但声音圆润甜美，又带一丝空灵，比起邓丽君，似乎更有一番韵味。

艾茉惊讶于龚贝贝还有如此美好的一面。一直以来，她只道龚贝贝是一个爱慕虚荣的庸俗女子，老向的品位也因此屡屡被诟病，现在她不得不承认，原来每一个人，都有自己独特的美，而龚贝贝这份美，更加令她不安。

龚贝贝听到响动，转过身，见是艾茉，不悦地说：“你又来干什么？不用装圣母了。”

艾茉没有回答，只是由衷地赞道：“没想到你唱歌这么好听。”

听到艾茉的赞美，龚贝贝敌意稍减，脸上的表情缓和了许多，带着一丝炫耀说：“那可不是吹，想当年，我可是校园歌手大赛的冠军，老向就是因为这个认识了我。”

说到老向，艾茉脸上颇不自在，她将手里的食物放到桌上，说：“并不是每个人都有这样的天赋的，你应该一直坚持啊！想当年，我就特别爱画画，高考要报美术专业，我爸妈死活不愿意，我抗争了很久，最后才得逞的。”

龚贝贝听了这番话，刚才还有些得意的神色渐渐褪去，脸上浮现一丝忧伤，像对着一个老朋友倾诉一般说：“我没那么好命，父母想让我读好找工作的专业，我就读了，虽然在学校里参加过那几次比赛，其实也没什么好炫耀的。我一直以来的梦想，是做一个歌手，而不是在一个公司里做财会，可是，没有人会支持那种不靠谱的梦想。”

“唱歌怎么会是不靠谱的梦想呢？难道说你跑调？”艾茉这一刻也放松了警惕，竟然开起了玩笑。

龚贝贝苦笑了一下，说：“还不是因为他，唉！算了不说了，说了你也不懂。”

她们的聊天，就这样中断了。

老向办完事走进来，将单子放在床头柜上，又将一个装着钱的信封放下，抬眼看看艾茉，又看看龚贝贝，说：“身边留钱方便点儿。”

艾茉没有表示异议，龚贝贝瞥了一眼，也没说什么。

“你今天感觉怎样？还有哪里不舒服吗？医生说让你没事就躺床上比较好。”

老向不知是真的对龚贝贝腹中的孩子产生了感情，还是在说场面话，像个合格的丈夫一样嘘寒问暖。艾茉在一旁顿觉尴尬和绝望，对自己刚才那一刻和龚贝贝的友好感到可笑，她竟然忘记了，眼前这个女人，是她婚姻的入侵者，应该讨厌她憎恨她才对。这样想着，艾茉转身，打算退出病房，把空间留给那对狗男女，反正她对老向已不抱什么幻想。

没想到，一直对老向使用温柔战术的龚贝贝忽然变了脸，语气不悦：

“别说这些虚的，我要休息了，你走吧！”

老向有些惊诧，不知她哪根筋搭错了，不过正中下怀，他也并不想久留，于是就坡下驴：“好，我单位还有点事，就先走了。你好好休息，有什么事给我打电话。”末了，又加一句，“给艾茉打电话也一样。”

急匆匆从病房出来，艾茉已经没影儿了。老向紧走几步，在医院大门口追上了她，说道：“饭点了，找个地儿一起吃饭吧！”

艾茉本想说“和你吃饭没胃口”，但她咽下了，如果那样显得她带了怨气，她要让老向知道，她已经放下了，完全不在乎他了，于是淡淡一笑：“好啊！”

老向选了一家格调高雅但上座率很少的餐厅，因为他知道，艾茉很注重用餐环境，讨厌嘈杂拥挤烟熏火燎的馆子。艾茉看了看餐厅环境，却并不领情，无事献殷勤，晚了。

也是巧合，餐厅里也放着怀旧的音乐，当点的菜上桌，音乐正好播放到《绿岛小夜曲》，艾茉心里微微一动，老向似乎也心有感触，说：“你想不想知道，当初我和龚贝贝，是为什么分手？”

“不管为什么分手，现在破镜重圆，也算圆满了。”艾茉不小心，还是带出了满腔怨气。

老向苦笑一下，并未在意艾茉的揶揄，自顾说下去：“其实我真的很自私，以前是，现在也是。那时，贝贝一直热爱音乐，喜欢唱歌，她也真的唱得很好，我虽然不懂音乐，但我知道，她唱得很好听。我以为她参加参加学校的歌手比赛，在KTV里唱唱，玩玩票，被朋友赞美几句也就罢了，谁知道她会那么狂热，毕业后，也不找工作，到处参加各种唱歌选秀比赛，全国各地跑，虽然也取得了一些成绩，但我总是认为，女人嘛，有一份稳妥的职业比较保险。后来帮她找了一份会计工作，然后我们开始谈婚论嫁，可是，就在结婚前夕，她拿着交给她的打算买家具的几万块钱，给我留了短信，一个人去了北京，去唱歌去了。”

艾茉漫不经心地夹着菜，假装漫不经心地问：“所以不是爱慕虚荣和富二代跑了？”

“那是后来的事。”

“和我说这些干什么？你觉得对不起她？想好好补偿她？”

“不！”老向隔着桌子，忽然抓住了艾茉的手，有些激动地说，“我是想说，我现在明白了，我以前太自私了。婚姻不光是避风港，我觉得也是一片天空，要给彼此自由，而我却把我们的婚姻变成牢笼、桎梏，变成牢笼还不够，还要将对方的翅膀捆绑起来。茉茉，我知道，你也有你的理想、你的追求，我不应该要求你放弃那些，把你困在家里这一亩三分地里。”

她无法不感动，心里觉得委屈，泪落下来，手却轻轻地抽出了来：“事已至此，说这些还有什么用？”

“有用。我知道以后该怎么做了。”老向斩钉截铁地说。

不过，他并没有再说下去，他该怎样做，会怎样做。因为这时，艾茉的电话响起来，是艾莉的电话。

接起，艾莉声音神秘：“姐，你猜，我昨天去哪里采访了？”

一提这个艾茉就皱眉，担心地问道：“又是黑作坊？你被打了？还是摄影器材被摔了？你现在在哪里？”

艾莉的声音里满溢着兴奋：“不不不，我昨天去的这个地方，人的素质都特别好，早上六点准时起床，晚上九点准时睡觉，不抽烟，不喝酒，稳重，随和，每天不是静静地思考人生，就是读书学习。现在你知道我去哪里了吗？”

艾茉还是一头雾水：“什么啊？快说，我猜不出。”

“监狱啊！监狱的犯人都那样啊！哈哈哈哈！”

艾莉嬉笑完了，正色道：“我有重大发现，现在就过来找你。”

第八卷　稀里糊涂养个娃

第六十章　剥丝抽茧

艾莉一坐下来就抓起杯子仰脖喝下一杯水，喘了喘气，白了老向一眼，颐指气使："我们姐妹俩要说你坏话，你是不是该走了？"

老向无奈地笑笑，叫服务员来帮艾莉点了饭，又悄悄到吧台结了账，才一个人走了。

老向一走，艾茉训妹妹："别这么横眉冷对的，离婚了他也是花生米的爸爸，我和他不也还坐在一起吃饭吗？好聚好散。"

牛排上桌，艾莉似乎也饿了，动作夸张地切肉，大口喝酒，说："老向可能真的被人下套了。"

"什么？"

"你们都被龚贝贝骗了。"

"嗯？"

"我昨天在监狱的探监室看到她。"

这发现并没有让艾茉觉得意外，她淡淡地说："我知道，之前听老向和我婆婆说过，她前夫在服刑。没想到龚贝贝还有情有义去探望他。"

"那可不是一点儿有情有义。我听接待我那个狱警说，她怀的孩子，就是她前夫的，两人还约定，她好好生下孩子等他出来。"

面对眼前剪不断理还乱的情况，艾茉苦笑，晃了晃杯子里的酒，说："是真是假，又如何判断呢！或许那也是她在演戏，无论是老向，还是前夫，都是她的退路吧！"

艾莉却自信满满，说："你别这么悲观。我就一直纳闷，姐夫不像那种人啊！这事我一定会调查清楚。你放心吧！"

望着妹妹晒得黝黑的皮肤，艾茉不禁心疼，说："你呀，少采访几次黑作坊，少和黑心开发商的打手打几次交道，我就放心了。”

艾莉失望地摇头：“你完了，完全沦落为庸俗的家庭妇女了。我可是有追求的新闻工作者。”

和艾莉吃完饭告别，艾茉的心情无法平静，她觉得仿佛黑暗中有一丝火光摇摇欲坠地亮起来，又淡淡地隐去，似乎眼前有一道门被风吹得忽开忽关，搞得人心烦意乱，她不知是该起身关掉那扇门，还是打开门走出去。

回到家，去对面的家里接花生米，正好遇见向华昕要出门去。她的头发整齐光溜地梳在脑后扎了一个髻子，衣衫整洁，精神饱满，乐乐从屋里冲出来，夸张地叫道：“加油，老妈！”

向华昕略显尴尬地笑笑：“这孩子，老妈不过是去夜市上个班，又不是去奥运会拿冠军，加什么油，起什么哄啊！”

回头一见艾茉，她歉然道：“你回来了。孩子华晟抱着呢！我得赶紧走了。”

走了两步，她又折返回来，真诚地说：“姐以前是有些糊涂，现在想明白了，你说得对，我们都是当妈妈的人，要给孩子做榜样。”

艾茉若有所思地点点头，看着向华昕进了电梯。

老向抱着孩子走到门口，有些委屈地恳求：“我今天带孩子吧？花生米都快不认得我了。”

她沉默地从他手里接过孩子，小声嘟囔：“活该！”然后转身朝租屋走。

老向跟出来，死皮赖脸：“那我到你这边来，陪孩子玩玩。”

“她该睡觉了。”

“刚才睡过了。”

老向跟着进了屋。

龚贝贝在医院住了一个星期，医生宣布，她全须全尾，胎儿茁壮成长，她可以出院了。

老向邀请艾茉陪他一起接龚贝贝出院。在这种时候，老向立场鲜明，誓和艾茉同进退，这让她很欣慰。她欣然同往。

刚坐上车，姜黎黎的电话恰好打进来，电话那头，贵妇人优雅全无，撕心裂肺语无伦次地喊着：“孩子！孩子丢了，快帮我找找，妙妙、肖肖不见了……”

夫妻俩只好暂时放下龚贝贝出院的事，驱车去了姜黎黎家。

男人天性使然，老向一向是不爱来姜黎黎家的，夫贤妻美，家境优越，又有一双女儿环绕膝下，一家人活成了人生赢家，不嫉妒都难，而现在再走进这个家，任谁都嫉妒不起来了。

林清远不在家，姜黎黎长发披散，眼圈红肿，泪光满面，正在对着她的金牌育儿嫂声嘶力竭地发火。

“你怎么看孩子的？怎么能给兰兰一个人带？她一个人怎么可以？孩子要是找不到，我也不活了，大家都不要活了。”

兰兰是那个小保姆，听说是一大早带孩子在公园里遛弯儿，听公园里大爷们唱戏走了个神，一转眼孩子就不见了。现在，林清远已经报了警，兰兰被带去问话了。姜黎黎的妈妈已经病倒住进了医院。

丢失孩子的新闻艾茉看过不少，同为人母，那种痛苦她无法想象，想起妙妙和肖肖天真可爱的样子，她不知该如何安慰姜黎黎，这种时候，陪伴也是多余，总要做些什么，才能让人心里不那么焦虑和难过。

第六十一章　惟妙惟肖

艾茉一边抱着姜黎黎，一边拿出手机絮絮叨叨："报警了是吧！发微博和朋友圈了吗？我帮你发，找两张清晰的照片。或许只是走丢了，有好心人遇见，说不定就送回来了。别太担心了。"

"是不是人贩子啊？如果是人贩子可怎么办？"姜黎黎窒息一般抓着自己的胸口，大口地喘着粗气，泪水横飞："茉茉，帮帮我，帮帮我！"

一直沉默的老向终于开口："黎黎，你别着急。我可以找朋友帮忙，让火车站的朋友，还有高速收费站的朋友，都多留意，不会有事的。"

姜黎黎抬起泪眼，仿佛又看到一丝希望，迫不及待道："真的吗？你快打电话，快！再晚就来不及了。"

老向起身到一边打电话去了。姜黎黎抱住艾茉，又呜呜呜地哭起来，让人闻之心碎，艾茉只能空洞地安慰着："没事的，别担心，没事的。"

刚挂电话，老向的电话又响起来，接起，就是龚贝贝埋怨的声音："今天出院，你怎么还没来？"

"马上过来。"老向低声答。

艾茉看着姜黎黎的情形，知道她已陷入崩溃，想多陪陪她，只好对老向说："你去吧！我陪陪黎黎。"

在医院里焦急等待的龚贝贝，见老向只身前来，很是意外。这些日子他总和艾茉同进同出，让她很不爽，现在，终于有了她和老向独处的机会。

龚贝贝小心翼翼地开口："老向，我们的孩子……"

话音未落，老向打断了她，斩钉截铁地说："贝贝，我们过去的感情，值得尊重和珍视，虽然也有很多不愉快，但我不希望彼此再给那段记忆里抹黑，所以，就此打住吧！"

龚贝贝愣住，嘴唇颤抖起来，快要哭了，抬着泪眼质问道：“你什么意思？你不认这个孩子？你不负责任？”

老向终于下决心说出了这段时间以来深思熟虑的决定：“孩子我认，责任我负，可是，贝贝，婚姻不是随孩子捆绑销售的商品，如果说这个孩子是个意外，我不能以婚姻为这个孩子买单。”

“也就是说，你只要这个孩子，不要我？”老向的答案像一枚子弹，将她击穿了，她坐在车里，觉得浑身疼痛，虚弱，僵硬，像一个被蛀空的空壳。

黔驴技穷，龚贝贝只好使出最后一招——哭。都说女人的眼泪是武器，那龚贝贝的眼泪无疑就是核导弹，从前多少次，两人吵架拌嘴，只要她一哭，老向立马投降。龚贝贝的哭，有梨花带雨的婉约，有狂风暴雨的激烈，懂得把握节奏，视情况而定。

现在，她选择的是大珠小珠落玉盘，是音乐里如歌的行板。

老向沉默，心硬如铁地开着车，她哭了一路，老向只在等红灯的时候递过来一包纸巾，敷衍地说：“流泪对胎儿不好。”

一想到自己不能给腹中的胎儿一个幸福的家，她将节奏转换为狂风暴雨，哭得更凶了。老向无奈，只好将车停在路边，等她情绪平和再走。

就在这时，龚贝贝的电话响起来。她打开手机，看到一个陌生号码，犹豫了一下，止住了哭声，接了电话。

接完电话，她脸上的泪早已经干了，嘴角甚至浮现了一丝笑容，扭头对老向说：“我就在这儿下车吧！”

“做什么？”

“我想去逛逛商场。”

“你需要买什么？我帮你去买。”

“不用了，你买得不对，还是我自己去吧！”

龚贝贝自顾自下了车，老向怎么劝阻也没用，他实在不放心，在她走出了十米远又追问：“你到底要买什么啊？”

“战袍！”龚贝贝没有回头，大声回答。

到了晚上，一直焦虑不安的老向终于听到他的两个女人一前一后回了各自的房子。从门镜里看，龚贝贝一脸愉悦，提着大包小包，看来是买了新衣服，新衣服总能轻易给女人带来快乐。她是一路哼着歌进了门，进了门也没有打电话骚扰老向，好像早上的哭戏是一场终结，她已经接受了老向的决定，老向轻轻地舒了一口气。过了一会儿，电梯又“叮”的一声，艾茉走出来，一脸沮丧，心事重重，也难怪，从姜黎黎那里回来，心情又怎会好。她径直走到老向家门口，敲了门，老向很快开了门，艾茉一把抱过老向手里的孩子，紧紧地抱着，贴着花生米的小脸蛋，喃喃道：“宝贝，妈妈永远不会离开你，永远陪在你身边。”

老向知道艾茉在姜黎黎那里受到强烈的震撼，内心无法平静，就连他自己，也无法接受那对可爱双胞胎丢失的事实，他轻轻地拍了拍艾茉的肩以示安慰。

艾茉意识到自己失态，抱了孩子打算往自己的房间走，一想到老向白天尽心地帮姜黎黎动用关系找孩子，觉得有必要说一声“谢谢”。

“谢谢你找朋友帮忙，我替黎黎谢谢你了。”夫妻疏离至此，让彼此都觉得悲凉可笑。

“有消息我会马上告诉你。她现在怎么样？”

“在家里闹自杀，整个人崩溃了，林清远叫了公司的人来家里照应，他又出去找孩子了。医生给黎黎吃了药，暂时睡着了。”

楼道里的声控灯暗了，两个人站在黑暗里，都声息轻轻，谁也没有让灯亮起来。老向忽然用力抱住了她和孩子，在耳边叮嘱：“照顾好孩子。”

这个拥抱，如此熟悉，有力而温暖，让艾茉心里一惊，她惊的是，自己竟然没有抗拒和挣脱，而他们，明明就要离婚了呀！

花生米的小手摸了摸爸爸的脸，嗲声嗲气地叫了声：“爸爸，妈妈！”

灯亮起来。一切暴露在灯光里，老向目光坚定而坦然，艾茉慌乱迟疑，轻轻地挣脱了他，低声说：“我先回去了。”

第六十二章　浪子难回

向华昕上班了，艾茉又是一个离家出走的人，不好有事没事把孩子往家里送，可是她要去看望姜黎黎，为免姜黎黎看到别人家活泼可爱的孩子受到刺激，她把花生米送到了周小荻家，让周妈妈暂时照管。

兜兜看到花生米小妹妹，特别开心，拉她去玩自己的积木去了。

周小荻和艾茉一起去看姜黎黎。

到达那栋别墅时，姜黎黎已经从昏睡中醒来，楼上传来杯盘落地碎裂的声音，随即，她披头散发地从屋里冲出来，手里拿了一把水果刀，言语混乱地喊着："姓佟的，我要去杀了你。你这个小混混，白眼狼。"

两个女职员和保姆三人合力，紧紧抱住她，夺下了水果刀。

艾茉心有余悸，上前抱住了姜黎黎："乖啊！别闹了。孩子不会有事的。"

她猛然发现，自己对姜黎黎的语气，像是对一个不谙世事的孩子，或是一个心智不成熟的病人。

一听到"孩子"，刚刚平静的姜黎黎马上癫狂，抓住艾茉的手臂，言辞激动："是小佟，是他，是他骗走了孩子。他昨晚打电话来，说是他干的，怎么办？都怪我，他恨我，他恨死我了，他会不会伤害孩子？怎么办啊？"

"既然知道是他，那报警抓他啊！"周小荻天真地说。

"他已经被辞退了，谁知道他在哪儿？找不到啊！找不到！"姜黎黎呜呜呜地哭起来。

只有艾茉此刻还算是清醒的明白人，问道："他打电话来，没提什么要求吗？他绑架了孩子，总会有目的的。"

姜黎黎痛苦地将双手插入自己的头发，使劲摇了摇头："都怪我，全都怪我，我要是没对他那么狠就好了，不，我要是一开始没招惹他就好了，都怪我。”

姜黎黎开启了祥林嫂模式，却始终没有说到点子上。

“他到底要什么？”

“他，他要我，要我还和他在一起。神经病啊！”姜黎黎无助地坐在楼梯上，哭得鼻涕眼泪横飞，陷入深深的悔恨和自责中。她曾一度觉得，小佟就像是牛皮糖，她使了很大劲甩掉了他，现在才知道，其实是他埋在脚下的一颗地雷，捧在手里的一颗定时炸弹，自己的命运早已和这颗炸弹绑在了一起。

入户门忽然被大力推开，林清远气势汹汹地走进来，见到艾茉和周小荻两个客人，也视若无睹，他双目喷火，径直走向妻子，恶狠狠地抓起她的胳膊用力往外拖：“去，你这个贱货，去找你的奸夫，把我的孩子还回来，把我的孩子还回来。你给我滚。”

这大概是林清远第一次如此恶劣地对待她。向来温文尔雅的林清远，如此怒不可遏，大约也是刚刚知道此事是小佟所为，泄愤无门，便把所有的怒火指向了妻子这个罪魁祸首。

姜黎黎失态地抱住了林清远的腿，眼神涣散，声音沙哑：“我去，我去找他，我去死，只要能找回孩子，让我去死。”林清远厌恶地一使劲儿，将她踢出几米之外。

艾茉和周小荻大惊失色，忙上前扶住姜黎黎。姜黎黎的头碰在桌腿上，鲜血汩汩地冒出来。

保姆忙拿来毛巾，林清远心里似有不忍，但终是冷漠地看了一眼，转身上了楼，楼上传来重物击墙的闷声，以及男人隐忍痛苦的哭声。

姜黎黎被包扎了伤口打了镇静剂后又睡着了，她们陪下去也没有意义，接下来的事只能等警方侦破了。

从别墅回来是下午一点多，往日这个时候，姜黎黎总是会要求保姆烧几个菜招待朋友，现在这个家一盘散沙，艾茉只祈求孩子快点儿找到，让姜黎黎早点儿振作起来。

艾茉和周小荻随便找了个餐厅吃了几口饭，饭毕，发现旁边正好是一个宜家，艾茉提议去那里转转。她已经重新租好了合适的房子，想离开老向的眼皮底下，离婚后过清静日子。过清静日子，也要舒服一点儿，她想买几样家具。

谁也没有想到，周小荻竟然在这里遇到了谢晖和他的情人。

小王较之前更加精致迷人了，穿着剪裁很好的裙子，一看就不是便宜货，也喷了香水。周小荻虽然不喷香水，但还是懂一些，小王的香水味是迪奥新款，姜黎黎用过。她正挽着周小荻的老公在选床。

床是多么暧昧的一个词。此刻她亲爱的老公，正坐在一张欧式床上，煞有介事地晃了晃，评价道："还不错，用料很扎实，不像你租屋的那张床会乱响。"他这句话虽然是对王雨欣说的，但两个导购小姐都听到了，王雨欣羞涩暧昧地笑笑，导购小姐也隐秘地笑了。

艾茉想拉住周小荻，可是已经来不及了，她的脸色煞白，双唇哆嗦地走到谢晖的面前，她忍着没哭，双目平静地看着他，看得他心里发毛。

她觉得自己掉进了一个大坑里，一开始掉得浅，现在越挣扎陷得越深，这一刻，她忽然决定，不挣扎了，不自救了，爱咋咋地。她笑了。

这个受过高等教育在学校人称"老师"备受尊敬的女子，被愤懑和委屈充涨着，完全忘记了体面，她抬起手，抡圆了，狠狠地给了他一个巴掌，挖空心思用自己这辈子所能想到的污言秽语骂起来："谢晖你个王八蛋，你这个臭不要脸喜欢半夜看毛片的猥琐色情狂，你个间歇性阳痿患者，逢迎拍马屁的跳梁小丑，吃拿卡要的贪官污吏，你怎么还不去死？"

人群沸腾起来，顾客和导购员都围过来看好戏，没什么大事能阻挡吃瓜群众爱热闹和爱八卦的心。可是，周小荻的控诉很快结束了。她打完那一巴掌骂完那一通后，谢晖目瞪口呆，半天缓不过神来，等他缓过神来打算解释点儿什么，她已经干净利索大义凛然地转身走了。

艾茉很担心她，不知道该说点什么，倒是周小荻先开口，她很平静："我没事。"

艾茉不知道这个"没事"代表的是什么？是灾后群众情绪稳定，还是这件事本身没什么大不了？这明明是一件天大的事。

她送周小荻到了家门口，接了花生米，周小荻笑呵呵地和她告别，还亲昵地亲花生米的脸。艾茉还是忍不住小声说："你真没事吧？"

"没事。"

"有话和他好好说。"

周小荻认真地点头。

不过，周小荻这一次并没有给谢晖好好说话的机会。当天下午，她回到家，谢晖已经回来，正在厨房里笨手笨脚地做饭。周妈妈大概带兜兜下楼玩了，不在家。

她虚弱无力地躺上床，谢晖毕恭毕敬地端来一碗汤：“我煮的，你尝尝。”

她没说话，轻蔑而略带讽刺地笑了。

“今天的事，我可以解释。”他又小心翼翼地说。

“不用解释，汤也不必喝了。”

谢晖忽然明白过来，他僵硬地站起身，冷冷地盯着她，即使他已经猜到，还是问道：“你想干什么？”

“我要离婚。”她咬牙切齿地说。

大概离婚这个话题在谢晖这里已经不新鲜了，他似乎也拿准了她不敢离婚，像听到笑话似的，竟嗤之以鼻地轻笑了一下：“别闹了。离婚对你有什么好处？”

“好处？好处可太多了。”周小荻说，“首先我可以不用这样屈辱委屈地活了。”

谢晖不以为然，点了一根烟，坐下来，一副要促膝交心的样子，像人生导师一般说：“人生没有这样的屈辱委屈，就有那样的屈辱委屈。小荻，我错了，别闹了，我实话告诉你吧，我和她只是逢场作戏，大家出去都老二老三的带，我也就充充面子。你全不用放在心上。”

周小荻觉得自己开始耳鸣幻听，她无言以对，没想到人可以荒谬无耻至此，这大概是她听过的找小三最冠冕堂皇的理由了。

男人要面子，女人也要面子。周小荻一脸平静，问道：“房产各半，存款各半，兜兜跟我，你同意吗？”

男人的无耻在这种时候淋漓尽致地暴露出来，谢晖想也没想就回答：“房子是结婚前我父母买的，孩子跟你，那绝不可能。”

她猜他会这么说，心里只是木木的，依然一脸平静地说：“好吧，协议不成，那就起诉离婚吧！离家出走搬出去这种事我是不会做了，跳楼自杀我也不会。这个家对你也没有吸引力了，你滚吧！吵架我吵累了，上法庭前，就不要再让我看见你了。滚吧！”

这一刻，谢晖才发觉，周小荻是玩真的了，眼前这个女人如此陌生，脸上的肃杀与决然是他从来没见过的。他也有些怒了，站起身，抓起外套，扔下句“有病”，果断地开门走了。

门关上，周小荻的眼泪才落下来。

当天晚上，周小荻就向母亲坦白了自己的决定，妈妈没说什么，只是沉默，没有再说什么“婚姻都是这样，忍忍就过去了”，沉默过后，她握了握女儿的手，说：“好！妈支持你。”

过程是艰难的。周小荻找了律师，提交了诉状，谢晖拿到起诉书传票时，傻了眼。

婆婆家也知道了，婆婆押着谢晖上门来，要谢晖认错。错也认了，好话说尽，周小荻一直冷脸，最后，婆婆交了底：“你要离婚可以，兜兜不可能给你，法院也不会判给你。”

“他是我一手带大的，不给我难道给你吗？凭什么？”

“你没经济来源，你没收入，人家会判给你吗？有点儿法律常识吗？”婆婆一语惊醒梦中人。

“我有工作的，是你们让我在家带孩子，办了停薪留职。我有工作。”周小荻有点儿慌。

“你那工作，也不看是谁给你安排的，想让你没了就没了。那就看法官怎么判吧！叫我说，谢晖是浑蛋，你打也打了，骂也骂了，退一步海阔天空，离婚了，孩子跟谁，终究也是亏欠。替孩子想想，好吗？”

周妈妈在一旁终于忍不住了，怒斥道：“你们别欺人太甚了。小荻，这婚要离，必须要离。”

周小荻沉默了，但心里的决定丝毫没有动摇，在这种时刻，才更加真切地看清人性的复杂和险恶。她默默地走到门口，打开门：“你们走吧！法庭见。”

第六十三章　推心置腹

姜黎黎疯了，真正的疯了。看谁都像人贩子，出其不意冲上去就抓住人乱打一气，有一次差点儿伤了一个老太太。

林清远每天焦头烂额，无奈，将她送到了精神病疗养院治疗。

孩子迟迟没有找到，令这个家陷入绝境。虽然锁定小佟是嫌疑人，但他隐藏很深，始终没有露面。这是一场蓄谋已久的报复。

周小荻的离婚迟迟未决。

唯一让人开心的是，艾茉的绘本书已顺利交稿，进入了排版阶段，如果还要找出什么开心的事，那就是花生米又不知不觉长高了五厘米，能吃能睡能玩。对于一个当母亲的女人来说，这就是自己最大的成绩。

龚贝贝昼伏夜出，整天看上去忙忙碌碌，很久不出来挑衅张扬了。

这天，她装扮一新，挺着微微显怀的肚子，哼着歌出了门。

搭地铁，再乘出租，她来到地处北郊的看守所。出示了证件，办了登记手续，一个女狱警带她进了门。

艾莉莞尔一笑，亮了亮记者证，也进了门。

探视室里，每一个窗口都坐了家属，艾莉找了半天，找了个离龚贝贝很远的窗口装模作样地坐下，离得太远，只见龚贝贝情意绵绵地说着什么，却听不真切。艾莉急得直扯脖子，却没有一点儿办法。

大约过了半个小时，龚贝贝终于依依不舍地起身，艾莉也沮丧地站起来，她觉得自己今天这一趟白来了。

龚贝贝走出探视室，经过走廊，刚走两步，忽然手捂小腹，痛苦地蹲下了身。

艾莉正犹豫着要不要上去帮她，只见和艾莉相熟的那个女狱警已上去扶起了龚贝贝，低声询问几句，然后扶着她朝洗手间走去。

艾莉悄悄地跟了进去，和狱警耳语几句，那女狱警心领神会，悄悄离开了。龚贝贝大约是吃坏了肚子，蹲在里面许久。隔着一道门，艾莉和她聊天。

“你没事吧？”

“还好还好，宝宝没事。”

“你真是不容易，怀着宝宝，还坚持来探望他，真是有情有义。你爱人犯了什么事？要我说，女人别这么为难自己，他不知什么时候才能出来，你一个人怀孕生孩子带孩子，很艰难的。”

里面沉默了一下，说：“我和郭鑫感情很好，我身体不好，这孩子也来得不容易，是我俩爱情的结晶，我不能放弃。”

“那你以后打算怎么办？做单亲妈妈？一个人带孩子？”

里面又是一阵沉默，半晌，才说：“我这几年都没工作，自己一个人，真的没信心，走一步看一步吧！”

艾莉莞尔，得意地轻笑了一下。

终于，龚贝贝窸窸窣窣地整理好衣服，推开了洗手间的门。艾莉拿着一支录音笔，正得意扬扬地冲着她笑。

她认出了她，一脸慌乱和心虚。

艾莉把录制的音频放给她听，然后挑衅地重复她的话：“我和郭鑫感情很好，这个孩子来得不容易，是我俩爱情的结晶。”

龚贝贝伸手去抢录音笔，艾莉轻巧地躲开了：“不知道我姐夫听到这个会怎么想？龚贝贝，说，你的亲子鉴定证明，是怎么做的？”

见瞒不住了，龚贝贝终于泄气，沮丧地说：“你想怎么样？”

“停止你荒唐的计划和漏洞百出的陷阱吧！我姐夫和姐姐人都很善良，你有什么难处，他们肯定会帮你，可你开这样邪恶的玩笑，在他们的婚姻里插一脚就不对了。你孩子有亲爹啊！你们感情还挺好，你就急着给孩子找个新爹，这什么意思啊？”

龚贝贝被说得满脸通红，连声恳求：“求你了，别告诉你姐夫，让我想一想，我会告诉他，好吗？”

“那最好了。你自己想想怎么跟姐夫说吧！反正我这铁证如山，我不急。”

从看守所回来，艾莉第一时间就去找了姐姐，把录音交给了艾茉，然后邀功道：“怎么样？对我的侦查能力还认可吧！没有我采访不到的人，没有我挖掘不出的真相。哈，哈，哈！快给功臣倒杯水。”

艾茉的心里仿佛有什么东西轻飘飘地落下来，她微微地吁了一口气。

隔日，艾茉约了龚贝贝。

花生米在一旁的儿童乐园里玩，她一见到波波池里的海洋球，如同小兔子掉进了萝卜堆，和小伙伴们玩得不亦乐乎。艾茉坐在旁边的甜品座位上点了一杯奶茶，望着一天天长大的孩子，心里感慨万千。

龚贝贝款款走过来，很奇怪，做了母亲的人，再面目可憎的人，忽然变得慈眉善目起来。她也望着花生米，眼神温柔，说：“宝宝越来越可爱了。”

艾茉本能地说了句：“谢谢！”

“其实，我也要谢谢你。”龚贝贝忽然说。

艾茉一愣。

“比赛的报名表，是你帮我报的吧？不管你是出于什么心态，我都应该感谢你。告诉你个好消息，我晋级了。”

“恭喜你，你有这个实力，我听老向说起过。”

龚贝贝抿了一口饮料，望着在一旁快乐游戏的花生米，眼神闪过一丝落寞，黯然道：“我知道你今天约我来是为什么，你也不必再提起让我难堪。人都是自私的，我只是想为孩子和我找个稳妥的依靠和未来。你知道，我前夫犯了事，经济案件，可以说是破产了，在他进去之前，就骗我和他离了婚。这个孩子来得不是时候，却让我的人生又看到了一丝希望。我本来无意插足你们的婚姻，只是落魄的时候，又偶遇了老向，一念之间吧！不过，我并不觉得愧对老向，就算我带给他麻烦和困扰，这都是他欠我的，我也并不觉得愧对你，相反你应该感谢我，前任和小三，都是婚姻的试金石，你现在应该知道，你们的婚姻，也是漏洞百出的。”

面对这番诡辩和剖白，艾茉想嗤笑，却又觉得她说得有几分道理，于是自嘲地笑了笑：“没错，我应该感谢你，让我看清了我们的问题，也让我们能够正视婚姻里的问题，更让我明白了许多。龚贝贝，今天，我只是想以一个女人的身份和你分享我的心得，没有人能成为你稳妥的依靠和未来。一直以来，女人对婚姻的期许都是错误的，夫妻也只是一起上路朝一个目标结伴而行的旅伴而已。结伴的时候，可以彼此依靠，互相取暖，如果走散了，自己一个人，也要能找到一根助力的权杖，坚持走下去啊！而那根助力的权杖，并不一定是另一个男人。”

龚贝贝一头雾水：“什么？”

“你还有才华，还有梦想，还有孩子，这些都应该是你好好生活的理由……”

话未说完，就被龚贝贝打断了，她感到了一丝羞愤，不耐烦地说：“行了，不用你教训我，我知道自己几斤几两，也知道自己该怎么做。今天我来，是想告诉你，我如果放手，并不是因为你妹妹使用手段录的音，而是我太忙了，没空和你们玩了，可是，如果我不放手，你们谁又能奈我何？告诉老向，我不会再向他摇尾乞怜，我会活出个样子给他看看。”

龚贝贝站起身，趾高气扬地走了，倒好像她是那个被伤害的人。艾茉释然地笑笑，走向儿童乐园的波波池，声声呼唤已经玩得乐不思蜀的花生米：“米，宝贝，走，妈妈带你坐摇摇。”

第六十四章　宝贝回家

和龚贝贝见面回来，刚走到小区门口，只见乐乐气急败坏地耷拉着脑袋往回走，见到艾茉，倒是主动打招呼：“舅妈！”

艾茉欣慰，孩子的长大，确实是不知不觉的。

“去哪了？怎么不高兴？”

乐乐小大人一样埋怨道：“唉，看来那句话没错啊！宁要讨饭的娘，不要当官的爹。当然，我的爹也没当官，我爹是又喜当爹了。”

“你去你爸那边了？”

“可不是嘛！到现在连口饭也没吃上。”

“走！舅妈请你吃肯德基。”

说起吃，乐乐和艾茉一拍即合，当即去了小区附近的肯德基，乐乐兴高采烈地点了一大堆，开始大快朵颐，看来是真的饿了。

艾茉不免好奇：“你奶奶也没给你做饭吃？”

“别提了，我现在是知道了，我爸想离婚，肯定是蓄谋已久，在外面都有别的孩子了，还是俩，现在我们不在了，就名正言顺地接回家去，我奶奶光照顾那两个小祖宗都忙不过来，一会儿要吃一会儿要喝，动不动就哭，哪有空管我啊！”

“两个孩子？男孩女孩？”艾茉心里咯噔一下，留了个心眼，小心翼翼地询问。

“俩小女孩，话都说不利索，长得倒是挺好看的，挺白的。”

艾茉的心几乎要从胸腔里跳出来，却努力让自己沉住气，假意试探，故意说：“你爸爸太过分了，太对不起你和妈妈了，我听了都很气愤。”

乐乐专注吃肉头也不抬：“是吧！我以后就跟我妈过了，听妈话好好学习，给妈妈争口气。”

“光你学习好争气没用啊！眼下这口气不出，难平心头之恨。走！带舅妈去，我好好骂骂你爸，给你出这口恶气。”

此言一出，乐乐被挑起火气：“说得也是！连我的抚养费都不按时给，都是养那两个孩子去了。只是，咱俩去会不会吃亏啊！你毕竟是女流之辈，要不叫上我舅舅。嘿嘿嘿！”

“当然了。你快吃，快吃。”

乐乐三下五除二吃完了剩下的东西。艾茉和他一起回家，把孩子交给了婆婆：“妈，帮我照看一下孩子，我出去办点儿事！”

李敏英见艾茉主动将孩子交给她，心里暗喜，又不免洋洋自得地数落几句：“我的孙女，我照顾一下不是天经地义，什么帮不帮的？我就说嘛，别逞能，一个人带孩子，总有错不开手的时候，总得有个人帮忙。”

这时艾茉也没心思和老太太较真，连声回答：“没错，您说得对。那我先走了。”

她对乐乐使使眼色，一大一小一溜烟儿进了电梯。她有强烈的预感，觉得乐乐说的那两个孩子就是妙妙和肖肖，但同时又不免忐忑，如果万一不是，自己这样冒冒失失地冲到别人家里，会很难堪。坐在出租车上，她思来想去，还是把情况说明，给老向发了一个微信。

老向很快打来电话：“就算不是，也要去看看确认一下。再说了，如果真是我姐夫在外面的孩子，是应该给他点儿教训。你等着，我马上就过去。”

有了老向这句话，艾茉心里有了底，她拍了拍乐乐：“你舅舅也来。”

很快到了程刚家。房子还是那种老式的单元房，没有电梯，五楼，哼哧哼哧爬上楼，敲了门，里面隐隐传来小女孩的哭声。乐乐的奶奶来开门，一见到艾茉，有点儿惊讶：“你是谁啊？”

彼此只在少有的亲戚聚会中见过一次，早已没了印象。乐乐抢着介绍：“这是我舅妈。”

老太太不知艾茉来意，迟疑地将她让进了屋子：“你这是……过来，有什么事？”

艾茉来不及解释，径直走进里屋，只见妙妙和肖肖正坐在床上，一个在吃东西，另一个不耐烦地哭着：“我要妈妈，妈妈！”两个孩子身上穿的大概还是被拐走那天的衣服，棉质的裙子，已经皱巴巴脏兮兮，整齐精神的冲天辫也没有了，头发凌乱，嘴角沾着面包屑和奶渍，艾茉看在眼里，一阵心疼。

她冲上去，一把搂住了两个孩子，喃喃道："妙妙，肖肖，别怕！阿姨带你们找妈妈。"

两个孩子对艾茉都有印象，是经常和妈妈在一起的茉茉阿姨，顿时如找到靠山，紧紧抱住艾茉："回家，找妈妈。"

乐乐和奶奶都进了屋。老太太慌了："这孩子你不能带走啊，不然我回头没法向程刚交代啊！"

乐乐还一头雾水，到处找他爸爸："我爸呢？叫我爸说清楚，这俩孩子是他和谁的？背叛我妈妈，早都有了孩子，连我都不管了。今天我叫我舅舅好好和他理论理论。"

说起孩子，老太太也是一肚子气："哪是他的孩子啊！不知道从哪儿弄来的，说是朋友老婆嫌弃他朋友穷，老婆跑了，留了俩孩子没人管，说送来让我帮忙管几天，这都快一个月了，也不接走，我这把老骨头都快累垮了。"

说话间，老向也来了，一进屋，看到两个孩子，心里松了一口气，埋怨道："阿姨，你糊涂啊！这是拐骗的别人的孩子，这可是人贩子干的事，孩子的妈妈都急疯了，外婆都住院了，糊涂啊！"

老太太一听慌了："我不知道啊！我只当给人帮忙呢！怎么办啊？"

艾茉拿起手机，打算报警，乐乐这才意识到问题的严重性，到底血浓于水，哀求道："是不是要抓我爸爸去坐牢啊？把孩子还回去不就行了吗？"

老太太也恳求："这俩孩子我可没怠慢一点儿，好吃好喝伺候着。程刚兴许也是被人骗了，不知情吧！"

这种时候，艾茉没了主意，程刚虽然是大姐的前夫，但毕竟是乐乐的亲爸，大义灭亲这种事，她不知道该不该做。

她求助地看了看老向。老向叹口气，点了点头："打吧！这后面还有小佟的事，程刚或许真不知情，阿姨打电话叫姐夫回来，协助调查。你再给林清远打电话通知一下。"

得到老向的首肯，艾茉才拨通了报警电话。

很快，警察来了。只是程刚迟迟没有回来。原来，老太太打电话的时候存了私心，悄悄给儿子通风报信，程刚接了电话，又通知了小佟，两人早已跑了。

林清远第一时间赶过来。不过一个月，这个男人仿佛瞬间老了十岁，眼窝深陷，头发花白，看上去无精打采。见到两个孩子，用力抱在怀里失声痛哭，哽咽着："爸爸接你们回家，回家找妈妈。"

孩子们也哭个不停。艾茉在一旁闻之心酸，想起姜黎黎现在疯疯癫癫的样子，忍不住落泪。

第六十五章　幸福转角

世上最愚蠢的女人，莫过于王雨欣。本来正室就要退位，小三只要蓄势而发，静待转正即可，而她渐渐发现了谢晖的游离。他从家里搬出来后，并没有和她住在一起，而是住进了单位的宿舍。一开始她以为是避嫌，渐渐地发现，他只是在避她。

在单位里，他们已恢复到最平常最清白的同事关系，因为不在一个部门，有时一天说上一句话也难，QQ和微信聊天也少了，王雨欣按捺不住主动发过去，他总说自己在忙。忙什么？部门一天有多少事，她比谁都清楚。

偶尔他也会去她住处，没有多余的话，没有抚摸亲吻，他就像一枚发射出的炮弹，重重地将她轰到床上，然后像屠夫一般，对着雪白的猪肉翻来覆去地处置，然后再从大汗淋漓中起身，一个人在浴室冲洗，有时洗完就会谎称有事马上离开，如果不得不停留一会儿，就一直不停地抽烟。王雨欣于是见缝插针地提出要求。

虽然买了新床，但她依然住在租的房子里，想要一套自己的房子的愿望依然没有实现。她本无意要扶正，小县城出来的贫家女，不过想要一些实惠，现在得知谢晖可能会离婚，她也不免打起了扶正的主意。可是在这种时候，她渐渐发现，谢晖似乎并无意娶她，即使他离婚，扶正的命运也不会落到她的头上。她开始懊悔自己之前为取得他怜爱和愧疚撒的谎，她竟然说自己失掉了生育能力，如果再婚，谢晖绝没想过娶一个不生孩子的女人。

所以在谢晖沉默抽烟的时候，王雨欣就心急了点儿，不停地敲打他。

她说："我隔壁住了个酒鬼，整天喝醉半夜撒酒疯，有一次半夜拍我的门。怎么办？我好害怕。"

谢晖闷闷地回答："把门锁好，小心点儿。"

“这破小区总停电，要不，我换个地方住好了。”

谢晖又说：“嗯！”

“有个楼盘开盘了，做精装小户型的，你有空陪我去看看好吗？”

“嗯！”

王雨欣早已出离了愤怒，心里骂着“你嗯嗯嗯个屁呀”，可她不能骂，这是她的金主啊！她还是得装作懂事可人的样子，帮他倒茶，然而，茶也无法挽留他了，他又要走了。她还得装着依依不舍的样子送他到门口，再情意绵绵地吻别。

谢晖不傻，他有自己的打算。搬出来住，并不是要和周小荻决裂和她离婚，他只是想磨一磨她的性子，尽管她的性子已经很绵软了，可他觉得还不够。他想着熬一熬，熬过一段时间，周小荻意识到离婚女人独自面对社会是很可怕的事，她意识到婚姻里的水即使浑一点儿但至少安全舒适，她就会醒悟过来，到时他再给她一个台阶，让她体体面面地下台阶，小日子继续。

可谢晖的算盘打错了，并且在这紧要关头，犯了一个致命的错误。

那天，王雨欣晚上十点打电话来，他正好跟几个大学哥们儿在酒吧喝酒，纯男人的聚会，于是就随意应付了她几句，王雨欣也没有继续纠缠，抱着一腔委屈睡去了。

谁知谢晖不知哪根筋搭错，心烦意乱，怕王雨欣再打电话来，于是手贱将她的号码设置到黑名单，想着过了今晚放出来，谁知睡一觉起来将这事忘得一干二净。小情人的电话号码躺在黑名单里，像孤坟里被活埋的孤魂，孤魂拍打着钉死的棺材板，叫天不应，叫地不灵。

这天，王雨欣眼见着同科室的同事因为工作的事，当着她的面打电话给谢科长，对方挂断后，王雨欣马上走出办公室，在背人处打谢晖的电话，还是不通。这一次，王雨欣忍无可忍了，她知道自己的号码被拉入了黑名单，她要给谢晖点儿颜色看看，于是拨通了他办公室的电话。她压低声音，恶狠狠地说：“你现在给我出来。”

两个人上班时间跑出来，在一个离单位很远的小茶馆谈判。

“你至于吗？把我电话拉了黑名单？一个单位，抬头不见低头见的，你躲得了吗？”王雨欣气得小脸赤红，胸口起伏，像一个好斗的小母鸡，准备随时开始战斗。

谢晖这一刻才恍然大悟，忙解释：“手抖，操作失误吧！我都不知道。”他忙拿出手机，当着她的面把那个号码拉了出来。

王雨欣不傻，才不会相信他拙劣的谎话，质问道：“想分手，明说啊。也不是我把刀架你脖子上逼你跟我上床的。想分手可以，把话说清楚了，我绝不会纠缠你。我跟你好了一场，身体搞成那个样子，就这样不声不响地算了？”

谢晖本不是那无情无义之人，对于她身体的事一直觉得愧疚，可当王雨欣在这个时候提出来，就让他无法不反感。他皱皱眉：“你想怎样？”

“青春损失费，你给我买一套房子，咱俩两清。”

谢晖忽然呵呵笑起来，英挺的眉毛一蹙，冷漠地说：“雨欣，在我的眼里，你的青春本是无价的，你的健康也是无价的，也许我会给你更多，可你现在给它标了价，那么它在我眼里就一文不值。房子，不可能。”

从谢晖的目光里，她看到了决然，而她竟不知道，正是自己的愚蠢，在一步步推开这个男人。谢晖是个吃软不吃硬的人，对老婆如此，对情人也是如此，他对人的好要发自内心我情我愿，而不是被人这样牵着鼻子走，所以，他断然拒绝。

被拒绝的王雨欣陷入委屈和绝望，她见过同龄的同学中给人做情人的，分手后捞得盆满钵满，自己却落个人财两空，想想就不甘心，于是火气噌噌地往上冒，口不择言：“想甩了我，玩我？先看看自己屁股的屎有没有擦干净！你干的那些勾当，别以为我不知道。我，我，我要举报你！”

谢晖有些惊诧，小白兔一样的小情人一向都是温柔隐忍，顾全大局，无怨无悔的，惊讶归惊讶，但他并不相信她会这么做，但她这样说，让他感到难堪和愤怒，感到赤裸裸的背叛和愚弄。那些灰暗的私密事，曾经是得意的枕畔的分享，现在竟然成了她要挟他的砝码。他也出离了愤怒，愤然道：“你这个愚蠢的女人，我真是瞎了眼。”说完，他愤然起身，气汹汹地走了。

事后谢晖常常会后悔，他那天没有愤然离开就好了，他那天要是好言好语说几句软话就好了。他并没有打算和王雨欣分手翻脸，即使真的分手，他也会有所补偿，他只是暂时没有心情去同时处理两段情感关系，他只是心烦，所以想躲开一阵子，谁知她却从中得出分手的讯号。架吵起来，气话狠话都说出来，伤人伤己。

两个人不欢而散，当天晚上，一封匿名举报邮件就躺在了区纪委和宣传部的邮箱里。谢晖很快被相关部门询问调查，贪污受贿，利用职务之便敛财。或许是谢晖还太过稚嫩，这些罪名很快落实，正在反腐倡廉的风口浪尖上，他酿下的恶果，最终要自己吞下。等待他的，将是数年的牢狱之灾。

周小荻去看望过他。但不是以德报怨，不是上演大爱无疆感天动地，是法院的人陪她一起去的，她拿出离婚调解协议给他，他没有说话，默默地签了。婚就这样离了，兜兜由周小荻抚养。

不久，周小荻正式辞去了学校的工作，办好了社保关系，带兜兜和母亲回了四川老家。她的腊肉网店又红红火火地开起来，名字很大气，和刘烨的网名有一拼，叫“四川土特产国际代购中心”。她丢下多年的画笔又拾起来，童子功还在，教教小朋友绰绰有余，妈妈小区的几个阿姨吵吵着让她办个班，她就果真办起来，口碑不错，小朋友越来越多。

春天来临的时候，兜兜上了幼儿园。

四月，她和母亲、兜兜还有兄嫂一家回乡下给父亲上坟，站在坟头长久地默默地垂泪。

从墓园回来，经过一片桃林，桃花开得炽红一片。她想起那年和谢晖一同来过，往日点滴从心头掠过，恍如隔世，仿佛已是上辈子的事了，真是很久很久之前的事了，她知道，该忘记了。

兜兜在前面跌跌撞撞地走，转过头伸手要抱抱，她抱起他，兜兜紧紧贴着她，要在桃花林里拍一张照片，稚气地说：“拍花花，给茉茉阿姨和小妹妹看。”

外婆帮他们拍下照片，调侃道：“臭美。”

第六十六章　回家的路

周小荻离开这座城市回四川老家那天，艾茉没来得及送她。

那天，她一整天都手忙脚乱。花生米大概夜里睡觉凉了肚子，喝奶的时候忽然吐了，酸腥的奶花淌得满身都是，她忙着清理，给她换衣服，谁知刚换好衣服，她又开始拉稀。这时，响起了敲门声。

她打开门，正好是老向。老向一见花生米虚弱无力小脸苍白的样子，一阵心疼，忙上前帮忙擦拭，细心询问："还有什么症状？要不要去医院？"

"去医院折腾孩子。就是拉肚子，先吃点儿药吧！"

"吃什么药？你这有吗？"

"没有。咱们花生米身体一向很好，几乎没生过病，我也没备那些药，唉，我先问问周医生吧！"

艾茉并不避嫌，拨通了周逸辰的电话。电话那头有些嘈杂，应该正是上班最忙碌的时间，但周逸辰的声音依然沉着平和。艾茉说了孩子症状，他马上根据经验判断孩子的病症，推荐她给孩子服用某牌子的药，艾茉听罢，随口说一个"谢谢"，就挂了电话。

她说了两个药名，老向也没有异议，下楼去买药，回来给孩子服了。艾茉又听妈妈群里的偏方，去厨房蒸苹果泥，老向就在客厅看着孩子。吃了苹果泥，花生米虽然还有些精神不佳，但较之前已经好了许多，坐在爬行毯上拿积木和爸爸玩。

老向松了一口气，感慨道："有个医生朋友真是让人省心不少。"

艾茉促狭道："这是真心话？"

"当然了，周医生医术高超，为人正派，是个好医生。"

忙乱半天，艾茉这才反应过来，她还和老向在试离婚，于是假装不知道龚贝贝设局那回事，故意又摆出冷脸："你来什么事？"

老向还真有正事，只见他从衣兜里掏出一张化验单之类的东西，摊平了放在桌上，然后仰身坐在沙发上，脸上露出大爷一般的嘚瑟表情。

艾茉狐疑地瞥了一眼，发现是一张DNA亲子鉴定证明，而这份证明显示，老向和龚贝贝腹中的孩子，没有任何血缘关系。

老向继续嘚瑟："我现在很想唱歌，唱那首《翻身农奴把歌唱》。"

"这是假的吧？"

老向急了："这是上次她住院产检，我偷偷找人截留了她的羊水标本，找专业权威机构做的。"

看着老向急赤白脸的样子，艾茉没好气地笑了："我早都知道了。"

"你早都知道了？你怎么知道的？那你还和我置气？你冤枉我了，不应该给我道歉吗？"老向一身雪白，觉得自己的形象瞬间高大起来。

"道歉？想得美！冰冻三尺非一日之寒，咱俩的问题，不是龚贝贝那一件。"

"好吧！我慢慢改行吗？"

"行！今天我正好有事要出门，你来带孩子吧！"说着，艾茉开始换衣服打算出门。

老向警觉道："你有什么事？干什么去？你，你不会是……咱们分居这么久，你不会是给自己找好下家了吧？"

艾茉恶狠狠地白他一个眼："瞎说什么呢？那个育儿绘本出来了，书商要搞一些签名版回馈读者，我要去印厂签名。哼！哼！我可是事业女性哦！"

老向转忧为喜，笑得无比谄媚："我老婆真厉害，加油！我支持你！"

走到门口，她忽然想起隔壁那位，忧心忡忡道："说起来，我好几天没听到那边有什么动静了，前些天还整天唱歌呢！你现在拿了鉴定证明，是不是要找她谈谈啊！顺便看看她最近怎么样了？"

"我正有此意，不过，刚才我确实敲过她的门了，没动静，打她电话，也关机，老实说，我有点儿担心，她现在孤身一人，又怀着孕，即使作为朋友，也不能坐视不管吧？"

"谁说不让你管她了？你等着，我去敲门。"

艾茉打开门，正好看见房产中介带了新的房客到隔壁看房，她忙问：

“这房子之前的房客呢？”

“退房了呀！住了三四个月就不住了，我最讨厌这种短租的房客了。”中介是个愤怒青年。

艾茉和老向面面相觑，她有点儿内疚，觉得自己那天和龚贝贝的谈话是不是刺激到她，不知道她能去哪里，喟然道：“她不会有事吧？”

老向叹了口气，说：“你先去忙吧！我想办法联系她。”

艾茉走后，老向开始翻大学微信群，终于找到一个大学时和龚贝贝关系不错的女同学，小心翼翼拐弯抹角地问了，对方倒很爽快地告诉了他龚贝贝另一个电话号码。

电话拨过去，听到老向的声音，龚贝贝并没有太多意外，显得很平静：“华晟，对不起，我之前骗了你。”

事已至此，老向也不忍再责骂她，只是像一个老朋友般问道：“别说了，我都知道。其实，过去的事，我也一直欠你一句对不起。”

话音落下，那边隐隐有饮泣的声音。龚贝贝哭了，为那遗憾的青春和梦想，也为今天付出的努力和艰辛。

“可是，你这样不辞而别，我们都很担心你。”

“我没事。我不能住在你家门口给你添堵，找了一个新的住处，在XX小区，你放心吧！不用担心，我妈过来了，她会照顾我。钱，我也还有。华晟，谢谢你。”

两人心平气和地挂了电话。

晚上，艾茉终于拖着疲倦的身体，甩着快僵掉的右手回来了。

生活仿佛柳暗花明起来。

老向和艾茉顺利完成了孩子的交接，他却赖着迟迟不走。看着艾茉一直揉酸痛的手腕，就打算上手，说：“我帮你揉揉吧！”

她一把打掉他伸过来的魔爪。

老向愈挫愈勇，起身拉合了窗帘，转身笑着，死皮赖脸道：“今晚我就不走了吧！”

不知道心里还有哪根刺竖在那里过不去，艾茉觉得不应该就这样握手言和，她大义凛然：“我不是那种随便的人。”

老向觉得又好气又好笑：“你到底想怎么样？”

“我可不能就这样跟你回去了。”

老向恹恹地回去了。

花生米和爸爸玩闹了一天，很快进入了梦乡。艾茉躺在黑暗里，身体虽然很累，却怎么也睡不着。她不知道自己为什么在事态水落石出之后，还这样扭捏不肯原谅老向，想了很久，才想起之前她们三个女人在一起讨论的关于离家出走的结论：离家出走的路，走起来很容易，可回家的路，却很长。

第六十七章　死里逃生

客厅里，一家人坐定，向华昕正襟危坐，清清嗓子，有话要说。

“弟，我现在餐馆上班，也算是能自食其力了，那边离咱家太远，每天来回不方便，我想搬出去住。房子已经找好了。”

老向想了想家里的状况，默许了。

陪姐姐一同去看她找的房子，老向当场反对，交过的定金也不要了，强烈反对她和乐乐住在那里。

“这什么地方？城中村，什么乱七八糟的人没有？你和乐乐住在那里，我能放心吗？”

“这里房租便宜啊！等以后收入好了，再租好点儿的。反正我不想再住在家里给你们添堵了，你和艾茉这样子，也不是回事啊！”向华昕经过了这些事，总算活明白了。

老向再次重申：“我和她的问题，和你们无关。当然，家里地方是小了点儿，住这么多人不方便。我一直有我的打算。姐，我们在东郊还有一套小公寓，以前一直租着，现在租约也到期了，你和乐乐去住吧！这样我和妈也能安心。”

向华昕知道那套小公寓的地段和小区名字，很高档的公寓楼，虽然面积小，但租金也不菲，她心有所动，想了想，说：“那，那好吧！我付你租金，你不许不收，要不然我不住。”

“行，那我给你打一折行不？”

向华昕像小时候那样戳了戳老向的后脑勺，笑起来：“臭小子！有良心。”

隔日，老向就送他们母子俩搬了过去。乐乐背着书包开开心心地和外婆告别，学动画片的台词："我一定会回来的。"房子陡然空了起来，老太太开始催儿子："叫艾茉回来吧！住外面像怎么回事？让人看笑话。"

"这不是让人看笑话的问题……"老向话音未落，就被老太太把后半句瞪了回去，他只好信誓旦旦地保证，"放心吧！就这一两天，我过去接她们回来。"

这天，老向下了班，给艾茉打了电话，约了一起吃饭，于是急匆匆往回赶。

下班高峰，道路拥堵，车子行驶缓慢，老向百无聊赖，打开了交通台，一则实时突发新闻引起他的注意。某小区一栋楼因不明原因起火，火势凶猛，殃及许多楼层，消防车被拥堵在小区门口，引起小区附近道路瘫痪。老向直起身子仔细辨听，得知火灾发生地就是他家的小区，正是他家住的那栋楼。

一股血噌地冲上头顶，他慌了，不停地按着喇叭，焦灼地在车流中寻找出路见缝插针，终于杀出一条路，一路疾驰。可是到了离小区大约千米的地方，他又被死死堵住，不能挪动一步。

所有的汽车都焦灼地按着喇叭，而老向的心，如同坐着失控的飞机，在高空忽上忽下，他快要疯了。一时一筹莫展，索性弃车，开始徒步狂奔，冲过拥挤的人群，很快来到楼下。

楼下已聚集了乌泱乌泱一大片人，消防车已开进，正在作业，老向仰头一看，心登时揪紧——起火的楼层正是他们楼下，而他们所住的那一层，已被熏黑看不出样子。老向抓住身边一个老阿姨就问："我们家人都下来了吗？看见我妈妈和我老婆孩子了吗？"

话音刚落，身后就有人拍了拍他，李敏英心有余悸："妈在这儿呢，刚好去超市买个酱油，没想到就发生了这事。"

"艾茉和孩子呢？你见了吗？她们下来没？"

李敏英一脸茫然："没啊！快找找，快看看是不是下来了？"

老向冲着人群喊着："艾茉！艾茉！"

人群嘈杂，无人应答。他拨打艾茉的电话，通了，却无人接听。老向无法再等待了，他发疯一般跨越了警戒线，打算上楼，刚进大门就被消防员挡了回来："里面现在火还没熄，起火原因还不明，现在很危险，不能进去。"

老向的泪唰地落下来，声音也颤抖起来："还有人，我老婆和孩子还在楼上，我去找她们，我必须去找她们。"

"你放心，我们会全力搜救的，你放心。"

“不行，我得马上找到她们，必须，马上。”

正纠缠之际，只听到身后一个熟悉而哽咽的声音：“老向，我们在这儿。”

他转过头去，看到艾茉和孩子，紧走两步冲上去，一把抱住了她们：“吓死我了！吓死我了！没事就好，没事就好！你们不能离开我，以后再也不许离开我。”

艾茉被箍在那个坚硬有力的怀抱里几乎喘不过气来，动情地说：“不了，我们再也不分开。”

花生米被抱得太紧，哭了起来，老向这才后知后觉，松开了她们，从艾茉手中接过了孩子，柔声安慰。

后来事故查明是因为楼下一家人煤气灶烧水，下楼去拿快递却忘了关，最后引发了大火，所幸只是一些财产损失，并没有人员伤亡。

望着被浓烟熏黑的房子，老向叹了口气：“看来，这房子暂时不能住了。”

“咱家房子早该装修了，正好这次好好装一下。可是，今晚上住哪里啊？”艾茉发愁。

老向暧昧一笑：“住酒店啊，开房哦！”

两人朝着人群外走去，李敏英忙接过孩子，心疼地抱在怀里，不停地亲着：“我的花生米没吓着吧！没事就好。”

一抬眼，艾莉和秦宇远远进了小区大门，艾茉上前，耸耸肩：“你俩来得可真不是时候，今天没地儿招待你们了。说，找我做什么？没什么重要事就先回吧！”

“姐，我今天可是有重要事啊！我想通了，我和秦宇打算结婚，来和你这个娘家姐姐先商量一下相关事宜。”

秦宇在一旁，谦逊地点头。

艾茉一听，特别开心，慷慨邀请道：“那走吧，我和你姐夫约了去吃饭，一起吧！边吃边谈。”

老向也笑着附和，路上却小声在艾茉耳边嘀咕：“我和你还有要事相谈呢，叫这俩大灯泡先回去吧！咱妈也先送姐那边去。”

这一次轮到艾茉暧昧地笑笑：“咱俩有什么重要的事啊？你开好房间，晚上好好谈。”

第六十八章　花好月圆

这一次，艾茉真是把酒店住够了，不过，不是本市，而是全国的酒店，住够了。这一个月，恰逢她的绘本《天使和笨小孩》上市，上市后反响很好，书商安排了全国签售，无奈，她只好把花生米交给婆婆，暂且和向华昕母子俩挤在小公寓里。

艾茉满天飞，辗转在不同的城市，出现在不同的书店，见不同的读者，重复着签名，重复地说着感谢，脸都快笑僵了，但心里却觉得充实快乐。

晚上，躺在陌生的酒店里，想起那晚，劫后重生，饭后与老向相聚的那晚，他们躺在家门口的那家酒店里，陌生的床和味道，让花生米兴奋得睡不着，那个暧昧的夜晚，就在老向的期待和叹气中，稀里糊涂地睡去了。

这一天，是最后一场签售，艾茉精神抖擞，坐在台前奋力签名，对读者微笑。这时，一位三十岁左右的女子拿着书走上前，一边等艾茉签名，一边如粉丝一样提问："你这本书中的小孩画得这样充满童趣，又有烟火气息，特别打动我们这些年轻妈妈，你一定也是一位妈妈吧？你的孩子也像书里的宝宝一样可爱又捣蛋吗？"

花生米的笑脸在眼前浮现，她想起自己竟然有近一个月没见到孩子了，夜里常常因为白天太累，和花生米打完电话后倒头就睡，没有精力感怀，此刻思念被勾起，她忽然无法抑制，手中的笔不动了，脸上的笑也凝住了，说："是啊！我也是一个妈妈，我的花生米很可爱，就像这书里的小天使，可我不是一个称职的妈妈，我已经快一个月没见到她了，我现在很想她。"

一抬眼，人群中，闪现一个熟悉的身影，老向不知何时出现在人群中，他抱着花生米，远远地笑着，捉住花生米的小手，向妈妈招手。

艾茉再也按捺不住，起身离开座位，冲向花生米，紧紧地抱住了她，口中喃喃："米米，妈妈好想你。"

老向在耳边给她打气："我亲爱的处女座，不要万事都苛求完美，这世上哪有完美。你已经做得很好了，你是个称职的妈妈。"

当天，所有的工作结束，艾茉本打算一家人马上回家，老向却不急了。

"我和孩子都来了，就不急着回去了，这个城市不错，就多住几天，就当度假了吧！酒店房间我已经开好了。"

艾茉低头，略带羞涩地笑，娇嗔道："谁要和你度假啊！"

老向一本正经："我有个恋爱，想和你谈一谈，我有个爱，想和你做一做。"

"流氓！"

度假回来，一家人顺理成章地进了一家门，房子新贴了壁纸，买了新家具，简美风格，对面905里，花生米的零零碎碎搬了回来，鸡飞狗跳的日子再热闹地过起来。这一次，老向学乖了，要给家里请一个保姆，减轻艾茉的负担，人都已经带到家里了，一个干净的中年妇女。艾茉却犹豫了，犹豫之后拒绝了。问她理由，她只说，孩子真正在父母身边的日子，也就是上幼儿园之前这三年，要好好陪着她，给她全身心的爱。

不久，有一家杂志采访艾茉，在访谈里，她说了一段话感人至深："总有人问我一个人带孩子辛苦不，说不辛苦那肯定是假的，但是就如同我当初坚持想顺产坚持母乳一样，即便是疼痛，即使辛苦，那也是人生的一个阶段体验，我享受现在的辛苦。孩子渐渐长大，等她到了不需要你照顾了你再去怀念这段时光，不如现在享受和孩子朝夕相处的每一天，即便是将来，我也不会跟孩子强调我一个人带她多么辛苦，我会跟她说，爸爸是怎样爱她，奶奶是怎样爱她，外公外婆是怎样爱他，但妈妈是陪着她的那个人，妈妈的爱是陪伴。我会告诉她，感谢她的到来，让妈妈有机会倾尽全部去做一件事情，为了照顾她，妈妈也长大了。我会告诉她陪伴她成长的时光是妈妈最幸福的时光，感谢孩子，让我们也成长，感谢孩子让我们获得了为人父母的幸福，感谢孩子让我们享受独有的快乐。不要嘴巴里喊着让自己的孩子学会感恩，要从自己开始，我感谢我的孩子来到我的身边，还有什么比这更好的呢？你把阳光洒向孩子，她的内心也会充满光亮，不要觉得自己含辛茹苦而充满怨言，生下孩子，这是你自己的选择，你人生必须的经历，我享受现在的每一天，即便是我睡不好，没时间化妆，不能减肥，没时间逛街，连上厕所都要挤时间，我仍然要感谢，谢谢你，我的孩子。”

一家人坐在电视前，都陷入了沉默，花生米不明所以，咿咿呀呀，指着电视上的人叫“妈妈”，老向拍了拍艾茉的肩膀，她回过头来，默默地笑。

那档访谈节目过后，是一档当时很火的唱歌选秀节目，当一个大腹便便穿着白色长裙宛如仙女的歌手出现时，老向和艾茉都屏住了呼吸。那是龚贝贝，竟然是龚贝贝。

节目已进行到决赛，证明她已杀进了决赛，按照惯例，她在讲自己的经历，越惨越好，使劲煽情，打悲情牌，赚观众眼泪，为自己加分。虽然网上对这种节目形式诟病已久，可只有艾茉知道，她说的都是真的。

“今天，除了感谢粉丝对我的支持，我还要感谢两个人，曾经，因为我的自私，带给他们伤害，但却是他们，把我拉出生活和情绪的泥潭，找到勇气和力量。对不起！谢谢！”

屋里静悄悄的，老太太先开言：“这孩子也不容易啊！”

艾茉和老向会心一笑。

当天晚上，龚贝贝比赛中却仅仅获得第四名，但许多赞誉和美称在网上流传，“最美妈妈”“天籁之音”，艾茉知道，那些都是她应得的，老向也感慨：“生活亏欠某人的，最终都会给予补偿。”

艾茉忍不住泛酸打趣道：“不是你亏欠的吗？”

“唯女子与小人难养也！”老向避之不及。

姜黎黎已从疗养院被接回家里，自责让她深陷在疯癫的泥潭，林清远希望和孩子的相处能减轻她的病情，企图唤醒她迷失的心智，而她却始终目光涣散，仿佛已不认识她们。

小佟和程刚都被抓获，对自己犯下的罪行供认不讳。原来，小佟早年刚进城开出租车时和程刚在一个车队，两人关系甚笃，那日小佟送了两个孩子过来，请程刚放家里照顾几天，又留给他一笔钱。程刚明知事有蹊跷，但一时见利忘义，犯下了大错，乐乐和妈妈去看守所看望程刚，说了句：“爸爸，我等你出来。”程刚瞬间泪流满面。时过境迁，心里徒留悔恨。

这天，艾茉收到周小荻发来的照片，想起三人在一起的快乐时光，一时心里感伤。她遂去了林家，看望姜黎黎。

姜妈妈已出院，在家中帮忙料理家务。两个孩子就在客厅的爬毯上玩，被保姆看着。因为姜黎黎还时常有暴力攻击的倾向，因此被关在楼上的卧室里。

艾茉经过姜妈妈的允许，牵了妙妙和肖肖上楼。

推开门，姜黎黎坐在贵妃榻上，目光空茫地望着窗外，头发也没梳，凌乱地披散着。

艾茉坐下来，像从前一样亲密地拢住她的肩，只当她是个正常人，调侃道："喂！男人挣钱养家，女人负责带好萌娃。"

这句话曾是姜黎黎的名言，她听到这句，又像从前一样得意地笑了笑。

"你的萌娃又长高了，你看。"

艾茉把妙妙和肖肖带到她面前，孩子们虽然对眼前的妈妈有些惧怕和陌生，可还是甜甜地齐声喊着："妈妈！妈妈！"

姜黎黎眼睛亮了一下，犹疑地拉了拉孩子们的手。

"今天你皮肤真好啊！还不抱孩子一起自拍一个发发朋友圈？来，用我这个手机，自带美颜，拍出照片美死了。"艾茉把自己的手机打开，递给姜黎黎。

在来这里之前，艾茉还去了很久没有光临的吴学敏心理诊所，向他咨询了姜黎黎的病情。吴医生记得那个曾和丈夫一起来咨询过的漂亮女人，他给的建议是，导向很重要，有精神疾病的人，坚决不会同意别人说她有病，心理治疗很重要，不要捅破她的心理防线，不能老提示她有精神病，要将她的心理导向成健康的人，不能强硬地要求吃药，不要给她压力。

这一次，吴医生没有给三字箴言，但艾茉觉得所言有理，便照他说的做。

果然，姜黎黎兴趣盎然地拿起了手机，看到了前置镜头里那个肤如凝脂的女人。感谢高科技，感谢美颜相机，让姜黎黎不再怀疑自己。她抱紧孩子，轻松地叫道："来，妙妙，肖肖，站妈妈身边，拍一张，给爸爸看。"

"咔嚓！"一张完美的照片定格在手机中，很快被她上传到朋友圈，原来，这些技能她也没有忘记。艾茉舒心地笑了，她知道，离黎黎痊愈的那天不远了。

春天来临的时候，艾莉和秦宇举行了婚礼。婚礼上，穿着白纱的艾莉笑靥如花，宛如仙女，父母在婚礼上看到淘气的小女儿终于找到美满归宿，喜极而泣。当秦宇将一枚璀璨的钻戒戴在她的指尖，司仪让新娘说说此刻心情，艾莉的一番话，令在座的人无不动容。

她说：“不知道从什么时候开始，人们用钻石象征爱情，那真是绝配，没有更好的比喻了。钻石很贵，衡量矿石的单位是吨，而衡量钻石的单位是克拉。钻石太贵，正是因为它少，并且太不容易获得。爱情也是如此。爱情和婚姻是两个不同的概念，就像钻石和金子。钻石在矿藏里被发现的时候，是和其他东西混在一起的，只要把其他的东西分开就能拿到钻石了，不管你是否发现了钻石，钻石早已经就是钻石；而得到真正的金子是要用另外的方法，人们发现金矿，先要采集矿石；再用各种化学方法提炼，才能把真正的金子从矿石里分离出来。钻石和金子在自然界的存在状态是不同的。那么，爱情就像是发现钻石，婚姻则是炼金的过程。钻石般的爱情，我们在看到彼此的第一眼时就已拥有，今天，我们要开始婚姻的炼金之旅了。”

座中响起掌声，艾茉喜极而泣，她知道，那个从小跟在她身后调皮捣蛋的小妹妹，终于长大了。

婚礼结束，合影的时候，老向对艾莉的话也深有感触，在艾茉耳边调侃道：“我今天才知道，我是个富翁。”

“此话怎讲？”

“婚姻是炼金的过程，我们一直在炼金啊！那岂不是拥有一座金矿了？这是多大一笔财富。”

“是的，财迷。”

她轻轻地靠近他，他一手抱着孩子，一手拢住她的肩，一家人在镜头前露出微笑。